简明粘接技术手册

JIAN MING NIAN JIE
JI SHU SHOU CE

马长福 编

上海科学技术文献出版社

图书在版编目（CIP）数据

简明粘接技术手册/马长福编.—上海：上海科学
技术文献出版社，2012.7
ISBN 978-7-5439-5406-9

Ⅰ.①简…　Ⅱ.①马…　Ⅲ.①粘接—技术手册　Ⅳ.
① TG49-62

中国版本图书馆 CIP 数据核字（2012）第 091942 号

责任编辑：忻静芬
封面设计：钱　祯

简明粘接技术手册
马长福　编
＊
上海科学技术文献出版社出版发行
（上海市长乐路 746 号 邮政编码 200040）
全国新华书店经销
常熟市人民印刷厂印刷
＊
开本 890×1240　1/32　印张 13.125　字数 352 000
2012 年 7 月第 1 版　2012 年 7 月第 1 次印刷
ISBN 978-7-5439-5406-9
定价：38.00 元
http://www.sstlp.com

内 容 提 要

本书是关于粘接技术的综合性简明实用手册,全书共 7 章。第一章概述各类胶粘剂的组成、特点和用途及主要品种简介。第二章介绍粘接机理、胶粘剂的选择及粘接接头的设计和粘接工艺。第三章介绍胶粘剂主要指标的测试。第四章介绍粘接件强度测试方法。第五章介绍常用胶粘剂的配方。第六章重点介绍粘接技术在各个工业领域中的应用实例。第七章介绍粘接的安全防护。书后附录胶粘剂常用中文标准、胶粘剂术语、粘接技术中常用的缩写与代号、胶粘剂主要生产单位,供读者查阅。

本书内容丰富,简明扼要,综合性、实用性强,适用于从事粘接技术开发和应用的工程技术及相关人员阅读使用,也可供有关院校师生的教学参考。

前　　言

随着科学技术日新月异的发展,胶粘剂在国民经济的各个领域和人们日常生活中得到了广泛的应用,发挥着重要的作用,取得了显著的经济效益。

为了普及粘接技术,编者在 20 世纪 90 年代编写了《实用粘接技术 800 问》一书,曾发行 12 万册,并多次被上海机电行业作为培训教材,受到广大读者的欢迎。

如今,面对胶粘剂新品种的不断涌现及国家新标准的颁布,编者广泛收集了有关文献资料,编写了这本《简明粘接技术手册》,简明扼要地介绍胶粘剂的基础知识、胶粘剂种类及常用品种、胶粘剂配方及主要指标的测试方法。书中通过具体应用实例介绍了胶粘剂在机械、电子、汽车、造船、航天、建筑、化工、轻工等领域的应用,具有较强的实用性和先进性。书后还附有《胶粘剂常用中文标准》《胶粘剂术语》《粘接技术中常用的缩写与代号》《胶粘剂主要生产单位通讯地址》四个附录,以便读者查阅。

本书内容简明扼要,信息量大,文字通俗易懂,选材新颖,资料翔实,具有较强的实用性,是一本速查胶粘剂最新品种有关信息的便利工具书。本书可供从事胶粘剂生产与应用的厂矿企事业单位的科研人员及从事精细化工教学的师生参考。

本书在编写过程中,参考和引用了国内诸多专家学者的有关文献资料和相关著作，在此谨向原作者一并表示诚挚的感谢！同时也感谢上海市粘接技术协会理事长崔汉生、秘书长任天斌给予的大力帮助与支持。

由于编者水平有限及资料掌握的局限性，书中不妥之处在所难免，敬请读者批评指正。

编　者

2012 年 3 月

目　　录

7

第1章 胶粘剂

1.1 胶粘剂的组成

胶粘剂的品种繁多,成分各异,有单组分、双组分以及多组分之分,其组成一般都以粘料为主要成分,并由固化剂、溶剂、增塑剂、增韧剂、填料、稀释剂、偶联剂、促进剂、防老剂等多种成分配合制成。

1.1.1 粘料

粘料又称为基料或胶料,即在胶粘剂配方中主要起粘合作用的物质。常用胶粘剂的粘料有:

(1) 天然高分子化合物:如淀粉、糊精、阿拉伯树胶、骨胶、皮胶、明胶、鱼胶、松香、天然橡胶等。

(2) 合成高分子化合物:包括热固性树脂(如环氧树脂、酚醛树脂、聚氨酯树脂、脲醛树脂、有机硅树脂等)、热塑性树脂(如聚乙烯、聚丙烯、聚氯乙烯、聚苯乙烯、聚酯酸乙烯酯、聚乙烯醇醛类树脂等)、弹性材料(如丁腈橡胶、氯丁橡胶、聚硫橡胶等)、各种合成树脂、合成橡胶的混合体或接枝等。

(3) 无机化合物:包括磷酸盐、磷酸-氧化铜、硝酸盐、硼酸盐、硅酸盐、氧化镁等。

1.1.2 固化剂

固化剂是一种直接参与化学反应使胶粘剂发生固化的物质。它可使单体或低聚物变为线型高聚物或网状体型高聚物结构,从而增强胶层的粘接强度和提高化学稳定性、耐介质、抗蠕变性等。

固化剂的品种繁多,它的选择应根据不同的粘料及对固化剂的性能要求而定。一般应尽量选择无毒、低毒、无味的液体固化剂,并且能与粘料及辅料反应平稳、冷热效应变化不大,从而减少胶层的内应力。如果使用要求需要提高胶粘剂韧性时,应选用分子链较长的固化剂,如需要提高胶粘剂耐热性时,应选用具有反应基团较多的固化剂。

常用固化剂有:(1) 胺类固化剂(乙二胺、二亚乙基三胺、三亚乙基四胺等)。(2) 聚酰胺类固化剂(低分子量液体聚酰胺)。(3) 酸酐类固化剂(苯二甲酸酐、顺丁烯二酸酐等)。

1.1.3 溶剂

溶剂是用来降低胶粘剂黏度的液体物质,使用后它有利于提高粘接力和能增加胶粘剂的润湿能力和分子活动能力,从而提高粘结力和便于施工。其种类很多,选择时应考虑采用与胶粘剂粘料极性相同或相近的溶剂,其次尽量选用挥发速度适中的溶剂。

常用溶剂主要有脂肪烃、酯类、酮类、氯代烃类、醇醚类、醚类、砜类和酰胺类等,如表 1-1 所示。

表 1-1 常用有机溶剂

类 别	品 种	密度/(g/cm³)	沸点/℃	适 用 范 围
脂肪烃	汽 油	0.8～0.9	80～200	橡胶胶粘剂
环烷烃	环己烷		80.7	
芳香烃	苯	0.88	80	
	甲 苯	0.86	110	
	二甲苯	0.89	140	
卤代烃	二氯甲烷	1.36	40～41	橡胶胶粘剂、聚苯乙烯胶等
	二氯乙烷	1.24	90	
	三氯甲烷		61.7	
	四氯甲烷		76.5	

类 别	品 种	密度/ (g/cm³)	沸点/℃	适用范围
卤代烃	四氯乙烷	1.6	147.2	
	卤 代 苯	1.1	132	
醚 类	四氢呋喃	0.89	64	PVC树脂胶
	乙 醚	0.71	34.5	
	二氧六环	1.33	101.3	
醇 类	甲 醇	0.79	64.6	酚醛树脂胶、缩醛胶、虫胶等
	乙 醇	0.79	78.4	
	正丁醇	0.81	115~118	
	乙二醇	1.11	197.2	
	苯甲醇	1.04	206.3	
醇 醚	乙二醇单甲醚	0.93	135.1	酚醛树脂胶
酮 类	丙 酮	0.79	56	酚醛、环氧、聚氨酯、缩醛胶
	丁 酮	0.81	79.6	纤维素胶、PVC胶
	环乙酮	0.95	136.7	
酯 类	乙酸甲酯	0.93	56.9	酚醛、环氧、氯丁、聚氨酯等胶
	乙酸乙酯	0.89	77.1	
	乙酸丁酯	0.86	112~119	
	乙酸戊酯	0.86	110~115	
酰胺类	二甲基甲酰胺	0.95	152~158	聚酰亚胺、聚苯并咪唑胶
	二甲基乙酰胺		165	
砜 类	二甲基亚砜	1.1	189	聚砜胶等

1.1.4 增塑剂

增塑剂是一种能降低高分子化合物玻璃化温度和熔融温度,改善胶层脆性,增进熔融流动性,能使胶膜具有柔软性的高沸点液体或低熔点的固体。按其作用分为内增塑剂和外增塑剂两类。它具有良好的混溶性和可塑性,能改善胶层脆性,如加入量适宜可提高胶粘剂的冲击韧性和剥离强度,而且还可以改善胶粘剂的流动性、耐寒性与耐振性。增塑剂用量过大,会降低胶粘剂的粘接强度和耐热性能。增塑剂常用于环氧型和橡胶型胶粘剂中。

常用的增塑剂主要有邻苯二甲酸二丁酯、邻苯二甲酸二戊酯、邻苯二甲酸二辛酯、癸二酸二丁酯、癸二酸二乙酯、磷酸三苯酯、磷酸三甲苯酯、己二酸二乙酯、液体橡胶、线形树脂等。

1.1.5 增韧剂

增韧剂是一种单官能或多官能团的化合物,它直接参加粘料反应,能在配方中改善胶粘剂的脆性,提高其韧性的物质。有些增韧剂能降低胶固化时的放热,降低固化收缩率和内应力。此外,增韧剂能改善胶的剪切强度、剥离强度、低温性能和柔韧性。

常用的增韧剂有:

(1) 不饱和聚酯树脂:如 302 聚酯、304 聚酯、305 聚酯、3193 聚酯等。

(2) 橡胶类:如聚硫橡胶、丁腈橡胶、液体丁腈橡胶、氯丁橡胶、聚氨酯橡胶、氯磺化聚乙烯橡胶等。

(3) 聚酰胺树脂:一种是由二聚合或三聚合的植物油、不饱和脂肪酸或芳香酸、烷基多元胺聚合而成的低分子聚合物;另一种是改性尼龙,如羟甲基尼龙(SY - 7、SY - 8 和 GXA - 1 胶所用)。

(4) 缩醛树脂:如聚乙烯醇缩甲醛、聚乙烯醇缩乙醛、聚乙烯醇缩甲乙醛、聚乙烯醇缩丁醛、聚乙烯醇缩糠醛等。

(5) 聚砜树脂。

(6) 聚氨酯树脂。

1.1.6 溶剂

溶剂是用来降低胶粘剂黏度和固体成分浓度的液体物质。它能改善胶粘剂的工艺性能,避免胶层厚薄不均,便于涂布施工。此外,使用后可降低成本,延长胶粘剂的使用寿命。

溶剂分为两大类:

(1) 活性溶剂:分子中含有活性基团,既可以降低胶粘剂的黏度,又能参与胶粘剂的固化反应,起到增韧的作用。常用有环氧丙烷、环氧氯丙烷、环氧丙烷丁基醚、环氧丙烷苯基醚等。

(2) 非活性溶剂:分子中不含活性基团,在稀释过程中不参加胶粘剂的固化反应,只在混合时发生不断挥发,从而降低黏度。使用时,应控制用量不要超过胶粘剂总质量的 10%。如果用量增加会影响胶接强度。常用有丙酮、甲乙酮、环己酮、甲苯、二甲苯、正丁醇等。

1.1.7　填料

填料是为了改善胶粘剂的性能或降低成本等而加入的一种非胶黏性固体物质。常用的填料主要是无机化合物,如金属粉末、金属氧化物、云母粉等。

胶粘剂加入填料后,可以提高胶粘剂的黏度,控制和调节胶粘剂的流动性。此外,还可改善物理机械性能,如增加导电、导热、导磁、耐磨、耐介质等性能。

常用填料的特性如表 1-2 所示。

表 1-2　常用填料的特性

类　型	品　种	密度/ (g/cm³)	用量/ (g/100 g 树脂)	特　性
金属粉	铁　粉	7.8	50～200	价廉,密度大
	铜　粉	8.9	200～300	导热、导电好
	铝　粉	2.7	50～100	提高粘接强度
	锌　粉	7.14	50～100	提高粘接强度
	银　粉	10.5	200～300	导电、导热好
氧化物粉	氧化铝粉	3.7～3.9	50～80	提高粘接强度和硬度
	氧化铁粉	3.23	50～80	提高粘接强度和硬度

类　型	品　　种	密度/ (g/cm³)	用量/ (g/100 g 树脂)	特　　性
氧化物粉	氧化镁粉	5.6	300～50	提高粘接强度和硬度
	石英粉	2.2～2.6	50～100	提高硬度
	二硫化钼	4.8	30～70	提高耐磨性和润滑性
	二氧化二硼粉	1.85	50～80	活性填料,提高耐热性
	五氧化二砷粉	4.08	50～80	活性填料,提高耐热性
	氧化铍粉	3.06～3.2	50～100	提高导热性
矿物粉	云母粉	2.8～3.1	5～20	提高粘接强度和硬度
	滑石粉	2.9	30～80	价廉
	石墨粉	1.6～2.2	20～100	提高粘接强度和耐热性
	碳化硅粉	3.06～3.2	50～100	提高硬度
	陶　土	1.98～2.02	30～100	价廉,提高黏度
纤维	玻璃纤维	2.6	10～410	提高粘接强度和冲击强度
	碳纤维	1.6～2.62	10～40	提高粘接强度和冲击强度

选用填料时应符合以下要求:

(1) 与胶粘剂中的其他组分不起化学反应。

(2) 应符合胶粘剂的特殊要求,如导电性或耐热性等。

(3) 易于分散且与粘料有良好的润湿性。

(4) 不含水分、油脂和有害气体,不易吸湿性等。

(5) 具有一定的物理状态,如粉状填料的粒度大小均匀,一般颗粒度为 100～300 目(50～100 μm)等。

(6) 成本低廉,来源广泛,加工方便。

1.1.8　偶联剂

偶联剂是分子两端含有极性不同基团的化合物。它既能与被黏材料表面发生化学反应形成化学键,又能与胶粘剂反应提高粘接接头界面结合力。

偶联剂主要作用能提高胶粘剂的内聚强度。同时,增加了主体树脂与被粘物之间的结合,起了一定的"架桥"作用。常用品种有:有机硅烷类、有机羧酸类、酞酸酯类和多异氰酸酯类等,常用的偶联剂如表1-3所示。

表1-3　常用偶联剂

类　别	牌　号	名　称	用量/份	适用树脂
有机硅烷	A-151	乙烯基三乙氧基硅烷	1～3	丙烯酸树脂、不饱和聚酯胶、有机硅胶
	A-132	乙烯基-三(β-甲氧基乙氧基)硅烷	1～3	
	A-174	γ-甲基丙烯酰氧基		
	(KH-570)	丙基三甲氧基硅烷	1～3	
	A-186	β-(3,4-环氧环己基)乙基三甲氧基硅烷	1～3	
	A-187	γ-缩水甘油氧化丙基三甲氧基硅烷	1～3	丙烯酸环氧聚氨酯、酚醛树脂
	(KH-560)	γ-(2,3-环氧丙氧基)丙基三甲氧基硅烷	1～3	
	A-189	γ-硫醇基丙基三甲氧基硅烷	1～3	
	A-1120(KH-550)	γ-氨基丙基三乙氧基硅烷	1～3	氨基树脂
	A-1120	N-β-(氨基乙基)氨基丙基三甲氧基硅烷		
	南大-22	二乙基氨甲基三乙氧基硅烷	1～3	环氧有机硅胶

类 别	牌 号	名 称	用量/份	适 用 树 脂
有机硅烷	南大-42	苯胺甲基三乙氧硅烷	1～3	环氧酚醛、氨基、聚氨酯胶
有机羧酸类	乙 酸	乙酸	5～10	酚醛树脂胶
	乳 酸	乳酸	5～10	
	一氯乙酸	一氯乙酸	5～10	
	丙 酸	丙酸	5～10	
	丁 酸	丁酸	5～10	
钛酸酯	钛 酸	钛酸正丁酯	5	环氧树脂胶
多异氰酸酯	JQ-1	聚异氰酸酯	10	氯丁胶等橡胶粘剂
	南大-73	苯胺甲基三甲氧基硅烷		环氧、酚醛
	702处理剂	N,N-双(β-羧乙基)-γ-氨基丙基三乙氧基硅烷		环氧

1.1.9 促进剂

促进剂是在胶粘剂配方中促进化学反应、缩短固化时间、降低固化温度的物质。在橡胶类胶粘剂中普遍使用促进剂,它能促进硫化剂(交联剂)在短时间里交联硫化。

促进剂主要品种有金属氧化物类、过氧化物类、脂肪胺类、硫黄类、胍类、异氰酸酯类等。

1.1.10 防老剂

防老剂是延缓胶粘剂固化后在使用条件下胶层发生老化而加入的物质。

防老剂能延长胶粘剂的使用寿命,提高耐久性,因此在配胶时有时需加入一定量的,能延缓高分子化合物老化的物质。

常用防老剂有：没食子酸丙酯、防老剂 4010、防老剂 KY‐405、防老剂 RD、防老剂 D‐50 等。

1.1.11 稳定剂

稳定剂是有利于胶粘剂在生产、贮存和使用期间保持其性能稳定的物质，包括抗氧剂、光稳定剂和热稳定剂等。如氰基丙烯酸酯胶等常加入稳定剂 SO_2。

常用的稳定剂有 2，6‐二叔丁基对甲酚(2，6，4 抗氧剂)及没食子酸丙酯、氧化锌等。

1.1.12 引发剂

引发剂是在聚合物反应中能引起单体分子或预聚物活化产生自由基的物质。

常用引发剂有：过氧化二苯甲酰、过氧化环己酮、过氧化异丙苯、偶氮二异丁腈等。

1.1.13 增粘剂

增粘剂是为了提高胶粘剂的粘附性，改善胶的浸润性、柔韧性而加入的树脂、橡胶、有机化合物等物质。主要用于橡胶类胶粘剂。

常用增粘剂有：萜烯树脂、气相二氧化硅、古马隆树脂、松香、多异氰酸酯等。

1.1.14 阻聚剂

阻聚剂能阻止或延缓胶粘剂中含有不饱和键的树脂、单体在贮存过程中自行交联的物质。

常用阻聚剂有对苯二酚等。

1.1.15 阻燃剂

阻燃剂能阻止可燃物引燃或抑制火焰传播的助剂。

常用阻燃剂有：磷酸酯、卤代烃、氧化锑、氢氧化铝等。

1.1.16 络合剂

络合剂可以与被粘材料形成电荷转移配价键，从而增强胶粘剂的粘接强度。

常用络合剂有 8-羟基哇啉、邻氨基酚等。

1.1.17 乳化剂

它是能使两种以上互不相溶(或部分互溶)的液体(如油和水)形成稳定的分散体系(乳状液)的物质。其作用是降低连续相与分散相之间的界面能,并且在液滴(直径 $0.1\sim100\ \mu m$)表面上形成双电层或薄膜,从而阻止液滴之间的相互凝结,使乳状液稳定。

乳化剂可分为阳离子型、阴离子型、非离子型、两性型乳化剂等四类。

1.2 胶粘剂的分类

1.2.1 按化学成分分类

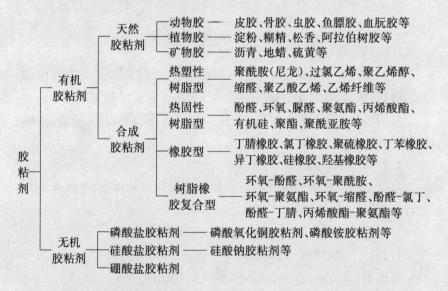

天然胶粘剂	动物胶 —— 皮胶、骨胶、虫胶、鱼膘胶、血朊胶等
	植物胶 —— 淀粉、糊精、松香、阿拉伯树胶等
	矿物胶 —— 沥青、地蜡、硫黄等

(图示内容:)

胶粘剂
- 有机胶粘剂
  - 天然胶粘剂
    - 动物胶 —— 皮胶、骨胶、虫胶、鱼膘胶、血朊胶等
    - 植物胶 —— 淀粉、糊精、松香、阿拉伯树胶等
    - 矿物胶 —— 沥青、地蜡、硫黄等
  - 合成胶粘剂
    - 热塑性树脂型 —— 聚酰胺(尼龙)、过氯乙烯、聚乙烯醇缩醛、聚乙酸乙酯、乙烯纤维等
    - 热固性树脂型 —— 酚醛、环氧、脲醛、聚氨酯、丙烯酸酯、有机硅、聚酯、聚酰亚胺等
    - 橡胶型 —— 丁腈橡胶、氯丁橡胶、聚硫橡胶、丁苯橡胶、异丁橡胶、硅橡胶、羟基橡胶等
    - 树脂橡胶复合型 —— 环氧-酚醛、环氧-聚酰胺、环氧-聚氨酯、环氧-缩醛、酚醛-氯丁、酚醛-丁腈、丙烯酸酯-聚氨酯等
- 无机胶粘剂
  - 磷酸盐胶粘剂 —— 磷酸氧化铜胶粘剂、磷酸铵胶粘剂等
  - 硅酸盐胶粘剂 —— 硅酸钠胶粘剂等
  - 硼酸盐胶粘剂

1.2.2 按物理形态分类

有溶剂型、水基型、粉末型、胶带型、固体型、薄膜型等。

1.2.3 按强度特性分类

(1) 结构胶:具有较高粘接强度,能承受较大负荷,有良好的耐热、油、水等,如酚醛-丁腈、环氧-丁腈、环氧-尼龙等。

（2）通用胶（非结构胶）：有一定的粘接强度,但不能承受较大的负荷和较高温度,如聚酯酸乙烯、聚丙烯酸酯等。

（3）特种胶（功能性胶）：具有某些特殊性能和要求的胶粘剂,如导电胶、导热胶、压敏胶、快干胶、导磁胶、耐高温胶、医用胶、水下胶等。

1.2.4 按应用方法分类

有室温固化型、热固型、热熔型、压敏型、再湿型等。

1.2.5 按用途分类

有汽车、车辆、机电、飞机、电子元件、建筑、木工、制鞋、半导体、船舶、医疗、家庭日用品等。

1.3 各类胶粘剂的特点及用途

1.3.1 环氧树脂胶粘剂

1.3.1.1 组成

环氧树脂胶粘剂俗称"万能胶",它是由环氧树脂为粘料,加入固化剂、增韧剂、促进剂、偶联剂、稀释剂以及填料等配制而成。

环氧树脂品种很多,在胶粘剂配方中,常用的有二类：缩水甘油基型环氧树脂和环氧化烯烃型环氧树脂。环氧树脂的类型,如表1-4所示。其牌号主要有：E-51(618)、E-44(6101)、E-42(634)、E-35(637)、E-31(638)、E-20(601)、F-44(644)等。

表1-4 环氧树脂的类型

代号	类 型	代号	类 型
E	二酚基丙烷环氧树脂	G	硅环氧树脂
ET	有机钛改性二酚基丙烷环氧树脂	N	酚酞环氧树脂
EG	有机硅改性二酚基丙烷环氧树脂	S	四酚基环氧树脂
EX	溴改性二酚基丙烷环氧树脂	J	间苯二酚环氧树脂

代号	类　　型	代号	类　　型
EL	氯改性二酚基丙烷环氧树脂	A	三聚氰胺环氧树脂
EI	二酚基丙烷侧链型环氧树脂	R	二氧化双环戊二烯环氧树脂
F	酚醛多环氧树脂	Y	二氧化乙烯基环己烯环氧树脂
B	丙三醇环氧树脂	D	聚丁二烯环氧树脂
Z	脂肪族甘油酯环氧树脂	H	3,4-环氧基-6-甲基环己烷甲酸 3′,4′-环氧基-6′-甲基环己烷甲酯
I	脂肪族缩水甘油酯	W	二氧化双环戊烯基醚树脂
L	有机磷环氧树脂	YJ	二甲基代二氧化乙烯基环己烯环氧树脂

环氧树脂的型号用下面的形式表示：

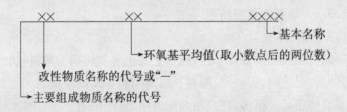

例如，某一牌号环氧树脂系以二酚基丙烷为主要组成物质，其环氧值为 $0.48\sim0.54$ mol/100 g，其算术平均值为 0.51，该树脂的全称为 E-51环氧树脂。

各种环氧树脂的牌号见表 1-5。

表 1-5　各种环氧树脂牌号参考表

产品牌号	国际牌号	瑞　士	美国(Sheli) Epon	美国(ucc) UNOSEP	美国(DOW)
618	E-51	6010	828	2774	831
6101	E-44			3794	

产品牌号	国际牌号	瑞 士	美国(Sheli) Epon	美国(ucc) UNOSEP	美国(DOW)
634	E-42	6040	834		
637	E-35				
638	E-31	B	864		
601	E-20	6071	1001		661
603	E-14		1002		
604	E-12	6097	1004		664
607	E-06	6099	1007		667
609	E-03		1009		669
644	F-44				DEN-431
648	F-46		562		
6201	H-71		201	201	
6207	R-122		207	201	
6221		CY179	221	221	
6300	W-95		0300	0300	
6400	W-95		0400	0400	
6269	W-116		269	269	
6206	Y-132		206	206	

1.3.1.2 特点

环氧树脂胶粘剂具有粘接强度高(一般环氧胶的铝合金粘接接头剪切强度为 15～25 MPa,最高可达 60 MPa;不均匀扯离强度一般为 20～30 kN/m,最高可达 100 kN/m)、耐化学介质性能好、耐温性能好(一般使用温度-60～150℃)、电绝缘性能优良、胶层收缩率小(一般在 2%～3%)、耐疲劳性好、耐腐蚀、施工工艺简单、用途广泛等优点,但是未经改性的环氧树脂胶粘剂尚有脆性大、剥离强度低等缺点,因此为了改善其性能,通常通过改性方法加入各种辅助材料,制成不同用途的胶粘剂。

1.3.1.3 用途

环氧树脂胶粘剂在结构胶中占有突出的地位,它的适用面广,常用于对各种金属材料的粘接和修复,如飞机制造中采用粘接-铆接、粘接-点焊等复合连接方式、汽车车身粘接、机械设备的构件粘接和修复。此外,用于对非金属材料如玻璃、木材、陶瓷、混凝土构件及文物古迹等粘修和结构加固等。近年来,环氧树脂胶粘剂还广泛用于房屋建筑、桥梁、隧道施工中的加固和修补及尖端技术的重要部位(如火箭、人造卫星)等。

环氧树脂胶粘剂主要品种有通用环氧胶、环氧结构胶和功能性环氧胶(耐高温环氧胶、耐低温环氧胶、水下固化环氧胶、导电环氧胶、光学环氧胶、导磁胶、导热胶、环氧密封胶等);按使用形式有双组分型环氧胶和单组分环氧胶;按固化形式有常温、低温和高温固化型环氧胶。

环氧树脂胶粘剂主要品种、牌号、特点及用途简介见表1-6所示。

表1-6 环氧树脂胶粘剂主要品种简介

品种牌号	特 点	用 途	生 产 厂
WD3135/3137 风叶专用胶系列	粘接强度高,高介电性,耐介质、耐腐蚀性好,韧性佳	主要用于风电叶片制作的粘接	上海康达化工新材料股份有限公司
WD3117 单组分环氧胶	粘接强度高,耐热性好,触变性好,阻燃,使用温度$-60\sim150℃$	主要用于金属(不锈钢、碳钢、铝合金、铜等)、陶瓷等材料粘接	上海康达化工新材料股份有限公司
万达牌 WD3205 快固透明环氧结构胶	固化后透明,收缩小,防水,防弱酸碱,防油	主要用于家庭日常粘接维修,如金属、陶瓷、木材、硬塑料、玻璃的粘接等	上海康达化工新材料股份有限公司

品种牌号	特　　点	用　　途	生 产 厂
SK - 63 室温快速固化环氧胶	粘接强度高,耐冲击性较高,耐水,耐油,耐弱酸碱,使用温度 100℃ 以下	主要用于金属、陶瓷、玻璃、木材、皮革、玻璃钢、硬塑料等粘接及煤气管道、容器等快速修补	上海海鹰粘接科技有限公司
7 - 2312 单组分改性环氧胶	粘接强度高,耐温性好,耐介质性佳,固化速度快,使用温度 150℃ 以下	主要用于金属、玻璃、木材、玻璃钢、塑料及复合磁钢等粘接	上海海鹰粘接科技有限公司
GHJ - 7 工业修补剂	粘接强度高,耐油、水、沸水浸泡,耐蒸汽、弱酸、弱碱,使用温度 -40~150℃	主要用于管道、罐、槽及各种孔洞、铝管、混凝土沟、槽等堵漏修补	上海海鹰粘接科技有限公司
SK - 506 变压器灌封胶	耐介质,耐热,耐冲击,抗高低温疲劳性好,使用温度 150℃ 以下	主要用于大中型干式变压器、电子变压器、互感器、高压开关等电力设备的粘接及电子器件的绝缘与封装	上海海鹰粘接科技有限公司
SK - 2012 环氧胶	粘接强度高,耐老化性好,耐介质,耐腐蚀,使用温度 100℃ 以下	主要用于复合 PU 板、岩棉板、蜂窝板、铝蜂窝板和石膏板等粘接	上海海鹰粘接科技有限公司
SW - 2(SW-3)环氧型胶粘剂	双组分、无溶剂、室温固化	主要用于钢、铝、不锈钢、黄铜、玻璃钢、木材、陶瓷等材料的粘接和汽车、拖拉机等零件的修补	上海市合成树脂研究所

品种牌号	特 点	用 途	生 产 厂
JW‐1 环氧型胶粘剂	双组分,无溶剂,中温固化,粘接性能好	主要用于粘接多种金属材料、玻璃、陶瓷、尼龙等的粘接	上海市合成树脂研究所
ZW‐3 胶	粘接强度高,韧性和低温性好,耐振动	主要用于船舶上层建筑、飞机波纹壁板、合金刀具等金属与非金属粘接	上海市合成树脂研究所
AG‐80 四官能团环氧树脂	官能度大,环氧值高,耐高温	主要用于配制200～260℃使用的耐高温胶、密封料、浇注复合材料、涂料等	上海市合成树脂研究所
SL 系结构胶	耐老化、耐介质、耐温度交变,使用温度－60～230℃	SL‐1主要用于钣金粘接;SL‐2主要用于粘接铝蜂窝、玻璃钢等闭孔蜂窝结构件;SL‐3主要用于粘接铁路绝缘钢轨的预成型槽钢胶板	上海橡胶制品研究所
J‐22H 环氧树脂胶粘剂	双组分,加热固化,耐油、耐水、耐温热老化,韧性好	主要用于各种金属、非金属的粘接修补	黑龙江省石油化学研究院
J‐23 结构粘合剂	韧性好,剥离强度高,使用温度－60～150℃	主要用于飞机中结构件粘接及其他金属结构件的粘接	黑龙江省石油化学研究院
J‐139 室温固化结构胶	固化时不需加热加压,耐湿热老化	主要用于各种金属、非金属结构件的粘接	黑龙江省石油化学研究院

品种牌号	特 点	用 途	生 产 厂
J-116 高温结构胶黏膜	高强度、高韧性，使用温度-55～150℃	主要用于各种承力钣金结构件、金属蜂窝结构件和复合材料等非金属材料的粘接	黑龙江省石油化学研究院
J-41 结构胶	胶膜或双组分胶液，中温固化，综合性能好	主要用于航空蜂窝结构件及复合材料的粘接	黑龙江省石油化学研究院
J-32 高强度环氧胶	粘接强度高，耐疲劳性好	主要用于各种金属结构及非金属材料(玻璃钢等)粘接	黑龙江省石油化学研究院
J-69 冰箱蒸发器胶膜	贮存与使用方便	主要用于冰箱蒸发器制造中铝管、铜管与铜板等粘接	黑龙江省石油化学研究院
J-175 快速修补剂	不滴落，不流淌，固化快	快速修补各种金属、塑料、玻璃、玻璃钢、陶瓷等出现的裂纹、砂眼等缺陷	黑龙江省石油化学研究院
AR-5 耐磨胶	室温固化24 h，60℃固化2 h	主要用于机床导轨和缸体拉伤的修复	湖北回天胶业股份有限公司
Z106 铸铁修补剂	胶片状，韧性好	主要用于铸件气孔、砂眼、缩孔、裂纹等缺陷填补	湖北回天胶业股份有限公司
Z518 紧急修补剂	强度高，韧性好，固化速度快	主要用于抢修设备管路，密封盖板，暖气片，水箱，齿轮箱穿孔腐蚀泄漏	湖北回天胶业股份有限公司
HT-806 汽车折边胶	防水、防尘、防气、防腐蚀	主要用于汽车车门内外板折边及轮罩等处密封	湖北回天胶业股份有限公司

品种牌号	特　点	用　途	生　产　厂
6603 SMT 贴片胶	高触变指数,湿强度高,耐热性好,电气性能佳	主要用于孔板或金属丝网板的印刷线路板(PCB)元件贴片	上海回天化工新材料有限公司
6605 SMT 贴片胶	高触变指数,湿强度高,耐热性好,电气性能佳	主要用于高速点胶机的印刷线路板(PCB)元件贴片	上海回天化工新材料有限公司
6301 环氧树脂灌封胶	室温固化,贮存稳定性好	主要用于灌注要求较高的小型电子器件、线圈和线路板的封装	上海回天胶业股份有限公司
6302 环氧树脂灌封胶	使用温度−40～150℃,固化收缩率低	主要用于一般电子元器件灌封	上海回天胶业股份有限公司
环氧树脂胶	高粘度,适用期长,填充性好,收缩小,强度高	主要用于金属、水泥、石材、电器、电子元件、陶瓷等粘接	湖南神力实业有限公司
透明环氧胶 SK - 110	粘接强度高,固化快,耐水、耐油、耐弱碱、耐老化	主要用于金属和非金属材料的自粘和互粘及硬质材料的粘接和修补等	湖南神力实业有限公司
SK - 131 结构胶	强度高,密封性好,耐水、耐油、耐老化	主要用于军工厂零部件组装粘接和密封	湖南神力实业有限公司
SK - 110 透明环氧胶	粘接强度高,固化快,耐介质,耐老化	主要用于金属和非金属材料的自粘和互粘	湖南神力实业有限公司
SZ - 103 超强胶	粘接强度高,韧性好,耐弱酸、弱碱,耐湿热老化	主要用于铁、铸铁、铝、玻璃、陶瓷、石墨、水泥制品等同种或异种硬质材料的粘接	湖南神力实业有限公司

续 表

品种牌号	特 点	用 途	生 产 厂
KD-504万能胶	常温固化,强度高,耐热、耐水耐腐蚀性好	主要用于金属、陶瓷、石器、玻璃、胶木等材料的粘接	慈溪市七星桥胶粘剂有限公司
KD-504A胶粘剂	耐水、耐腐蚀、耐油、耐化学品、耐高低温,常温1~6 h或40~50℃ 1~2 h固化	主要用于粘接各种金属、石材、陶瓷、玻璃、胶木、皮革、水泥制品等	慈溪市七星桥胶粘剂有限公司
AC建筑结构胶	物理力学性能优良,能在低温潮湿条件下使用	主要用于混凝土构件粘钢补强加固	辽宁省建筑材料科学研究所
XX-01通用结构胶	粘接强度高	主要用于除F₄、聚烯烃等少数难粘材料外的工程材料粘接	重庆新星胶业有限公司
XX-11建筑胶	室温下快速固化	主要用于水泥面修补及桥梁、混凝土结构粘接	重庆新星胶业有限公司
HN环氧树脂胶粘剂	固化速度快,粘接强度高	主要用于金属、非金属材料的自粘和互粘	中国兵器工业总公司山东化工厂
90D强力多用胶	室温固化,耐酸碱、耐水、耐热	主要用于金属、玻璃、陶瓷、胶木、水泥、石器等材料粘接	浙江慈溪市天华胶粘剂厂
HY-915-Ⅲ单组分膏状胶	单组分,使用温度-40~100℃,加热150℃下1.5 h固化	主要用于金属元件的粘接,特别适用于电器元件磁芯的粘接	天津市合成材料工业研究所

品种牌号	特 点	用 途	生 产 厂
HY－962 石油容器补漏胶	室温快速固化，韧性好	主要用于石油制品包装容器快速修补及部件粘接	天津市合成材料工业研究所
HY－917 抗蠕变环氧胶	优良的抗蠕变性能，使用温度：常温～150℃	主要用于金属部件的抗蠕变结构等粘接	天津市合成材料工业研究所
环氧粘合剂	室温 5 h 初步固化，完全固化 24 h，使用温度常温～60℃	主要用于金属、陶瓷、玻璃、木材、水泥、电木等材料粘接	天津市延安化工厂
YH－610 通用型环氧粘合剂	固化需 25℃ 4～8 h	主要用于机械设备、仪表、铭牌粘贴、日常家庭用品的修补	广州永红化工厂
禹王 31 胶	常温固化速度快，粘接强度大，耐水，耐溶剂，耐腐蚀，耐热	主要用于机械、电器、建筑、化工等器件粘接密封堵漏	山东禹王实业有限公司禹城化工厂
TS811 高强度结构胶	强度高，韧性好，应力分布均匀，对零件无热变形	主要用于金属、陶瓷、工程塑料之间的自粘与互粘，如机床床身、大型电机地脚及各种箱体断裂的粘接	北京市天山新材料技术公司
J－611 金属填补胶粘剂	强度高，耐介质性能好	主要用于金属铸件砂眼、穴巢的填补及油箱油罐的修补	中国兵器工业第五三研究所

品种牌号	特 点	用 途	生 产 厂
机械修补胶	粘接强度、压缩、剪切、弯曲、冲击强度高，耐湿热、耐老化	主要用于金属铸件制品砂眼缺陷的修补	大连胶粘剂研制开发中心
KH-511胶	高强度，中温固化，工艺性好，使用温度-60～100℃	主要用于金属、非金属(玻璃钢、硬塑料、陶瓷)等材料及铝和玻璃钢的粘接	中国科学院化学研究所
自力-4胶	粘接强度高，耐介质，耐老化	主要用于铝、镁、铜、钢、钛等金属及玻璃钢、碳纤维复合材料和石墨等承力钣金件粘接	北京航空材料研究所
HL-1高强度玻璃钢粘合剂	粘接强度高，韧性好	主要用于玻璃钢管接头及平面的粘接密封	上海宏骊化工有限公司
HL-4导轨贴塑专用胶	常温和低温(0℃以下)固化，耐介质性能好，粘接强度高	主要用于机床导轨磨损后贴塑粘接	上海宏骊化工有限公司
HH环氧耐碱胶	耐碱性，使用温度-60～100℃	主要用于长期在碱性环境下工件的粘接	西安黄河机器制造厂
DF-1环氧胶	粘接力强，耐介质，耐温-55～150℃，综合性能好	主要用于橡胶、金属、塑料、陶瓷等材料自粘和互粘	晨光化工研究院
JGN-HT建筑结构胶	粘接强度高，耐介质，耐湿热老化，使用温度-55～150℃	主要用于建筑粘钢补强加固	中国科学院大连化学物理研究所

品种牌号	特 点	用 途	生 产 厂
SG-856室温5 min固化环氧胶	室温下5 min固化,抗水、油及化学品性能好	主要用于各种金属材料和非金属材料(如塑料、皮革、陶瓷、玻璃、宝石等)的粘接	浙江金鹏化工股份有限公司
TZ-02耐磨胶	耐磨性能好,使用温度-45~220℃	主要用于球墨铸铁、铸钢件等修补和尺寸恢复	江苏省泰兴市胶粘剂厂
TS215耐磨修补胶	耐磨性优异,是一般中碳钢的2~3倍	主要用于修补摩擦、磨损工况下工作的设备及零部件	北京市天山新材料技术公司
T9518紧急修补胶	粘接强度高,能在3~10 min快速固化	主要用于石化、电力、船舶等行业抢修、堵漏等紧急修补	北京市天山新材料技术公司
JL耐磨耐腐修补剂	耐磨、耐腐蚀性能极强,硬度高	主要用于修补摩擦、磨损工况下的精密机械设备及零部件	北京犟力高分子材料研究所
DG-3S万能胶	耐油、耐水、耐酸、耐碱,耐介质性能好	主要用于金属、玻璃、陶瓷、橡皮、水泥、塑料、木材等粘接	成都有机硅研究中心
机床表面修补胶	使用温度-40~60℃,耐冷却液	主要用于机床导轨损伤处修补	黄河机器制造厂
WDZ型系列建筑结构胶	使用温度-10~60℃	主要用于各种建筑构件粘接及混凝土构件缺陷修补	武汉大筑建筑科技有限公司建筑结构胶厂

1.3.2　聚氨酯胶粘剂

1.3.2.1　组成

聚氨酯(PU)胶粘剂是分子链中含有氨基甲酸酯键(—NHCOO—)和(或)异氰酸酯基(—NCO)类的胶粘剂,俗名"乌利当"。

聚氨酯胶粘剂主要由异氰酸酯和多元醇两大部分组成,并加入溶剂、催化剂、扩链剂、交联剂、稳定剂及填料、偶联剂、增塑剂等配制而成。

聚氨酯胶粘剂的品种主要可分为多异氰酸酯胶粘剂、双组分聚氨酯胶粘剂、单组分聚氨酯胶粘剂、聚氨酯密封胶四大类。

1.3.2.2　特点

聚氨酯胶粘剂含有极性很强的基团,而对金属和大部分非金属具有良好的粘接力。此外,它在低温、超低温(—250℃以下)条件下仍具有很高的强度,并具有高的剥离强度和冲击强度及耐磨、耐酸碱、耐溶剂、耐化学药品等性能。其次,它的粘接工艺性能好,既可以室温固化,也能高温固化,使用很方便、适应面广。但是,其缺点是耐水性和耐热性较差,在高温、高湿下易水解而降低粘接强度。

1.3.2.3　用途

聚氨酯胶粘剂是合成胶粘剂中的重要品种之一,它在各行各业中都得到了广泛的应用,可用于金属、非金属及不同材料之间的粘接。其中多异氰酸酯胶粘剂主要用于金属与橡胶、纤维等粘接;双组分聚氨酯胶粘剂广泛用于食品包装、制鞋、纸塑复合和土木建筑等粘接;单组分聚氨酯胶粘剂可用于建筑物防水堵漏、油罐防腐、工业设备管道防锈等;聚氨酯密封胶广泛用于建筑、公路、桥梁、汽车、电子灌装、地铁隧道等作为嵌缝密封材料。

聚氨酯胶粘剂主要品种牌号、特点及用途简介见表 1 - 7 所示。

表 1-7 聚氨酯胶粘剂主要品种简介

品种牌号	特　点	用　途	生　产　厂
8956 高性能聚氨酯胶	单组分,高强度,弹性好,室温湿气固化	主要用于汽车、火车、船舶风挡玻璃及金属结构件粘接密封	湖北回天胶业股份有限公司
WD 8160 顶棚胶	粘接强度高,耐低温,耐振动,耐冲击	主要用于汽车、集装箱、机械、冷库、建筑等密封和高强度结构粘接	上海康达化工新材料股份有限公司
WD 8325 快速橡胶修补剂	无溶剂、耐冲击、耐磨损,快速固化	主要用于橡胶输送带的快速修补粘接	上海康达化工新材料股份有限公司
WD 8321 输送带滚筒包胶	耐冲击,耐磨性好,快速固化,运行寿命长	主要用于制作工业输送带整体式包胶滚筒等	上海康达化工新材料股份有限公司
WD 8158 A/B 聚氨酯复膜胶	无溶剂、粘度低,节能,耐 121℃ 蒸煮 40 min 以上,使用温度 45～55℃	主要用于各种耐蒸煮材料(透明材料和铝箔)的复合	上海康达化工新材料股份有限公司
WD 8307 聚氨酯塑料胶	粘接强度高,耐油,耐酸碱	主要用于有机玻璃、聚苯乙烯、ABS、PVC、皮革、橡胶等塑料及金属、玻璃、木材等粘接	上海康达化工新材料股份有限公司
WD 8510 聚氨酯风挡玻璃胶	单组分,耐油、耐水、耐候性好	主要用于汽车风挡玻璃和车窗玻璃的粘接和密封	上海康达化工新材料股份有限公司
WD 8054、WD 8075 聚氨酯喷胶	具有良好的初始粘接强度和加工性、抗冷热循环、耐老化性能好	主要用于 PVC 表皮、PVC 泡沫表皮粘接到木质或塑料预成型件上	上海康达化工新材料股份有限公司

品种牌号	特 点	用 途	生 产 厂
铁锚牌 101 胶	胶接性、耐寒性、耐水性、耐磨性良好	主要用于粘接多种金属(铝、铁、铜)和非金属(玻璃、陶瓷、木材、皮革、塑料)	上海新光化工有限公司等
铁锚牌 170 胶	室温固化,能耐冲击、耐振动、耐油、耐高低温,使用温度−70〜150℃	主要用于 PVC、ABS、聚碳酸酯、聚苯乙烯等塑料及皮革、木材、织物、水泥之间的粘接	上海新光化工有限公司
铁锚牌 115 植绒胶	粘结强度高,耐冲击,耐振动,耐磨,耐水	主要用于 PVC 人造革、PVC 橡塑材料的静电植绒	上海新光化工有限公司
铁锚牌 601、603、605 液态密封胶	耐温、耐压、耐各种介质及防止漏油、漏气、漏水	主要用于各种机械、车辆、船舶、农机、油泵、化工管道等平面法兰丝扣等部位的密封	上海新光化工有限公司
J‐38 胶	室温固化,粘结强度高,使用温度−69〜160℃	主要用于粘结金属与橡胶	中国科学院大连化学物理研究所
404 胶	室温固化,能耐水,耐热(+80℃)、耐寒(−50℃)、耐老化	主要用于粘结皮革、橡胶、金属、玻璃等	上海长城精细化工厂
DW‐1 聚氨酯胶粘剂	粘结强度高,可在−269〜40℃使用	主要用于粘结金属和非金属及低温管道口的密封	上海合成树脂研究所
JA‐2010 弹性聚氨酯胶粘剂	室温固化,柔韧性好,优异的耐黄变性,使用温度150℃以下	主要用于玻璃、塑料、金属等粘接,特别适合照明灯玻璃灯罩与塑料件灯头的粘接	上海海鹰粘接科技有限公司

品种牌号	特 点	用 途	生 产 厂
JA－3030 电梯专用聚氨酯胶	强度高,不含溶剂,无毒,不易燃爆,耐油、耐水、耐老化、耐低温,性能优异	主要用于粘接各类电梯门板、喷塑板,包括轿壁、层门、轿顶等部位的加强筋等	上海海鹰粘接科技有限公司
JA－2013 蜂窝板专用聚氨酯胶	强度高,无溶剂,无毒,不易燃易爆,耐油、耐水、耐低温,性能优异	主要用于粘接铝蜂窝芯及金属与金属的结构件、幕墙、聚氨酯泡沫塑料等	上海海鹰粘接科技有限公司
JA－2011 净水器滤膜专用聚氨酯胶	耐高低温性好,弹性佳,不含溶剂,耐腐蚀,密封性好	主要用于净水器中超滤膜、过滤膜、反渗透膜的封边、卷合、防渗粘接	上海海鹰粘接科技有限公司
聚氨酯覆膜胶	具有较强的粘合性,复合后材料低温不变脆,高温不软化	主要用于铝箔及电晕处理的塑料薄膜	江苏黑松林粘合剂厂有限公司
PU－1胶	耐老化、耐介质性能好,防震性能优良,粘接强度高	主要用于 PU、PVC、ABS、皮革、橡胶、陶瓷、金属等材料的粘接	大连胶粘剂研制开发中心
WSJ－656－1 聚氨酯胶	粘接强度高,具有优良的耐低温性,触变性好	主要用于玻璃钢、金属及水泥制品的粘接	中国兵器工业第五三研究所
J－619 聚氨酯鞋用胶	单组分,粘接强度高	主要用于各种鞋用材料的粘接	中国兵器工业第五三研究所
PU900 高级鞋用胶	粘接强度高,环保安全	主要用于粘接真皮、TPR、PVC、尼龙、橡胶、聚酯等材料	浙江慈溪市天华胶粘剂厂

品种牌号	特 点	用 途	生 产 厂
华立牌 304 胶	耐水、耐热(+80℃)、耐寒(－50℃)、耐老化	主要用于粘接皮革、橡胶、金属、玻璃、瓷器、木材、塑料等	上海华立胶粘剂厂
华立牌复合专用胶粘剂	抗热、耐寒、耐腐蚀、防潮湿	主要用于 PET、ON、OPP、PE 和 CPP 等材料的低、中速干式复合	上海华立胶粘剂厂
单组分溶剂型聚氨酯胶	粘接力强,固化速度快,耐水性好	主要用于消防水带、绝缘材料、皮革、复合膜等粘接	江苏省化工研究所有限公司
JSP－951 聚氨酯胶	粘接强度高,抗冲击,耐高低温性好,耐老化,耐水性好	主要用于汽车制造及冷藏车车厢板板面的组装粘接及密封等	江苏省化工研究所有限公司
DJ－972 聚氨酯胶	粘接强度高,弹性好	主要用于弹性垫中橡胶丝之间的粘接,如体育场等整体铺装	江苏省化工研究所有限公司
PU 密封胶	耐候性、耐热、耐寒性、密封性优良	主要用于一般填充密封	上海野川化工有限公司
DU345D 汽车胶	喷涂,干燥快,初粘高	主要用于 PVC 发泡对聚酯板、化纤板热压、模压	上海野川化工有限公司
DU492 鞋胶	耐水性好,初粘好	主要用于 TPR、PVC、PU 等粘接	上海野川化工有限公司
单组分湿固化聚氨酯密封胶	胶固化后胶层为橡胶状,有弹性	主要用于船舶、制冷设备、建筑物、仪表等密封	黎明化工研究院

品种牌号	特　点	用　途	生　产　厂
正光牌螺纹密封胶	耐燃气、耐介质性能好、耐油、耐水、耐振动,粘接强度高	主要用于燃气和其他各种油、水、气管道接头的密封及建筑、交通运输器具的螺纹密封	成都正光实业股份有限公司
AM-130 多用途聚氨酯密封胶	耐油、耐水、耐候性好、弹性好	主要用于建筑门窗周边的密封,汽车、铁路客车等焊接密封及接缝密封	山东化工厂密封胶公司
AM-113 聚氨酯建筑灌封胶	单组分,无毒无味,粘接力强	主要用于机场跑道、高速公路、火车、客车车厢地板等粘接及电器件灌注密封	山东化工厂密封胶公司
GS-400 汽车外焊缝密封胶	具有优良弹性,对汽车涂漆钢板有良好粘接性	主要用于汽车外焊缝密封	锦西化工研究院
乐泰聚氨酯结构胶 3951	耐冲击强度高	主要用于玻璃、金属、塑料及木制品等材料的粘接	山东烟台乐泰(中国)有限公司
SG-717 单组分聚氨酯胶粘剂	耐油、耐水、耐振动、耐低温	主要用于粘接各种金属、塑料、木材织物等	浙江金鹏化工股份有限公司
PU820 鞋用聚氨酯胶粘剂	耐油、耐溶剂、耐磨、粘接力强	主要用于制鞋工业粘接橡胶、EVA、TPR、SBS底材与皮革、PVC人造革、尼龙、涤纶等帮面材料	浙江金鹏化工股份有限公司

品种牌号	特 点	用 途	生产厂
DN-H 双组分聚氨酯胶粘剂	耐低温性好	主要用于食品软包装、药用包装及高阻隔复合材料	江苏省锡山市化工新材料有限公司
聚氨酯皮鞋胶	耐寒、耐挠曲、粘接力好	主要用于粘接皮革与聚氯乙烯塑料鞋底	中国科学院化学研究所、北京皮鞋二厂
CH-201胶	常温固化,能在潮湿条件下粘接,使用温度常温~60℃	主要用于粘接PVC板与水泥地面、木材、钢板等	中国科学院广州化学研究所
F-502聚氨酯玻璃胶	粘接强度高,抗扭曲性强、耐老化性能好	主要用于汽车车窗玻璃的直接粘接密封	长春依多科化工有限公司
HM-3聚氨酯热熔胶	使用温度:常温~60℃	主要用于粘接硬质聚氯乙烯塑料制品、皮革、涤纶及棉纤维品等	沈阳市石油化工设计研究院
WM-168N鞋用胶	耐热性佳	主要用于PVC、橡胶、TPR、EVA等各种材料粘接	中山伟明化工有限公司
PU828鞋用胶	初粘力强,耐候性好,干燥速度快	主要用于聚氨酯、聚氯乙烯等材料粘接	葛洲坝粘合剂开发公司
聚氨酯胶	耐水、耐温、耐酸碱	主要用于金属、塑料、皮革、玻璃等材料粘接	上海海文(集团)有限公司长城精细化工厂
MPV单组分聚氨酯胶	胶膜强度高,耐油,耐介质性好,耐低温	主要用于汽车挡风玻璃、车篷密封及内装饰材料粘接等	中国科学院长春应用化学科技总公司

1.3.3 酚醛树脂胶粘剂

1.3.3.1 组成

酚醛树脂胶粘剂是由酚醛树脂为主体材料和固化剂及其他助剂配合组成。酚醛树脂是由酚类(苯酚、甲酚、烷基酚、间苯二酚等)与醛类(甲醛、糠醛等)在催化剂作用下缩聚反应而成。

酚醛树脂胶粘剂品种繁多,主要有三种:钡酚醛树脂胶粘剂、醇溶性酚醛树脂胶粘剂和水溶性酚醛树脂胶粘剂。

1.3.3.2 特点

酚醛树脂胶粘剂具有工艺简单、成本低廉、粘接力强、耐油性、耐水性、耐老化性、电气绝缘性优良、耐热性能高,在较高温度下仍有一定的粘接强度等优点。其最大的缺点是脆性较大,抗剥离强度低,需高温高压固化。人们常用其他高分子化合物(如三聚氰胺、尿素、木质素、间苯二酚等)来进行改性,扩大其应用范围。

1.3.3.3 用途

酚醛树脂胶是合成胶粘剂中主要品种之一,主要用于制造Ⅰ类胶合板、航空胶合板、船舶胶合板、泡沫塑料及其他多孔材料等。此外,改性后的酚醛树脂胶粘剂有较高的粘接强度和冲击韧性,能承受较大的载荷应力,广泛用于金属材料的粘接。例如,酚醛-丁腈结构胶适合于宇航工业上的蜂窝夹心材料的粘接及各种金属件和刹车片的粘接。

酚醛树脂胶粘剂主要品种、特点及用途简介见表1-8所示。

表1-8 酚醛树脂胶粘剂主要品种简介

品　种	特　点	用　途	生　产　厂
铁锚牌204胶	能在300℃下短期工作,200℃下长期工作,具有良好的耐高温和耐介质性,对金属不产生腐蚀	主要用于粘接各种金属、非金属,如玻璃钢、刹车片、离合器片等	上海新光化工有限公司

品 种	特 点	用 途	生 产 厂
铁锚牌705胶	能在150℃下长期使用,耐油,耐介质,耐老化,耐辐射性能优异,具有较高的剥离强度和不均匀扯离强度	主要用于粘接多种金属(铝、铁、不锈钢、铜等)和玻璃钢、丁腈橡胶、刹车片等非金属材料	上海新光化工有限公司
KH-506胶	具有良好的韧性、耐油性、耐老化性	主要用于多种金属和非金属结构件的粘接	中科院化学研究所(北京)、湖南衡阳市粘合剂厂、北京橡胶十二厂等
J-04刹车片胶粘剂	具有优良的耐介质、耐老化性	主要用于汽车、拖拉机刹车片、离合器的粘接	黑龙江省石油化学研究院
J-151耐高温胶粘剂	具有优良的耐高温性	主要用于耐高温金属、非金属材料的粘接,如飞机刹车片等	黑龙江省石油化学研究院
J-15结构胶	具有优良的耐候性、持久性、耐高低温交变性和耐辐射性;使用温度 -60~260℃	主要用于多种金属和非金属材料高强度结构的粘接	黑龙江省石油化学研究院、哈尔滨六环胶粘剂有限公司
JX-9、JX-10胶粘剂	具有良好的耐湿热老化、耐海水、耐油性	主要用于各种结构材料的粘接,如铝合金、铜等	上海橡胶制品研究所
E-4胶	具有优良的耐热性	主要用于酚醛玻璃钢与钢及刹车片、砂轮等粘接	上海市合成树脂研究所

品　种	特　点	用　途	生产厂
CH-505胶、CH-506胶	具有粘接强度高、耐老化性、耐疲劳等综合性能；使用温度-60～250℃	主要用于各种金属的粘接,适用于汽车、拖拉机的刹车带、离合器中的粘接	重庆长江橡胶厂
XY-502胶	硫化后胶膜耐燃油和润滑油性能良好	主要用于丁腈硫化或未硫化胶与钢、铝等金属粘接	重庆长江橡胶厂
730胶粘剂	具有强度高,耐温性好	主要用于棉帆布、尼龙、丁腈橡胶、玻璃、织物、铝、铝镁合金等粘接	上海长城精细化工厂
X98-1、X98-4缩醛烘干胶	具有较好的粘接性、韧性和抗老化性；使用温度-60～60℃	主要用于金属、玻璃、陶瓷及层压塑料的粘接	上海振华造漆厂
华立牌504胶	使用温度：300℃下短期工作,200℃下长期工作,耐高温,耐介质性良好	主要用于金属、非金属材料粘接,如玻璃钢、刹车片等	上海华立胶粘剂厂

1.3.4　丙烯酸酯胶粘剂

1.3.4.1　组成

丙烯酸酯胶粘剂是以各种类型的丙烯酸酯为基料,加入增韧剂、稳定剂、固化剂等,经化学反应制成的胶粘剂。

丙烯酸酯胶粘剂主要有五种类型：丙烯酸酯快固结构胶、α-氰基丙烯酸酯胶粘剂、厌氧胶粘剂、丙烯酸酯压敏胶粘剂、丙烯酸酯乳液胶粘剂。按形态和应用特点可分为溶剂型、乳液型、反应型、压敏型、瞬干性、厌氧型、光敏型和热熔型等。

1.3.4.2　特点

丙烯酸酯胶粘剂是一种比较理想的胶粘剂,它具有粘接强度高(粘接金属的室温剪切强度大于 20 MPa),成膜性好,无色透明,能在室温下快速固化,可油面粘接、耐冲击、对一般酸碱介质耐老化性能优良及耐温性(可在−40～150℃使用)、耐油性、耐溶剂性等均好和使用方便、用途广泛等特点。

1.3.4.3　用途

目前第一代丙烯酸树脂胶粘剂(简称 FGA),可粘接钢、黄铜、铝合金等多种金属材料以及玻璃、陶瓷、无纺布等非金属材料;第二代丙烯酸树脂胶粘剂(简称 SGA),由于它能在室温快速固化,强度高,韧性好,可进行油面粘接,适应性强,因此广泛应用于航空、汽车、机械、造船、电器、仪表、铁路车辆、土木工程、工艺美术等行业的应急修补、防渗堵漏、铭牌粘贴等,除了不能粘接铜、铬、锌、赛璐珞、聚乙烯、聚丙烯和聚四氟乙烯等材料外,对其他金属和非金属材料均能进行自粘或互粘,特别对于 ABS、有机玻璃、聚苯乙烯等与金属之间的粘接,能得到较为理想的粘接效果;第三代丙烯酸酯胶粘剂(简称 TGA),其固化采用紫外光,主要用于玻璃、透明塑料与金属、陶瓷等的粘接。

丙烯酸酯胶粘剂主要品种、特点及用途简介见表 1-9 所示。

表 1-9　丙烯酸酯胶粘剂主要品种简介

品　　种	特　　点	用　　途	生　产　厂
万达牌 WD1001 高性能丙烯酸酯结构胶	室温快速固化,强度高,可油面粘接	主要用于铁、钢、铝、钛、不锈钢、ABS、PVC、聚碳酸酯、有机玻璃、聚氨酯、聚苯乙烯、玻璃钢等同种或异种材料的粘接	上海康达化工新材料股份有限公司
万达牌 WD1004 电机胶	室温快速固化,耐冲击,可在轻度油污表面粘接	主要用于磁电机的粘接	上海康达化工新材料股份有限公司

品　种	特　点	用　途	生　产　厂
万达牌 WD1206 丙烯酸酯结构胶	韧性好,剥离强度高,胶层透明	主要用于铁、钢、不锈钢、黄铜、铝、钛、ABS、PVC、聚氨酯、聚苯乙烯、玻璃钢、陶瓷、石材等同种或异种材料粘接	上海康达化工新材料股份有限公司
WD1226 通用型超强结构胶	粘接强度高	主要用于各种产品组装及薄形材料的结构加强、装潢饰物的粘接等	上海康达化工新材料股份有限公司
改性丙烯酸酯胶	粘接强度高,耐酸碱、水、油介质性好,耐高低温、耐老化性好	主要用于钢、铁、铝、钛、ABS、PVC、尼龙、聚碳酸酯、有机玻璃、聚氨酯、水泥、陶瓷、木材等粘接	抚顺哥俩好集团
高性能丙烯酸结构工具胶	粘接强度高,固化速度快,使用温度－60～120℃	主要用于钢、铁、ABS、PVC 等材料的粘接	江苏黑松林粘合剂厂有限公司
ZG027 正光牌超强结构胶	粘接强度高,固化快,韧性好,耐油、水、酸、醇类	主要用于金属、硬塑料、陶瓷、石料、水泥制品、木材等自粘与互粘	成都正光实业股份有限公司
NJ－1 高强度结构胶	强度高,能耐油、耐水、耐酸,可在带油、带水、带压条件下粘接	主要用于金属、陶瓷、玻璃、木材、硬塑料和复合材料的自粘及互粘	成都正光实业股份有限公司
NSH 变压器堵漏胶	耐油、耐水、耐腐蚀性能好	主要用于变压器泄漏及油管、油缸等设备快速堵漏	成都正光实业股份有限公司

品 种	特 点	用 途	生 产 厂
NSH 汽车油水箱堵漏胶	粘接强度高,能耐油、耐水,耐腐蚀,耐候性好	主要用于汽车油箱或水箱快速堵漏及摩托车刹车片的粘接	成都正光实业股份有限公司
TS802 高强度胶	粘接强度高,韧性好	主要用于金属、塑料、皮革、木材等自粘与互粘	北京市天山新材料技术公司
TS528 油面紧急修补剂	固化速度快,可带油、带压粘接,可在−5℃下使用	主要用于油箱、管路、法兰、变压器泄漏修补	北京市天山新材料技术公司
第二代丙烯酸酯胶	强度高,耐介质、耐老化性能良好,可油面粘接,使用温度−40~100℃	主要用于金属和非金属材料的粘接	海洋化工研究所
铁锚牌 518、519 丙烯酸酯结构胶	强度高、耐冲击、耐振动、室温快速固化,可油面粘接	主要用于钢、铁、铝等金属和橡胶、塑料如 ABS、PVC、尼龙、聚碳酸酯等及陶瓷、胶木、水泥等自粘或互粘	上海新光化工有限公司
KM - 301 结构胶	强度高,可油面粘接	主要用于钢、铁、铝、钛、不锈钢、ABS、PVC、PC、MMA、PU、PS、玻璃钢等材料的粘接	慈溪市天华胶粘剂厂
HT - 青虹胶系列	常温下硬化速度快,耐低温性能好	主要用于树脂工艺品、陶瓷、金属、石材等粘接	湖北回天胶业股份有限公司

续 表

品 种	特 点	用 途	生 产 厂
HT-1025 扬声器专用胶	粘接强度高,固化速度快	主要用于扬声器中磁铁与 T 铁之间的粘接	湖北回天胶业股份有限公司
SK-506 神力铃牌青红胶	强度高,可在油污表面粘接	主要用于各种铁氧体、永磁材料的组装及 ABS、有机玻璃、聚氯乙烯、聚苯乙烯等粘接	湖南神力实业有限公司
SK-509 神力铃牌哥俩好	强度高,快速固化,可稍带油操作	主要用于金属、塑料、水泥制品、木材等同种或异种材料的粘接	湖南神力实业有限公司
丙烯酸 A/B 胶	固化快、耐高温、耐冲击、耐水性好	主要用于工艺品家具、木材、人造石材等粘接	泉州昌德胶业科技有限公司
SG-840 丙烯酸酯室温快固胶	强度高,韧性好,耐湿热、耐介质性能优良	主要用于金属和非金属的粘接	浙江金鹏化工股份有限公司
AB 结构胶	粘接强度高,室温快速定位	主要用于钢、铁、铝、橡胶、不锈钢、ABS、PVC、玻璃、陶瓷、水泥、木材等粘接	广州机床研究所密封分所
J-50 快干胶	固化快,透光率高,挥发性小	主要用于玻璃、木材、工艺美术品的粘接及各种应接修补等	黑龙江省石油化学研究院

1.3.5 厌氧胶胶粘剂

1.3.5.1 组成

厌氧胶胶粘剂是以丙烯酸酯类单体为主体,再加入聚合引发剂、固化促进剂及稳定剂和其他助剂等配制组成。单体又分两种,一是低分子质量(甲基)丙烯酸酯单体(例如,甲基丙烯酸甲酯,丙烯酸烃乙酯等);二是齐聚物可聚合单体,这是厌氧胶的主体成分,常用的种类有一缩二乙醇、二缩三乙二醇、三缩四乙二醇的甲基丙烯酸双酯、环氧树脂的双丙烯酸酯、聚氨酯双丙烯酸酯、二缩水甘油醚双甲基丙烯酸酯等。

1.3.5.2 特点

厌氧胶最大的特点是在有氧气存在情况下可永不固化,以液态长期贮存,而一旦隔绝空气,就会迅速聚合将被粘物件定位而迅速固化。它具有室温固化、速度快、强度高、收缩率小及耐温耐压、耐溶剂、耐酸碱密封性能好、耐候性较佳等特性,并且毒性低和残胶容易清洗,固化后可拆卸,工艺性好,使用方便,易实现自动化作业。

1.3.5.3 用途

厌氧胶品种繁多,应用范围较广,其中锁固厌氧胶用于固定高度震动的机械零件及仪表,提高组装的工作效率和装配质量,可以代替轴、轴承、轴瓦及连锁的压力装配,防止螺丝松动,锁紧双头螺栓,改善键的固定,防止拉紧锁后冲,固定垫片、堵头等。此外,密封厌氧胶用于管件和法兰的密封,堵塞裂缝和渗补铸件,以杜绝设备或管道中物料的泄漏,以及多孔压铸片和粉末冶金制片的浸渗密封。其次,密封厌氧胶还用于设备或结构件上的裂缝、铸件砂眼的修补。除此以外,结构厌氧胶广泛用于粘接齿轮、转子、皮带轮、电机轴、轴承和轴套等代替压配合。其次,根据特殊用途而配制厌氧胶,如可用于油面粘接的油面厌氧胶,能在几秒到几十秒内固化的特快固化厌氧胶,以及压敏型和微胶囊型厌氧胶等。

厌氧胶粘剂主要品种、特点及用途简介见表1-10所示。

表 1-10　厌氧胶粘剂主要品种简介

品　种	特　点	用　途	生产厂
7200系列螺纹锁固密封厌氧胶	单组分,中-高粘度,中-高强度,快速固化	主要用于 M6～M36 螺纹紧固件锁固与密封	湖北回天胶业股份有限公司
7569管路螺纹密封厌氧胶	单组分,触变性粘度,中强度,快速固化	主要用于气动、液压系统 M36 以下直/直螺纹密封	湖北回天胶业股份有限公司
7515平面密封厌氧胶	单组分,触变性粘度,柔性胶层	主要用于刚性结构(机械加工)紧密配合的平面密封	湖北回天胶业股份有限公司
7680 固持厌氧胶	单组分,中粘度,高强度	主要用于径向0.25 mm 以内间隙配合件固持	湖北回天胶业股份有限公司
万达牌 WD5020 耐高温固持厌氧胶	耐高温、耐介质、高粘度、高强度	主要用于固持气门套管、阀套、缸套、注塑机芯套等	上海康达化工新材料股份有限公司
万达牌 WD5077 大粘度锁固型厌氧胶	高强度,高粘度,耐介质性能好	主要用于 M36 以下螺纹锁固和密封	上海康达化工新材料股份有限公司
万达牌 WD5080 高粘度固持型厌氧胶	高强度,中粘度	主要用于轴和轴承、皮带轮、齿轮的固持	上海康达化工新材料股份有限公司
万达牌 WD5567 管螺纹密封厌氧胶	高粘度,耐热性和耐介质性能好	主要用于大口径金属管螺纹密封和 M80 以下螺纹密封	上海康达化工新材料股份有限公司
ZY-S₁ 型浸渗厌氧胶	高强度,耐酸、碱、油、氟利昂等,填空在 0.2 mm 以下,使用温度-40～150℃	主要用于各种金属铸件焊缝微孔及粉末冶金等多孔件密封及局部浸渗	上海海鹰粘接科技有限公司

品　种	特　点	用　途	生　产　厂
ZY系列厌氧胶	无毒,固化速度快,抗震,耐水、油、弱酸、弱碱,使用温度-40～150℃	主要用于机械产品锁固、刀具及机床、模具、量具、管道的粘接和修复	上海海鹰粘接科技有限公司
厌氧胶系列	粘接强度高,耐介质性能好,固化速度快	主要用于各种螺栓、柱销的锁紧、防松和密封、镶嵌套接、轴承与轴套的粘接	大连胶粘剂研制开发中心
ZY-800型厌氧胶	耐介质性好,使用温度-30～150℃	主要用于锁紧防振、胶接固持、渗补止漏等	浙江省机电设计研究院,上海海鹰粘接科技有限公司
乐泰螺纹锁固剂	低粘度,固化快,耐热,耐介质性能好	主要用于高温高强度螺纹锁固	山东烟台乐泰(中国)有限公司
铁锚300系列厌氧密封胶	渗透性好,有良好的防震性和密封性	主要用于螺栓的紧锁、防震;机械零件装配的固持等	上海新光化工有限公司
MF-4290螺纹锁固厌氧胶	中强度,高渗透性,快速固化	主要用于M2～M12螺栓的锁固及铸件砂眼微孔密封	广州机床研究所密封分所
MF-4277螺纹锁固厌氧胶	高强度,中粘度	主要用于M36以下螺纹的永久性锁固与密封	广州机床研究所密封分所
600系列圆柱形零件固持胶	低粘度,高强度	主要用于固持键与轴、轴承、齿轮、转子等	汉高乐泰(中国)有限公司(上海销售总部)
WSJ-600系列厌氧胶	高、中强度,耐介质性好	主要用于螺栓的锁固和密封及金属容器咬口密封	中国兵器工业第五三研究所

品　种	特　点	用　途	生　产　厂
J-51 厌氧胶	耐水、耐油、耐介质、密封性好，易拆卸	主要用于锁紧螺纹、装配固定、密封接头等	黑龙江省石油化学研究院
GY-340 厌氧胶	强度高、固化快	主要用于螺纹件的防松、紧固与密封	中国科学院广州化学研究所、大连第二有机化工厂等
YY-301、302、101、102 厌氧胶	强度高，密封性好	主要用于小间隙缝紧固	天津市合成材料工业研究所等
金宝 GY 系列厌氧胶	中、高强度，低、高黏度，易拆卸	主要用于螺纹件锁固密封及轴承配合件的固定	广州市坚红化工厂
TS 厌氧型系列螺纹锁固密封剂	具有触变性、可靠性高，易拆卸	主要用于承受振动和冲击的各种螺纹件紧固	北京市天山新材料技术公司
TS121 渗透剂	密封性强	主要用于各种压力容器、管道的微孔、疏松、裂纹的封闭止漏	北京市天山新材料技术公司
DN-601 厌氧胶	强度高，韧性好，快速固化	主要用于螺栓紧固、密封、防漏、管子套接、轴及配件的紧固及平面粘接等	山东非金属材料研究所、衡阳市粘合剂厂、锦州粘合剂厂、沈阳市化工设计研究所等
KYY-1、KYY-2 油面厌氧密封胶	能油面粘合，使用温度-30～150℃	主要用于有油表面的零部件粘接及密封防漏、填补缝隙、轴承固持等	中国科学院广州化学研究所

品　种	特　点	用　途	生　产　厂
CD-242 螺纹锁固胶	单组分,耐水、耐油、耐震动、耐腐蚀	主要用于发动机缸体塞片、缸头螺栓、化油器、油泵油嘴等螺栓连接的锁固防漏密封	泉州昌德胶业科技有限公司
HHY 系列厌氧胶	粘接强度高,耐温性好、固化迅速	主要用于机械装配和维修中的螺纹锁固,轴配件固持,平面密封,铸件砂眼修补等	西安黄河机器制造厂
5600 系列圆柱形零件固持胶	高强度,耐高温	主要用于圆柱套管、阀套、缸套及螺纹连接件锁固等	重庆科瑞胶业有限公司

1.3.6　压敏胶粘剂

1.3.6.1　组成

压敏胶粘剂是制造压敏型胶粘带用的胶粘剂,简称压敏胶(PSA),它是由聚合物、增粘剂、填料、防老剂、溶剂等组成。用作压敏胶的聚合物可以是橡胶,如天然橡胶、丁基橡胶;也可以是各种树脂,如无规聚丙烯、聚乙烯基醚、顺丁烯二酸酐-醋酸乙烯共聚树脂、丙烯酸树脂、硅树脂、氟共聚树脂等;增粘树脂有萜烯树脂、蒎烯树脂、松香酯、酚醛树脂、石油树脂等。

1.3.6.2　特点

压敏胶具有长期不固化而保持永粘性、无毒无害、不污染环境、使用安全方便的特点,它几乎对所有材料都有一定的粘接力,即使是难粘材料也会粘合,并且粘牢后可以撕下来,能够反复使用,所以压敏胶也称不干胶。它涂于塑料薄膜纸张、织物或金属箔等基材表面,即制成胶带。其缺点是粘接强度一般不高,耐热性、耐久性、耐溶剂性较差,不能用于结构性粘接。最常见的使用形式是将压敏胶涂于塑料薄膜、织物、纸张或金属箔上制成的胶带。

压敏胶品种很多,按主要成分可分为橡胶型和树脂型两大类。主要有以下几类品种:

(1)橡胶型压敏胶,包括天然橡胶、丁苯橡胶、丁基橡胶、聚异丁烯橡胶、再生橡胶等。

(2)丙烯酸酯压敏胶,是压敏胶中的一大品种。由可聚合的丙烯酸酯单体(包括软单体、硬单体和功能性单体)经过溶液聚合或乳液聚合而成。

(3)聚氨酯型压敏胶一般由端羟基聚丁二烯与异氰酸酯三聚体聚合而成,耐热性较好,粘接力强,可以粘接潮湿表面。

(4)热塑性弹性体的 SBS、SIS 与增粘树脂等混合制成的热塑弹性体压敏胶,需进行热熔涂布,目前在一次性卫生用品中已大量使用。

(5)有机硅压敏胶,可耐 260℃高温,这是其他类型的压敏胶所不能企及的,但其价格较贵,应用受到限制。

(6)可固化压敏胶是一类新的胶种,其特点是使用时其具有压敏性(使用方便),粘贴以后通过一定方法使其交联固化,使固化产物像结构胶一样,具有较高的粘接强度、耐热性、可靠性及耐久性。

1.3.6.3 用途

压敏胶粘剂和压敏胶带在各行各业中广泛应用,大量用于包装、密封、电器绝缘、医疗卫生、粘贴标签等,如粘接纸张、织物、塑料、海绵等材料及用于捆扎固定、包装封口、电气绝缘、防腐防磨、粘贴铭牌、喷漆保护、医疗包扎、文件书籍的粘贴修补及粘鼠粘蝇等。

压敏胶粘剂主要品种、特点及用途简介见表 1-11 所示。

表 1-11　压敏胶粘剂主要品种简介

品　种	特　点	用　途	生　产　厂
微波炉门贴	胶面高透明,胶贴耐高温达180℃	主要用于各种类型的微波炉门内侧粘贴,有效防止门玻璃爆裂	上海华舟压敏胶制品有限公司

续　表

品　种	特　点	用　途	生 产 厂
地毯用布基胶带	粘性强,使用方便	主要用于地毯铺设、橡塑管接缝、电线固定、包装等	上海华舟压敏胶制品有限公司
PS－9317 压敏胶	有优良的透明度、内聚力、剥离力	主要用于 BOPP 胶带、纸胶带、PVC 胶带和商标等	北京东方罗门哈斯有限公司
PS－1895 压敏胶乳液	有极高的剥离强度、干燥迅速	主要用于 PE、PU 等多孔基材或橡塑基材的压敏胶制品	北京江润工贸有限责任公司
SBY－02 保护胶带专用胶	无臭、无毒、不燃、透明度高,具有良好的内聚力和 180°剥离力	主要用于 PE、PVC、BOPP 保护胶带等	北京松立特精细化工有限公司
DNT－01 聚丙烯酸酯压敏胶	耐久性和外观性好、耐热、耐潮、不易老化	主要用于涂制各种商标贴与铭牌及纺织品、塑料、玻璃等包装装潢	上海市纺织工业局印刷厂
JH－4 水乳性压敏胶	具有良好的耐水性和较高的胶接力和内聚力	主要用于制造各种基材的不干胶带	中科院长春应用化学研究所
JD－8 双面胶粘带	使用方便,可多次反复使用	主要用于传真机设备片基的固定及标牌的粘贴	上海橡胶制品研究所
JD－19 胶粘带	具有良好的施工性、耐老化性和粘接性	主要用于显像管外部作防爆与玻壳的缓冲材料	上海橡胶制品研究所
JD－27 电绝缘胶粘带	具有良好的电绝缘性、耐热老化性和防霉、防湿热性	主要用于低压电器线圈包扎、电机中电线接头包扎等	上海橡胶制品研究所
PS－2 透明聚酯胶粘带	具有良好的电绝缘性,使用方便	主要用于办公粘贴、一般包扎和低压电绝缘包扎	上海市合成树脂研究所

品 种	特 点	用 途	生 产 厂
PS压敏胶	初粘力高,可制作压敏胶带	主要用于各种塑料薄膜与金属箔、金属和非金属材料的粘贴	上海市合成树脂研究所
YmS 压敏胶粘带	耐热性优良,绝缘强度高	主要用于 H 级电机、电器、仪表的绝缘包扎、电缆、电磁线圈的绝缘修理等	上海市合成树脂研究所
聚乙烯胶粘带	耐候性、耐低温性能优良	主要用于聚乙烯大棚的粘接和修补及包装、封箱、标签等	辽宁大连塑料研究所
J-33压敏胶	粘性好,不冷流,可带水粘贴聚乙烯材料	主要用于粘贴金属、木材、玻璃、塑料等,胶带可用于钢质、铝质或门窗密封等	黑龙江省石油化学研究院
MS压敏胶	耐水性优异	主要用于压敏胶带用胶、印染行业台板用胶及塑瓶封贴	浙江慈溪天华胶粘剂厂
长城牌203压敏胶	压敏粘接	主要用于各种塑料薄膜的包装粘贴,制造各种压敏胶带和压敏型商标等	上海海文(集团)有限公司 上海长城精细化工厂
塑料胶粘带	防酸、防碱、防水	主要用于低于380 V低压电线绝缘包扎及容器封口等	北京市粘合剂厂
FD-28冷压胶带	室温时无粘性,加压后即可粘着	主要用于超小型金属化薄膜电容喷金时掩蔽	浙江湖州飞碟胶粘剂有限公司

品 种	特 点	用 途	生 产 厂
牛皮纸封箱胶带	粘性好,抗潮抗霉	主要用于纸箱封口	浙江湖州飞蝶胶粘剂有限公司
P-145耐热耐油绝缘胶带	初粘力大,具有耐380~2 000 V不等的绝缘性能、能耐120℃高温	主要用于电子、电器行业如变压器层间绝缘固定等	浙江宁波综研化学有限公司
APS-104压敏胶	低毒,粘附性好	主要用于制作各种基材的压敏胶带,镀铝涤纶聚酯薄膜压敏标签、标牌、商标等	海洋化工研究院
铁锚牌403压敏胶	耐热耐低温性好,强度高,耐振动	主要用于不同基材的涂布及压敏胶制品等制造	上海新光化工有限公司
PS-LC300液晶显示器偏光片用压敏胶	对玻璃板、偏光片有良好粘接力	主要用于液晶显示器中的偏光片粘接	三信化学(上海)有限公司
CH-105压敏胶带	使用温度:常温至70℃,粘接强度和耐热蠕变性好	主要用于各种材料防潮筒的密封	重庆长江橡胶厂胶粘剂分厂
KT10牛皮纸胶粘带	粘性好	主要用于纸箱包装及纸加工的接驳	永大(中山)有限公司
DS11C双面胶粘带	耐老化性好	主要用于聚氯乙烯、聚碳酸酯铭牌、橡胶板等粘贴固定	永大(中山)有限公司
BOPP封箱胶带	无毒,粘性好	主要用于各类产品的包装封箱	上海三达胶粘带有限公司
F-4G胶带	高温200℃下不易老化,耐候性、高低温性能好	主要用于耐高温塑料薄膜及箔的粘合,胶带用于氟塑料薄膜及导线的包扎固定等	晨光化工研究院

品　种	特　点	用　途	生　产　厂
华立牌 401 压敏胶粘剂	无色透明、非污染、耐老化、耐温（100℃）及内聚力大等	主要用于压敏型商标，能粘接塑料薄膜的包装粘贴及各种胶带	上海华立胶粘剂厂
F-6 压敏胶带	无毒、耐温、耐水、耐候性优良	主要用于各种高温薄膜电容器芯组的包扎，高温真空密封及电子仪器绝缘保护等	成都有机硅研究中心
HPS-YL 型热熔压敏胶	无毒、防水、防油、无致敏性	主要用于医用透气胶带、创可贴、其他医用胶贴等	浙江省丽水市三力胶业有限公司

1.3.7　有机硅胶粘剂

1.3.7.1　组成

有机硅胶粘剂是有机硅树脂或硅橡胶为基料,再加入填料、增粘剂、固化剂(交联剂)、催化剂、防老剂等组成。

有机硅胶粘剂可分为纯有机硅树脂胶粘剂、改性有机硅树脂胶粘剂二大类型;也可分室温固化有机硅橡胶(RTV)胶粘剂和低温固化有机硅橡胶(LTV)胶粘剂二大类型。

1.3.7.2　特点

有机硅胶粘剂具有独特的耐热和耐低温性,并且有耐腐蚀、抗老化性和良好的电性能及耐候性、耐水性、耐氧化性、化学稳定性、透气性和弹性等,能在-60～1 200℃温度范围内保持良好的柔韧性和弹性,在很宽的温度范围内电性能变化极小,介电损耗低。缺点:性脆,粘接强度低、固化温度过高。常用酚醛、环氧、聚氨酯等树脂对其改性可达到粘附性好,室温固化,耐高温的要求。

1.3.7.3 用途

有机硅胶粘剂主要用途有：① 粘接：元器件的粘接固定及密封。② 涂覆：防湿、防尘、防臭氧及紫外线。③ 灌封：防湿、防尘、防电晕电弧放电、减震、缓冲。

有机硅胶粘剂广泛用于飞机、汽车、双层玻璃密封、建筑门窗嵌缝密封及电子灌封等方面。此外，它可用于粘接金属和非金属材料，如用于高温应变片、硅橡胶布、电子元件、硅橡胶与金属的粘接，以及粘接耐热橡胶、玻璃、陶瓷和塑料、玻璃钢、可控硅元件的表面密封等，也可用于高温环境下非结构部件的粘接和密封。

有机硅胶粘剂主要品种、特点及用途简介见表1-12所示。

表1-12 有机硅胶粘剂主要品种简介

品 种	特 点	用 途	生 产 厂
WD6608（免垫片胶）	具有弹性足、延伸性好、耐温性能好、耐水及耐老化	主要用于汽车、摩托车和各种机械设备的发动机、齿轮箱等部位结合面的密封，可替代各种材料垫片	上海康达化工新材料股份有限公司
WD6703电子灌封胶	具有良好的电性能、密封性好、使用温度-60～150℃	主要用于电子元器件、仪器仪表、光学仪器、汽车配件、电冰箱等防漏粘接与密封	上海康达化工新材料股份有限公司
9010 RTV粘接密封硅橡胶	单组分，脱肟型，耐化学介质性好，耐老化，使用温度-60～200℃	主要用于家电面板粘接密封，如微波炉炉胆-微晶面板粘接	广州市回天精细化工有限公司
9660F RTV高性能粘接密封硅橡胶	单组分，脱肟型，耐热、抗震，耐化学介质性好，机械性能好，使用温度-60～200℃	主要用于金属、玻璃和塑料粘接，如汽车车灯罩粘接密封、灯饰密封、光伏组件边框密封	广州市回天精细化工有限公司

品　种	特　点	用　途	生　产　厂
9413 RTV 共形覆膜硅橡胶	单组分,中粘度,快速固化,抗震,耐电晕,抗漏电	主要用于线路板表面防潮处理、电子元器件绝缘及电器模块浅层灌封	广州市回天精细化工有限公司
4060F RTV 缩合型硅橡胶	机械性能好,拉伸强度和延伸率高	主要用于车灯灯罩粘接密封、仪器仪表防水、汽车及船舶挡风玻璃防水密封	广州市回天精细化工有限公司
5299 RTV 加成型灌封硅橡胶	耐高低温绝缘性、防水防潮性和抗老化性好	主要用于电子元器件、汽车 HID 灯模块电源、点火系统模块电源、网络变压器等灌封保护	广州市回天精细化工有限公司
9661E RTV 高性能硅橡胶	耐热、耐潮湿、抗震,耐化学介质性好,使用温度－60～200℃	主要用于 TV/CRT/电源、通讯设备等电子、电器元件粘接密封、固定	广州市回天精细化工有限公司
4110Y RTV 缩合型灌封硅橡胶	绝缘、防潮、抗震、抗漏电、耐介质	主要用于无面罩高端户外 LED 显示屏灌封	广州市回天精细化工有限公司
388 模具胶	固化后模具硬度较高不变形	主要用于简单树脂工艺品和蜡制工艺品制作	上海回天化工新材料有限公司
GPS-2 硅橡胶腻子	耐高低温(使用温度－60～200℃)	主要用于各种硫化硅橡胶、硅氟橡胶及硅海绵和各种经表面处理的金属、非金属之间的粘接	上海橡胶制品研究所
D09 有机硅建筑密封胶	耐老化、不流淌、固化迅速	主要用于粘接铝合金门窗、玻璃幕墙、瓷砖、金属等	上海橡胶制品研究所

品　种	特　点	用　途	生　产　厂
JD-70 耐高温、绝缘硅橡胶自粘胶带	耐高低温、耐候性好、耐老化、电绝缘性佳，使用温度-60～250℃	主要用于各种电动机、发动机引线及电缆、高压输电线等包扎及作 H 级电工绝缘带	上海橡胶制品研究所
D18 RTV 有机硅胶粘剂	粘接强度高，耐高低温性好，不流淌，固化速度快，使用温度-60～200℃	主要用于电子电器元件及通用建筑密封和金属、塑料等粘接	上海橡胶制品研究所
R05 RTV 有机硅胶粘剂	单组分，强度高，不流淌，耐老化，耐候性好，电性能佳，使用温度-60～200℃	主要用于金属、玻璃、硅橡胶、塑料等粘接，适用航空航天、电子仪器、机械等领域	上海橡胶制品研究所
SF18 有机硅胶粘剂	单组分，耐高低温，耐候性好，电性能佳，强度高，固化速度快，使用温度-60～200℃	主要用于金属、硅橡胶板材、陶瓷、PVC、玻璃钢等材料的粘接	上海橡胶制品研究所
TT700 有机硅电子灌封胶	粘接性能好，抗湿气，耐热冲击和震动，易修补，电气性能佳，阻燃性好，使用温度-50～250℃	主要用于电子产品灌封及保护处于严苛条件下的电子产品	苏州达同新材料有限公司
TT800 有机硅电子灌封胶	粘接性能好，抗湿气，耐热冲击和震动，高频电气性能好，易修补，使用温度-50～220℃	主要用于灌封保护处在严苛条件下的电子产品	苏州达同新材料有限公司

品　种	特　点	用　途	生　产　厂
TT900 有机硅凝胶	抗湿气,耐热冲击和震动,透明性好,透光率高,电气性能佳	主要用于电子产品灌封,保护处于严苛条件下的电子产品	苏州达同新材料有限公司
TT600 太阳能光伏组件专用密封胶	单组分,环保无腐蚀,粘接密封性能好,耐热冲击和震动,抗冷热交变性能好,耐老化,电气性能佳	主要用于保护各类严苛条件下的光伏组件及各类背板、铝合金边框和接线盒等粘接密封	苏州达同新材料有限公司
TT500 导热硅脂	高热导率,低渗油率和良好的高低温稳定性,可降低发热元件温度	主要用于电子元器件的热传递介质,如散热器填隙,大功率三极管、可控硅元件二极管与基材接触缝隙处的填充	苏州达同新材料有限公司
GHD-48 阻燃型有机硅导热灌封胶	耐高低温,不含溶剂,耐腐蚀和电绝缘性,耐老化,使用温度-40~200℃	主要用于 LED 节能灯底座电子元器件的封装及大功率电子元器件模块电源和线路板的灌封	上海海鹰粘接科技有限公司
开姆洛克 607	耐温 260℃,耐水、盐雾、化学品、溶剂等	主要用于未硫化氟橡胶等特种弹性体与金属等多种基材热硫化粘接	上海洛德化学有限公司
KH-505 高温胶	耐高温(使用温度可达 400℃)、耐水和大气老化	主要用于高温下金属、玻璃、陶瓷的粘接	中国科学院化学研究所

品 种	特 点	用 途	生 产 厂
KH-80胶	无毒、无腐蚀性，对金属和非金属材料有良好粘接力	主要用于光学仪器、太阳能电池、夹层玻璃等包覆、密封和粘接	中国科学院化学研究所
SY-811RTV硅橡胶	具有良好的弹性、密封性和电气绝缘性，使用温度-50~200℃	主要用于玻璃、金属、塑料等材料及电子元器件的密封粘接	三友（天津）高分子技术有限公司
TS747高温修补剂	耐高温450℃	主要用于高温工况平面密封及灌封	北京市天山新材料技术公司
TS1595室温固化硅橡胶密封剂	耐候性好，耐介质性能好	主要用于玻璃、陶瓷及金属材料的密封	北京市天山新材料技术公司
XM35有机硅密封剂	耐大气老化、耐水、耐湿热、电绝缘，使用温度-60~200℃	主要用于电气元件及电子计算机磁芯板的密封	北京航空材料研究所
GB-857有机硅密封剂	耐高低温（使用温度-90~200℃）耐臭氧、耐紫外线、耐老化、电绝缘性好	主要用于特种喷管组合件的粘接密封	成都有机硅应用研究中心
F-4S氟塑料胶	使用温度-50~200℃，耐油、耐酸碱性良好	主要用于电器中聚四氟乙烯零件的粘接和密封	成都有机硅应用研究中心
CD系列单组分有机硅粘接密封剂	具有优良的电绝缘性、耐腐蚀、耐老化、耐臭氧	主要用于电子电气、仪器仪表、机械、汽车等产品绝缘密封	成都有机硅应用研究中心
D06RTV硅橡胶胶粘剂	强度高，透明性好，固化迅速	主要用于铝合金玻璃门窗和玻璃幕墙及玻璃缸等粘接	无锡市百合花胶粘剂厂

品　种	特　点	用　途	生　产　厂
硅橡胶平面密封剂	高粘度,耐润滑油性好	主要用于内燃机部件密封等	重庆科瑞胶业有限公司
G596 平面密封硅酮胶	耐高低温(使用温度－60～250℃)、耐油性能优良	主要用于汽车、摩托车的发动机、齿轮箱、前后桥、水泵及其他机械设备的平面结合面的密封	广州机床研究所密封分所
高温硅酮密封胶系列	耐高低温、无腐蚀、耐老化、韧性好	主要用于汽车制造和修理行业产品的密封防漏	湖南神力实业有限公司
GT－1 有机硅橡胶胶粘剂	耐高低温(使用温度－120～350℃)、耐酸碱、电绝缘好、耐老化	主要用于粘接硅酸盐类如玻璃、陶瓷、水泥等	吉林化学工业公司研究院
ZS－J1 RTV 有机硅胶粘剂	耐高低温(使用温度－40～200℃)、耐老化、抗腐蚀及电性能优异	主要用于耐热、耐寒、电绝缘、防潮防震的各种器件的粘接密封	浙江省机电设计研究院

1.3.8　热熔胶粘剂

1.3.8.1　组成

热熔胶粘剂是在室温下呈固态,加热熔融成液态,涂布被粘物后,经热压合、冷却,在几秒钟内完成粘接的胶粘剂。

热熔胶粘剂以热塑性树脂为主体成分,加以增粘剂、增塑剂、粘度调节剂、抗氧剂和填料等配制而成。

热熔胶粘剂主要分为聚乙烯-乙酸乙烯型热熔胶(简称 EVA 型)、聚酯热熔胶、聚酰胺热熔胶、聚氨酯热熔胶、聚乙烯热熔胶、乙烯-丙烯酸乙酯热熔胶(EEA)、反应型热熔胶、溶剂型热熔胶、水分散性热熔胶等类型。

1.3.8.2 特点

热熔胶粘剂具有单组分,无毒,无溶剂,不污染环境,对几乎所有材料均有热胶接力,熔融粘度低,固化迅速,对人体无损害,耐油耐酸,耐溶剂,电性能好,使用安全,储运方便、适用期长等特点,因为它的粘接速度快,生产效率高,适用于自动化连续生产,它能够粘接几乎所有的金属、非金属材料,包括一些难粘的塑料,如聚烯烃,聚四氟乙烯等,并且有较好的粘合强度与柔韧性,但它的缺点是粘接强度低,不耐高低温,受气候影响较大,冬季润湿性差,夏季固化变慢;遇热易变软,使用时需要专用熔胶涂胶设备。

1.3.8.3 用途

热熔胶粘剂主要应用于汽车制造、包装、印刷、木材加工、制鞋、纺织品、书籍装订、建筑、电子、家具、医疗卫生等行业。其中环氧树脂、酚醛树脂热熔胶可粘接金属陶瓷;乙烯基树脂热熔胶可用于包装、无纺布制品、家具织物、塑料等粘接;聚酯树脂、聚酰胺热熔胶可用于服装加工、家具粘接。

热熔胶粘剂主要品种、特点及用途简介见表1-13所示。

表1-13 热熔胶粘剂主要品种简介

品 种	特 点	用 途	生 产 厂
LR-ZBB 聚酰胺类热熔胶	快速固化	主要用于扬声器线圈及皮革折边等粘接	上海市轻工业研究所上海理日化工新材料有限公司
LR-PA 聚酰胺热熔胶	固化速度快,无毒,不含溶剂	主要用于电缆热缩套管,汽车滤清器、彩电偏转线圈等产品粘接	上海市轻工业研究所上海理日化工新材料有限公司
内燃机汽车滤清器胶粘剂	粘接速度快,无毒	主要用于汽车等内燃机纸质燃油、机油、空气滤清器制造	上海市轻工业研究所上海理日化工新材料有限公司

品　种	特　点	用　途	生　产　厂
LR-PES-130 聚酯热熔胶	无毒,固化速度快	主要用于服装、箱包、电气、转印、装饰等产品粘接	上海市轻工业研究所上海理日化工新材料有限公司
LR-PES-185 聚酯热熔胶	无毒,固化速度快	主要用于制鞋、建材等行业产品粘接	上海市轻工业研究所上海理日化工新材料有限公司
LR-LQ1 聚烯烃类热熔胶	无溶剂,快速固化	主要用于木材、皮革纸品、织物、金属、塑料和橡胶等难粘材料的粘接	上海市轻工业研究所上海理日化工新材料有限公司
LR-QBA 鞋用前帮胶	粘接强度高固化速度快,无毒,使用温度-20~160℃	主要用于各种绷前帮的制鞋机械流水线生产	上海市轻工业研究所上海理日化工新材料有限公司
LR-ZSB 低压注塑热熔胶	注塑压力低,固化速度快	主要用于电子零部件产品的灌封和密封	上海市轻工业研究所上海理日化工新材料有限公司
LR-DLB-120 热熔胶	粘合性强,抗张强度大,耐油性、热稳定性好	主要用于粘接纸张、纤维、金属等多种材料,特别适用表面未处理的 PE 粘接及金属与橡胶粘接	上海市轻工业研究所上海理日化工新材料有限公司
WD8548 车灯用反应型聚氨酯热熔胶	耐低温,抗震动,抗冲击,密封防水性好	主要用于各种车灯底座(PP、ABS 材料)与灯罩(玻璃、PC 材料)的粘接和密封	上海康达化工新材料股份有限公司
WD8546 家电用反应型聚氨酯热熔胶	耐水,耐酸,耐溶剂,耐低温,抗冲击	主要用于塑料、木材、密度板、金属等材料的粘接和密封	上海康达化工新材料股份有限公司

品　种	特　点	用　途	生　产　厂
包装用热熔胶	无毒,粘接速度快	主要用于纸袋、纸类制品的包装	上海印刷技术研究所、慈溪市鹏程胶业有限公司
扬声器专用热熔胶	粘接速度快,介电强度高	主要用于扬声器粘接	上海印刷技术研究所
书刊装订热熔胶	固化速度快,韧性好,渗透性强	主要用于书刊装订	山东久隆高分子材料有限公司、上海印刷技术研究所
木制品封边热熔胶	粘接力强,耐老化,快速固化	主要用于木工机械贴合、家具封边等	广州市番禺裕荣热熔胶厂
KB-1纸箱纸盒包装热熔胶	高抗热性,快速固化	主要用于纸盒及大卷筒纸包装	无锡万力粘合材料厂
LQ-2滤清器热熔胶	粘接速度快,无毒	主要用于汽油、柴油机油机动车空气滤芯器的粘接和密封	无锡万力粘合材料厂
PUR-3061聚氨酯热熔胶	耐热性、耐低温性好	主要用于洗衣机顶板、书籍装订、汽车车灯、制鞋等粘接	无锡万力粘合材料厂
热熔胶棒	无毒、无溶剂,快速固化	主要用于无线装订书籍、制鞋、工艺装潢等	浙江台州金鹏化工股份有限公司、慈溪市鹏程胶业有限公司、苏州胶粘剂厂
HBZ 200系列无卤阻燃热熔胶膜	熔融范围98～108℃,阻燃级别:UL94-VTM0	主要用于电子行业导电布、EMI无卤阻燃背胶	上海和和热熔胶有限公司
TPU系列热熔胶膜	耐高温110℃,抗黄变4～5级	主要用于鞋材及户外用品复合	上海和和热熔胶有限公司

品　种	特　点	用　途	生　产　厂
多用途热熔胶膜	厚度 0.03～0.5 mm,幅宽 3～1 500 mm,使用温度 90～160℃,粘接 PET、PUC、纺织品、橡胶、金属、PP 等材料	主要用于墙布、商标、绣花、反光材料、汽车扁平线等领域	上海和和热熔胶有限公司
书籍装订热熔胶	无毒,粘接速度快,强度高	主要用于书籍、笔记本等无线装订	浙江亿达胶粘剂有限公司
ME 热熔粘合剂	无毒,耐酸碱,粘接强度高	主要用于聚乙烯、聚丙烯管材、板材粘接及书籍无线装订	湖南衡阳市粘合剂厂
79-1 热熔胶	粘接力强,固化快	主要用于联动书本无线装订	江苏连云港有机化工厂
J-38 热熔胶	优异的耐水性和良好的柔韧性,无毒	主要用于粘接聚丙烯编织覆膜输水带及纸张、木材、玻璃纤维织物、塑料等	黑龙江省石油化学研究院
PV-1 热熔胶	耐水性好	主要用于聚乙烯及聚丙烯管道、薄膜和板材的粘接	西安市塑料应用研究所
CP 型聚酰胺热熔胶	软化点高,电性能优良,韧性好	主要用于彩电偏转线圈粘接和固定	抚顺石油化工研究所
热熔胶片	粘接力强,受潮不脱落	主要用于工程装饰装潢及家庭内装饰材料粘接	中国工程物理研究院(四川绵阳)
聚酯类热熔胶鞋用热熔胶	粘接强度高	主要用于鞋帮和鞋底的粘接	北京市化工研究院
792 型聚酯热熔胶	柔性强,固化快	主要用于柔性材料的粘接和复合	天津市服装研究所、河北工业大学化工厂(天津)

品　种	特　点	用　途	生　产　厂
AE-48 热熔胶	软化点高,无毒	主要用于大口径钢管外防腐保温中的粘接和密封	北京燕山石油化工总公司化工研究院
S-30 热熔胶	耐水性好	主要用于塑料包覆钢管中的粘接层及电话电缆头塑料防腐	北京燕山石油化工总公司化工研究院
MAP 耐高温聚烯烃热熔胶	粘接力强,耐热、耐酸碱,耐腐蚀	主要用于聚烯烃塑料的自粘、防腐蚀输油管线钢管包覆聚乙烯的粘接,聚烯烃编织布,聚氨酯泡沫塑料、木材、纸张等粘接	山东省科学院新材料研究所
HDPE 热熔胶粉	粘接力强,耐水洗	主要用于服装、鞋帽粘合衬和复合材料等	山东齐鲁石化公司塑料厂、浙江台州国贸塑料有限公司
J-615 食品包装用复合薄膜胶	粘接强度高,复合速度快,耐高温蒸煮	主要用于尼龙-聚丙烯薄膜复合	中国兵器工业第五三研究所(济南)
PA-1 铭牌胶	胶膜弹韧性好	主要用于金属铭牌和塑料机壳及各种材料铭牌粘接	成都科技大学高分子研究所、成都化工二厂
XHY-6 胶	粘接强度高	主要用于聚乙烯、聚丙烯塑料粘接	徐州市化工研究所
7502 型热熔胶	固化速度快	主要用于衣服、布鞋、帽子的衬布粘接	辽宁大连市合成纤维研究所
ZU-01 热熔胶	粘接力强,耐水洗	主要用于服装粘合衬和纺织材料复合等	浙江大学

品　种	特　点	用　途	生　产　厂
DXH-1热熔胶	粘接强度高	主要用于机械化封装瓦楞纸箱、电器元件封装	大连市合成纤维研究所
聚氨酯类热熔胶HM-3聚氨酯热熔胶	无毒,使用方便	主要用于硬质聚氯乙烯塑料制品及皮革、涤纶等粘接	沈阳市化工设计研究院
单组分湿固化聚氨酯热熔胶	耐热,能低温热熔,浸润性好	主要用于制鞋生产线上大底、立跟等粘接	山东淄博市化工研究所
JM-1017热熔型热塑性聚氨酯树脂	可热熔涂敷,喷丝,也可溶于酯类或酮类溶剂后喷涂、辊涂,待溶剂干燥后热熔使用	主要用于织物、泡沫、PVC等粘合	洛阳吉明化工有限公司
聚酯型聚氨酯服装胶	粘接力强,耐水洗,可代替缝合工艺	主要用于柔软多孔的纺织品粘接	中国科学院化学研究所
橡胶类热熔胶CH—1热熔胶	快速粘接	主要用于金属、木材、皮革、塑料、橡胶、玻璃、陶瓷等粘接	重庆长江橡胶厂
MGDJ基型热熔胶	粘接强度高,密封性、防腐性、耐老化性好	主要用于油气输送管道补口的热收缩带底胶	华北油田橡胶制品暨防腐技术研究所
RJ-20冰箱密封热熔胶	粘度低,凝固快,密封性好	主要用于冰箱内缝隙的密封	上海市合成树脂研究所
RX-4501卫生巾结构型热熔胶	使用温度160～170℃	主要用于卫生巾、护垫、尿片用结构胶	上海荣歆热熔胶有限公司
RXY-1型医用热熔胶	无毒、无过敏性、粘贴性好	主要用于医用粘贴胶	上海荣歆热熔胶有限公司

品 种	特 点	用 途	生 产 厂
MFP-17型包装用热熔胶	固化快,粘接强度大,熔融粘度适中,热稳定性好	主要用于各种食品、药品、油桶等纸箱自动包装生产线	抚顺石油化工研究院
H-159服装粘合剂	无毒,耐水、耐温性优良	主要用于服装领衬布的粘合及木材、纸张等粘接	济南树脂厂
无纺布卫生用品热熔胶	良好的流动性,抗变形能力强	主要用于婴儿纸尿裤、卫生巾、成人尿垫等	上海嘉好胶粘制品有限公司
书本装订热熔胶	粘度低、快干	主要用于中高机器操作铜板纸的书本装订	上海路嘉胶粘剂有限公司
热熔胶棒	粘接强度高,热稳定性好,耐高温,阻燃绝缘等	主要用于手工艺品、玩具、电子产品、塑料、无纺布等粘接	杭州仁和热熔胶有限公司

1.3.9 水基胶粘剂

1.3.9.1 组成

凡是能分散或能溶解于水中的成膜材料制成的胶粘剂,即为水基胶粘剂。

水基胶粘剂主要由聚氯丁二烯、氧化锌、水、表面活性剂或乳化剂及稳定剂、消泡剂等组成。

水基胶粘剂品种繁多,性能各异,通用型是溶液和乳液,主要有水基淀粉胶粘剂、纤维素与蛋白质类胶粘剂、水基聚乙烯醇胶粘剂、乙酸乙烯酯类水基胶粘剂、丙烯酸系水基胶粘剂、热固性树脂水基胶粘剂、水基聚氨酯胶粘剂、水基环氧胶粘剂、EVA乳液胶粘剂、聚醋酸乙烯乳液胶粘剂、水基橡胶胶乳胶粘剂等。

1.3.9.2 特点

水基胶粘剂具有无溶剂释放,无毒,不燃,粘接范围广,使用安全等特点;缺点是初粘力低,固化速度慢,室温下剥离强度低,高温下剪切强度较低,耐水性和电性能较差,并且会使被粘织物收缩或纸张翘曲或起皱,及会腐蚀某些金属等。此外,水基胶粘剂在装运与贮存期必须防止其发生冻结,否则可能永久性损害容器与产品。

由于以水为分散介质的水溶液及乳液型胶粘剂符合环保型要求,应用范围广,因此水基胶粘剂具有广阔的发展前景。

1.3.9.3 用途

水基胶粘剂适用于高表面张力材料,至少有一个表面是可透过水或水蒸气的场合,它主要用于粘接和密封多孔材料,如纸张、木材、地毯、混凝土、石料等。目前主要用于包装、建筑、纺织、汽车制造、制鞋等领域。

水基胶粘剂主要品种、特点及用途简介见表1-14所示。

表1-14　水基胶粘剂主要品种简介

品　种	特　点	用　途	生　产　厂
D55系列集成材拼板胶	耐水、耐热、耐候性好,无毒无害,可采用室温冷压拼接、热压或高频热压,固化后胶膜坚韧且无腐蚀性	主要用于硬实木、户内外材杉木、家具小拼接板,红木贴面拼接等粘接	上海东和胶粘剂有限公司
D504水性系列层压胶	无毒、无害、无污染性	主要用于实木各种异型木门贴面粘接	上海东和胶粘剂有限公司
D301水性强力喷胶	无味无毒,无溶剂,耐老化性好,用胶量省,是溶剂性胶的1/3	主要用于发泡型海绵、人造革、真皮及轻纺织品、汽车内饰件、软性弹材料等粘接	上海东和胶粘剂有限公司
PM-2035溶液胶	无毒无害,无污染	主要用于扬声器PP纸盒与金属架粘接,还可应用于海绵、织物等材料粘接	上海东和胶粘剂有限公司

品 种	特 点	用 途	生 产 厂
DH-54型PVC真空吸塑胶	粘接力强,耐热耐水,耐老化,无毒无味,采用喷涂真空吸塑热压工艺	主要用于中密度板"中纤维板"胶合板材上贴合PVC膜粘接,如厨房家具免漆门真空吸塑等	上海东和胶粘剂有限公司
DH2、DH3组装胶	耐热、耐湿性好,无毒无害,耐水、环保达到日本F★★★★标准	主要用于各种木制品上的榫接、组装粘接	上海东和胶粘剂有限公司
D505型超强白胶	无毒无害、无污染、无腐蚀、耐水抗冻,粘接力强,环保达到日本F★★★★标准	主要用于高档类各种木器制品及皮革、手工艺品等粘接	上海东和胶粘剂有限公司
铁锚牌406水基胶	粘接强度高,无毒无味,耐水性好	主要用于PVC薄片或装饰膜与木材、织物、鞋面、瓷砖等材料粘接	上海新光化工有限公司
SY-921单组分集成拼板胶	无毒无味,粘接力强,耐水性好	主要用于多孔材料和多种薄膜表面粘接	三友(天津)高分子技术有限公司

1.3.10 橡胶胶粘剂

1.3.10.1 组成

橡胶胶粘剂是以橡胶或弹性体为基料,加入硫化剂、促进剂、防老剂、补强剂、抗氧化剂等助剂及溶剂等配制而成。

橡胶胶粘剂品种繁多,主要有氯丁橡胶胶粘剂、丁腈橡胶胶粘剂、聚硫橡胶胶粘剂、聚氨酯橡胶胶粘剂、丁苯橡胶胶粘剂、SBS胶粘剂(热塑性丁苯橡胶)、丁基橡胶胶粘剂、硅橡胶胶粘剂、氟橡胶胶粘剂、聚异丁烯橡胶胶粘剂、氯磺化聚乙烯橡胶胶粘剂、天然橡胶胶粘剂等品种。

橡胶胶粘剂有胶液、胶膜、胶带、腻子等多种形式，尤以胶液用得最多。胶液可分为三种类型，即溶液型、乳液型和预聚体型。

1.3.10.2 特点

橡胶胶粘剂具有良好的粘附性和成膜性，胶膜富有高弹性和柔韧性，因此使粘接胶膜具有优异的耐屈挠性、抗震性和蠕变性能。此外，它具有较高强度和较高的内聚力，有耐油、耐老化、耐腐蚀、耐磨和耐冲击等优点，特别适宜软质或线膨胀系数相差悬殊材料的粘接。但缺点是粘接强度及耐热性较差。

1.3.10.3 用途

橡胶胶粘剂在航空、交通、建筑、机械、轻工等行业得到广泛应用。可用于粘接和密封，粘接橡胶与橡胶或橡胶与金属、玻璃、木材、塑料、皮革、织物等。

橡胶胶粘剂主要品种、特点及用途简介见表 1-15 所示。

表 1-15 橡胶胶粘剂主要品种简介

品 种	特 点	用 途	生 产 厂
SY-411、SY-412氯丁胶	使用方便、初粘力强、柔韧性好	主要用于快速粘接皮革、橡胶、木材、塑料等粘接或与金属、玻璃、陶瓷等粘接	三友（天津）高分子技术有限公司
SK-304强力胶	初粘强度高，胶膜柔韧，耐冲击与振动，耐久性好	主要用于建筑装饰、制鞋、皮革、工艺美术品等粘接	湖南神力实业有限公司
普力通830（单涂型）、810、820（双涂型）	粘接强度高，耐热、耐水、耐溶剂、耐油、稳定性好	主要用于通过硫化粘接多种橡胶与金属、织物纤维、硬质塑料等基材	上海普力通新材料科技有限公司

品 种	特 点	用 途	生 产 厂
万达牌 WD2085 接枝型氯丁胶	初粘性好,室温固化,耐水耐热性好	主要用于橡胶、橡胶发泡材料、EVA、PVC、人造革、皮革、塑料等材料的自粘与互粘	上海康达化工新材料股份有限公司
万达牌 WD801 强力胶	初粘性好,耐冲击,耐水性、耐介质、耐老化性好	主要用于金属、橡胶、塑料、木材、混凝土、陶瓷、织物、皮革等自粘与互粘	上海康达化工新材料股份有限公司
JX-23氯丁胶	初粘强度高,快干,耐热,耐水,耐老化,抗震	主要用于录音机机芯零件,塑料(ABS、PC)与铭牌、塑料与塑料,橡胶与金属的粘接	上海橡胶制品研究所
JX-6胶粘剂	粘接强度高	主要用于帆布、铝、有机玻璃、铜、钢、尼龙、木材、耐油橡皮等粘接	上海橡胶制品研究所
铁锚牌 801 强力胶	初粘力强,胶膜柔韧,耐冲击,耐水,耐介质,耐老化,使用温度80℃以下	主要用于橡胶、皮革、织物、塑料、陶瓷、木材、水泥、瓷砖以及金属等材料的粘接	上海新光化工有限公司
No888 鞋胶	粘接强度高,使用方便	主要用于各种合成橡胶、真皮粘接	上海野川化工有限公司
DC6252 汽车胶	喷涂,干燥快,初粘强度高	主要用于汽车内饰件、铁道车辆内饰件的粘接	上海野川化工有限公司
901 强力胶	初粘强度高,胶膜柔韧,耐冲击,耐油,耐酸碱和绝缘性好	主要用于建筑装饰、制革、木材加工、织物等	上海海鹰粘接科技有限公司

品　种	特　点	用　途	生 产 厂
LDN－2 型鞋用氯丁胶粘剂	常温硫化,韧性好,强度高	主要用于皮革、皮鞋、橡胶、帆布的粘接	重庆长寿化工总厂
J－93 改性氯丁橡胶胶粘剂	单组分,耐水性能优良,粘接橡胶强度高	主要用于橡胶之间以及橡胶与金属之间的粘接	黑龙江省石油化学研究院
303、304 型高级百得胶	单组分,使用方便,高粘力,高韧性,耐水,耐油,耐温,耐冲击性优良等	主要用于橡胶类、金属类及竹木、硬塑、皮革等自粘和互粘	浙江省慈溪市天华胶粘剂厂
361 鞋用胶粘剂	初粘力强,使用方便	主要用于橡胶底与真皮的粘合及人造革、轻塑料泡沫底等粘接	浙江省慈溪市天华胶粘剂厂
箱包专用胶	初粘力大,耐水、耐温	主要用于粘接箱包中三夹板、海绵、织物、皮革等	浙江省慈溪天华胶粘剂厂
A104 胶粘剂	耐低温性好(－20℃),室温固化	主要用于金属、橡胶、塑料、皮革、织物、木材等粘接	南京化工研究设计院
CH－406 胶粘剂	单组分,初粘力高	主要用于橡胶、皮革、织物、金属和木材等粘接	重庆长江橡胶厂
CH－504 胶	粘接丁腈橡胶强度高	主要用于丁腈橡胶制品的粘接	重庆长江橡胶厂
801、833 环保型万能胶	单组分,初粘力好,室温固化	主要用于三合板、防火板、铝塑板、皮革及橡胶等材料的粘接	江苏黑松林粘合剂厂有限公司

品 种	特 点	用 途	生 产 厂
HSL-989阻燃型强力胶粘剂	单组分,常温固化,粘接强度高,阻燃性好	主要用于船舶、机械、装饰行业中金属、ABS、PVC等粘接	江苏黑松林粘合剂厂有限公司
LTB-921泰宝鞋用胶	粘接力强,耐热	主要用于真皮、聚氨酯合成革、PVC人造革等粘接	江苏黑松林粘合剂厂有限公司
GCA-821鞋用冷粘胶	常温固化,使用方便	主要用于橡塑、橡胶与聚氯乙烯人造革、聚氨酯合成革、皮革等材料之间的粘接	江苏省常州市化工研究所
FN-303胶粘剂	可喷涂,干燥速度快	主要用于橡胶、金属、木材、防火板、海绵、水泥、棉织物等粘接	中国兵器工业集团公司山东化工厂
熊猫883强力胶	低毒性,干燥速度快,初粘强度好,剥离强度高,耐老化性好	主要用于家具夹板、防火板、贴皮及橡胶、皮革等粘接	上海海文(集团)有限公司上海长城精细化工厂
LDJ-243输送带胶粘剂	常温固化速度快,强度高,耐腐蚀,耐老化,抗曲挠性好	主要用于帆布、尼龙等材质层芯输送带接头的粘接	葛洲坝粘合剂开发公司
新型金属与橡胶胶粘剂	常温固化,粘接强度高,干燥快,耐热性好,耐酸、碱、耐水、耐油	主要用于物料输送带头(尾)滚筒金属与橡胶粘接	葛洲坝粘合剂开发公司
CR-2多功能胶粘剂	初粘力大,粘接强度高,胶层柔软,弹性好	主要用于皮革、EVA发泡材料、木材、装饰材料及金属和非金属的粘接	中国科学院长春应用化学科技总公司

品　种	特　点	用　途	生　产　厂
立时得万能胶	耐水、耐热、耐老化	主要用于地板、防火板、家具、胶合板、皮革、纺织品等粘接	江门市新力立时得胶粘有限公司
HT－306汽车顶篷胶	初粘力大，工艺性好	主要用于汽车车顶海绵、聚氯乙烯塑料板材等粘接	湖北回天胶业股份有限公司
A032胶	单组分，初粘力强	主要用于家具生产中快速粘接装饰面板、塑料封边条等	南京化工研究设计院
DC50建筑装潢胶	喷涂，耐热性最佳	主要用于厨房、屏风隔断、机房防静电地板粘接	上海野川化工有限公司
BD－958输送带常温胶	常压、快速强力粘合，30 min后即可使用	主要用于输送带接头粘接	湖北省荆州市东方粘合剂厂
改性氯丁橡胶胶粘剂	初粘力强，使用温度－40～80℃	主要用于PVC人造革、EVA微发泡体、合成橡胶、聚氨酯橡胶等鞋用材料的粘接	北京橡胶塑料制品厂胶粘剂分厂
ZG028正光牌透明万能胶	单组分，初粘强度高，柔韧性好，耐冲击、耐振动，耐水等	主要用于防火板、木材、层板、石棉板、铝塑板、皮革、人造革、橡胶、纺织品、塑料等粘接	成都正光实业股份有限公司
XHY－3塑料地板胶	初粘力高，耐水性、耐油性和耐老化性好	主要用于塑料地板与各类地面（水泥、钢板、油漆）的粘接	江苏徐州市化工研究所

品 种	特 点	用 途	生 产 厂
XY-403胶	耐酸碱,胶膜柔韧	主要用于橡胶与橡胶、织物的粘合,如氨水胶囊、排灌胶管、胶布雨衣等制品的粘合和修补	北京橡胶十二厂、沈阳第四橡胶厂、重庆长江橡胶厂
强力胶粘剂	毒性低,粘接力强,使用面广	主要用于橡胶、皮革、聚氯乙烯、木材、纤维织物、纸张和金属的粘合及建筑、造船工业地面的聚氯乙烯硬板与水泥或钢板的粘合	大连橡胶二厂
2002输送带快速冷粘胶	耐高温、阻燃、固化快、强度高	主要用于多层芯橡胶输送带接头的粘接与修补	潍坊威明特种化学品研究所

1.3.11 无机胶粘剂

1.3.11.1 组成

无机胶粘剂是以无机高分子材料为主体的胶粘剂。由无机盐、无机酸、无机碱和金属氧化物、氢氧化物等组成。其品种主要有磷酸盐、硅酸盐、硼酸盐、硫酸盐、氧化铜-磷酸盐、陶瓷胶粘剂等。目前在工业生产中常用的是氧化铜无机胶粘剂和硅酸盐无机胶粘剂两类。

无机胶粘剂按照固化条件和应用的方式可分成四类,即气干型、水固型、热熔型及反应型。

1.3.11.2 特点

无机胶粘剂具有优异的耐高低温(使用温度-183~3 000℃)热膨胀系数小、耐油、耐辐射、不燃烧、毒性小、可室温固化、价格低廉、使用方便等特点,其缺点是耐酸碱性和耐水性差,脆性较大,不耐冲击振动,平接时粘接强度较低。其接头不宜采用搭接或对接,应采用套接。

1.3.11.3 用途

无机胶粘剂广泛用于机械制造与维修,粘接金属、玻璃、陶瓷、石料、石墨等,特别是耐高、低温的场合,以及要求高强度而又能套接、槽接的制件。一般用于各种合金切削刀具的粘接代替铜焊,以及量具、模具、夹具、钻头、砂轮等都可用无机胶粘剂粘接。

目前在很多工厂中,无机胶粘剂广泛用于设备维修,例如修复导轨啃伤、轴的断裂、缸体及箱盖裂纹、铸件的砂眼、气孔缺陷和微孔均可用无机胶粘剂填堵或浸渗,从而达到降低设备维修成本,提高生产效率的目的。此外,无机胶粘剂还能制造高温应变胶。

无机胶粘剂主要品种、特点及用途简介见表1-16所示。

表1-16 无机胶粘剂主要品种简介

品 种	特 点	用 途	生 产 厂
C-2耐高温无机胶	耐高温,耐酸,耐水,耐有机溶剂,使用温度:常温～700℃	主要用于高温仪表、电子、测温元件的包覆和灌封,陶瓷、刚玉及石料等粘接	湖北回天胶业股份有限公司
CPS氧化铜耐高温无机胶	耐水,耐油,不耐酸碱,绝缘性好,耐高温980℃	主要用于金属材料的轴套刀具、量具的粘接	湖北回天胶业股份有限公司
C-3耐高温无机胶	耐高温1460℃,耐油,耐酸碱,不耐沸水,绝缘性好	主要用于耐高温金属部件的粘接和灌封,金属材料耐高温粘接	湖北回天胶业股份有限公司
WJZ-101硅酸盐无机胶粘剂	粘附力强,耐高温、耐有机溶剂、无毒、无味,对多种金属及非金属材料都有良好的粘接强度	主要用于各种金属及非金属材料的耐热粘接、充填和涂层	湖北回天胶业股份有限公司、湖南省机械科学研究所

品 种	特 点	用 途	生 产 厂
YW-1型无机胶粘剂	耐高低温,耐水,耐油,但不耐强酸强碱,使用温度-196~800℃	主要用于各种金属、切削刀具、量具、夹具和冲压模具的粘接及修补铸件砂眼、气孔裂纹	云南大学粘接技术研究所
SG-190室温固化耐高温陶瓷胶粘剂	使用温度:常温~200℃	主要用于金属、陶瓷、胶木等材料粘接	上海海鹰粘接科技有限公司
TH1757 高温修补剂	耐高温,耐油,耐水,耐老化	主要用于刀具结构的粘接,各种夹具、模具制造与维修、铸件气孔、砂眼裂纹修补粘接	吉林天河表面材料技术开发有限公司
TS767 高温修补剂	耐高温1200℃,强度高	主要用于金属、陶瓷局部缺陷的填补和粘接	北京市天山新材料技术公司
TS812 高温结构胶	强度高,韧性好,耐温>80℃	主要用于金属、陶瓷的自粘与互粘	北京市天山新材料技术公司
TS215 耐磨修补剂	该修补剂固化前任意成形,固化后耐磨性优异,是一般中碳钢的2~3倍	主要用于修补摩擦磨损工况下工件的设备和机件,如轴、轴孔、键槽等	北京市天山新材料技术公司
无机粘接剂	耐高温,耐油,套接强度高,耐酸碱性差	主要用于刀具、量具、汽缸盖修复等粘接	南京无机化工厂

1.3.12 密封胶粘剂

1.3.12.1 组成

密封胶粘剂主要以合成树脂、天然或合成橡胶为粘料加入固化剂、交联剂、增塑剂、增韧剂、偶联剂、填充剂、稳定剂、溶剂等辅助材料配制而成。

密封胶粘剂品种繁多,分类方法也很多,如按基材成分可分为橡胶型、树脂型、复合型、无机型等;按应用范围可分为耐寒型、耐热型、耐水型、耐油型等;按固化后胶膜性质可分为不干型、半干粘弹型、干性可剥型、干性粘接型等;按形态分为膏状密封胶、液态弹性密封胶、液体密封胶、定型密封胶带等;按用途可分为建筑用密封胶、汽车用密封胶、电器绝缘用密封胶、包装用密封胶等。

常用密封胶粘剂有:有机硅密封胶、液体聚硫橡胶密封胶、聚氨酯类密封胶、室温硫化硅橡胶类密封胶、环氧树脂密封胶、酚醛树脂密封胶、不饱和聚酯类密封胶、丙烯酸酯类密封胶、丁基橡胶类密封胶、氯磺化聚乙烯密封胶、液体橡胶密封胶及热熔型密封胶、无机密封胶及液体密封垫料、密封腻子及密封灌注材料等。

1.3.12.2 特点

密封胶粘剂具有一定的流动性,又不易流淌,固化后会形成一层连续的、有一定弹性的胶膜,并能耐油、耐水、耐化学介质,使用温度 $-60 \sim 300℃$,及兼具防腐、绝缘、隔热、隔音、防松动、防震、消除噪声等功能。密封胶使用方便,应用范围广,成本低廉,不污染环境、使用寿命长。内密封的作用是防止内部气体或液体泄漏,外密封的作用是隔绝污染物,防止外部灰尘,水分侵入。

1.3.12.3 用途

密封胶粘剂广泛用于航空、航天、造船、汽车、石油、化工、电子电器、电力工程、仪器仪表、广播电视、轻工纺织、机械、建筑、包装、医疗等行业产品和设备中杜绝设备"三漏"(漏油、漏气、漏水)顽症,从而延长产品和设备的使用寿命和安全性能,提高经济效益。

密封胶粘剂使用方便,适应面广,它除了密封作用之外,可以代替垫片使用,起到紧固、防松动、防震、消除噪音等作用。此外,目前我国已有先进的不停工带压堵漏技术,应用价值很高,既快速安全,又方便可靠,值得大力推广。

　　密封胶粘剂的应用范围很广,大量用于各种管道接头及法兰、油泵、管道、贮罐、汽车车身、真空泵、航空燃油箱、发动机底盘、船舶、桥梁、隧道、水坝、机场跑道伸缩接缝、幕墙嵌缝焊缝等密封部位的密封。

　　密封胶粘剂主要品种、特点及用途简介见表 1-17 所示。

表 1-17　密封胶粘剂主要品种简介

品　种	特　点	用　途	生　产　厂
万达牌 WD500 系列平面密封胶	单组分,不流淌,固化快,耐油,耐水,耐高低温性好	主要用于法兰平面、发动机缸盖、油泵水泵端面、轴承座等平面密封	上海康达化工新材料股份有限公司
万达牌 WD2609 高分子液态密封胶	耐温,耐压,耐振动,耐介质	主要用于平面法兰和丝机连接的密封	上海康达化工新材料股份有限公司
万达牌 WD2600 系列点焊密封胶	单组分,不流淌,点焊后强度下降小,耐油,耐水,耐酸碱,密封性好	主要用于汽车厢体、车门、底板、轮罩等钢板焊接部位的密封	上海康达化工新材料股份有限公司
万达牌 WD2600 系列焊缝密封胶	单组分,不流淌,耐油,耐水,耐酸碱,耐热,密封性好	主要用于汽车车身内外焊缝和接缝的密封	上海康达化工新材料股份有限公司
铁锚牌 611 密封腻子	耐介质,耐老化,防震和气密性好	主要用于汽车风窗玻璃的密封及建筑行业嵌缝密封	上海新光化工有限公司
CHD-5A 弹性密封胶	耐油,耐水,耐介质,耐老化	主要用于煤气柜、油箱、水池、石油贮藏等容器及法兰平面、螺丝接头等密封	上海海鹰粘接科技有限公司
TT600 系列有机硅密封胶	室温硫化,柔性好,使用温度 -55～220℃	主要用于太阳能光伏组件密封及汽车雾灯、前车灯等粘接密封	苏州达同新材料有限公司

品　种	特　点	用　途	生　产　厂
TT700 有机硅密封胶	耐高温,耐老化性好,阻燃,使用温度—60～250℃	主要用于电源、电子连接器、传感器、变压器等电子元件的灌封和密封	苏州达同新材料有限公司
609 通用密封胶	成膜性好,不流淌,可代替固体垫片	主要用于减速机、汽车、船舶、石化管道等平面法兰、螺丝接头等密封	江苏黑松林粘合剂厂有限公司
WTX-883 建筑密封胶	粘弹性好,耐低温,耐老化,无毒,不燃	主要用于建筑物内外接缝密封	江苏黑松林粘合剂厂有限公司
AC-25 防水密封胶	弹性好,耐水,耐油,耐振动,密封性好	主要用于汽车、冷藏车、冷库钢板间焊缝等粘接密封	中国科学院长春应用化学科技总公司
YH-1 螺纹密封胶	耐油,密封性好	主要用于发动机、柴油机、油泵等螺栓的密封堵油	中国科学院长春应用化学科技总公司
F-5 耐酸防腐密封胶	耐温—60～125℃,密封性好	主要用于聚四氟乙烯塑料、氟橡以及各种金属的粘接及化工设备的防腐涂层	成都有机硅研究中心
YD-200 密封胶	耐油、耐水、耐腐蚀	主要用于集装箱、冷藏车、汽车、船舶等部位密封及玻璃、铝合金、混凝土、金属等粘接和密封	无锡市建筑材料科学研究所
JN-15 防震密封腻子	耐温,不流淌	主要用于冰箱压缩机防震减声密封粘接及建筑、汽车门窗、空调机等密封	上海橡胶制品研究所

品 种	特 点	用 途	生 产 厂
MF-1密封胶	耐油、耐水、耐大气暴晒	主要用于碳钢、不锈钢、铝、玻璃钢等材料的内外密封	上海橡胶制品研究所
S-2聚硫密封胶	有良好的粘接性、气密性和耐介质性,强度高	主要用于油箱、齿轮箱、气柜的密封,建筑物的密封防水	上海橡胶制品研究所
车身密封胶	粘接强度高,耐油、耐老化	主要用于汽车车身各接缝处的密封	三友(天津)高分子技术有限公司
金属容器密封胶	耐酸、耐碱、耐水性强	主要用于各种金属容器密封	三友(天津)高分子技术有限公司
SY-231、SY-232、SY-234点焊密封胶	单组分,无溶剂,可油面粘接,弹性好,密封性优良	主要用于汽车车身制造时点焊处的密封	三友(天津)高分子技术有限公司
SY-611密封胶	耐溶剂,耐腐蚀,柔性好	主要用于桶、瓶等容器的密封	三友(天津)高分子技术有限公司
MJ-1航空气动密封剂	粘度低,耐介质,耐老化	主要用于飞机表面的密封	黑龙江省科学院石油化学研究院
LDJ-250密封胶	耐水,耐油,密封性好	主要用于各种机械的水箱、变速器等部位的密封	葛洲坝粘合剂公司
CD-3188高分子液体密封胶	抗冲击,抗震,密封性好	主要用于汽车、摩托车发动机油封及缸体、缸盖、变速箱、油泵、水泵、各种法兰及螺纹等的密封	泉州昌德化工有限公司
高分子耐油密封胶	耐热,耐温,耐油,耐介质,防震,密封性好	主要用于汽车、机车、汽柴油机、轮船、变压器、油泵、各种法兰等的密封	抚顺哥俩好集团

品　种	特　点	用　途	生　产　厂
正光牌高强瞬间堵漏胶	强度高,韧性好,耐油,耐水,耐溶剂,密封性好	主要用于各种油、水、气管道和容器的快速堵漏抢修	成都正光实业股份有限公司
正光牌高强瞬间堵漏胶	强度高,韧性好,耐油、耐火、耐溶剂、耐候性好	主要用于变压器、油箱、油开关、油槽、油底壳等堵漏	成都正光实业股份有限公司
T3310密封胶	粘性好,耐腐蚀,易拆卸	主要用于各类机电产品的管螺纹、平面部位及经常拆卸部位的密封	广州机床研究所密封分所
MF-8801密封胶	耐水,耐油,附着力高	主要用于汽车空调、车身、冷冻设备、集装箱等密封	广州机床研究所密封分所
T8550密封胶	半干性,溶剂型,成膜性好,可剥离性好	主要用于各类机电产品的管螺纹、平面部位的密封	广州机床研究所密封分析
固邦2000系列硅酮密封胶	单组分,中性,对基底无腐蚀	主要用于玻璃、铝合金门窗、艺术品粘接与密封,大型冷库内饰墙板的填缝与密封及汽车挡风玻璃的密封	北京固特邦材料技术有限公司
CH-107密封胶	使用温度-50~130℃,耐油、耐热性好	主要用于铆接、螺栓和其他结构件的缝隙或表面密封	重庆长江橡胶厂胶粘剂分厂
DJM-7302、DJM-7304密封胶	耐介质性好,附着力强	主要用于设备平面结合面、螺纹联结处及承插件的密封	大连胶粘剂研制开发中心

品 种	特 点	用 途	生 产 厂
凌志 800、凌志 801 硅酮密封胶	粘接延伸性好,耐 −40～150℃,耐候性好	主要用于各种材料的连接缝和伸缩缝的密封	浙江凌志化工有限公司
711 耐热密封胶	单组分,使用温度 −70～250℃,长期耐老化	主要用于建筑结构中金属、玻璃、陶瓷材料的粘接及密封,电子元器件灌封或包覆,光学仪器的透明粘接和密封	哈尔滨工业大学
SK−603、SK−608 液态密封胶	半干性,防水,防油,密封性好	主要用于汽车、摩托车、机械设备、仪器、仪表等零部件的密封	湖南神力实业有限公司
高温硅酮密封胶	耐高低温,耐老化,韧性好	主要用于机动车辆引擎、气门室盖垫、水泵垫、变速箱壳垫等处的密封防漏	湖南神力实业有限公司
H−999 耐高温密封膏	耐高温,耐高压,耐热,防水	主要用于设备平面法兰件的密封	上海权昕实业发展有限公司
JGN−G 型建筑结构胶粘剂	有较好的抗水、油、碱及耐稀酸介质性	主要用于钢筋混凝土裂纹灌缝或浇注型粘钢加固	中国科学院大连化学物理研究所、大连凯华新技术工程有限公司
SM7108 聚氨酯密封胶	单组分,粘附力强,延展率好	主要用于天窗、空调设备、幕墙接缝、屋顶的边饰、结构伸缩缝的密封	依工聚合和流体化学工业,中国
HT−586 室温硫化硅酮密封胶	耐温−50～260℃,耐各种润滑油优	主要用于设备机械部位的密封防漏	湖北回天胶业股份有限公司

品　种	特　点	用　途	生　产　厂
XL－1216电子专用密封胶	耐候、耐老化性好	主要用于电视机、计算机等电器的变压器的骨架与磁性材料的粘接密封	北京西令胶粘密封材料有限责任公司
XY－02密封胶	使用温度－40～150℃,耐温,耐油,耐振动,密封效果好	主要用于通用机械、化工管道、电气设备、仪表等平面法兰连接密封	北京橡胶塑料制品厂胶粘剂分厂

1.3.13　天然胶粘剂

1.3.13.1　组成

天然胶粘剂主要包括动物胶、植物胶、矿物胶及海洋天然胶粘剂。

（1）动物胶是由动物的皮和骨、结缔组织等为基料再加入助剂配合而成。其中主要的几种氨基酸是水溶性的。动物胶主要品种有骨胶、皮胶、明胶、酪朊胶、血朊胶、虫胶等。

（2）植物胶由天然植物中提取高分子物质组成。植物胶主要品种有淀粉胶、植物蛋白胶（包括豆蛋白胶和蚕豆蛋白胶等）和树脂胶（包括松香胶、桃胶、阿拉伯树胶、海藻胶等）。

（3）矿物胶主要品种有沥青胶、硫黄胶、地蜡和石蜡胶（简称地蜡胶）和辉绿岩胶等。

沥青胶主要由石油沥青加入环氧树脂、聚乙烯醇缩丁醛、水泥等组成。

硫黄胶由硫黄为主要原料,加热熔化后加入松香、立德粉、液体聚硫橡胶等混合均匀,即可制成。

地蜡胶以地蜡为主要原料,加入蜂蜡、丙烯酸酯、机油等熔融下混合组成。

（4）海洋胶由海洋生物藤壶、贻贝分泌出一种特殊的粘性很强的天然蛋白质组成。

1.3.13.2 特点

动物胶具有无毒、耐油、价廉、使用方便、对木材和织物有较高的粘接强度等特点，缺点是耐水性差，容易生霉。

植物胶具有无毒、制作简单、使用方便等特点，但耐水性、耐生物分解性差。

矿物胶中的沥青胶能耐水、耐酸、耐碱、价廉、使用寿命长等优点，但耐油、耐溶剂性差。对金属、玻璃均有一定的粘接力，但软化点较低，耐高低温性差。

海洋胶能在水下固化，粘接强度高，抗碱腐蚀，呈生物惰性。

1.3.13.3 用途

（1）动物胶中的骨胶主要用于制造胶合板、家具组装、体育用品、纸箱生产等；皮胶主要用于粘接木材、纸板、棉织物等；血朊胶主要用于木材和纸张的粘接；鱼胶用于粘接木材、皮革、纸张、陶瓷、玻璃、云母等材料；虫胶用于金属和非金属材料的粘接与密封；酪朊胶主要用于木材及织物、纸张等材料的粘接，也可用于木材与金属、陶瓷、塑料、玻璃等异种材料的粘接。

（2）植物胶中的淀粉胶主要用于服装加工、制鞋、包装、纸箱制造、织物上浆和铸造砂型等行业；糊精胶主要用于木材、纸张、皮革、织物等材料的粘接，也可用作织物及纸张的上浆剂等；阿拉伯树胶主要用于光学镜片、标签粘贴、食品包装粘接等；海藻胶主要用于食品工业和印染工业。

（3）矿物胶中的沥青胶主要用于防水隔潮、粘接密封，在建筑行业应用广泛；硫黄胶主要用于耐酸地面、陶瓷材料的粘接；地蜡胶主要用于金属、陶瓷等材料的粘接。

（4）海洋胶主要用于人造纤维、骨头修复、人造皮肤、神经和血管等医疗领域。

1.3.14 特种胶粘剂

1.3.14.1 耐高温胶粘剂

1.3.14.1.1 组成

耐高温胶粘剂可分为有机高分子胶粘剂和无机高分子胶粘剂两类。耐高温有机胶粘剂由耐热聚合物为主要原料加入偶联剂、填料、促进剂、辅料等组成。耐高温有机高分子胶主要有环氧类、有机硅类及杂环高分子类胶粘剂。其中耐高温聚合物主要有聚酰亚胺(可耐 250℃高温)、聚喹噁啉、双马来酰亚胺树脂、聚苯并咪唑、聚芳酯、聚醚砜、聚醚醚酮、聚苯硫醚等及改性环氧酚醛树脂和丁腈酚醛树脂等;耐高温无机胶粘剂主要有磷酸盐、硅酸盐、陶瓷及金属胶,其中磷酸盐胶粘剂由磷酸盐与氢氧化物配比组成;硅酸盐胶粘剂由水玻璃及各种金属氧化物、磷酸盐、高岭土等填料配制而成;陶瓷胶粘剂由氧化镁、氧化锌、氧化锆、氧化铝等及碱金属氢氧化物和硼酸等配制而成;金属胶粘剂由低熔合金如汞、镓、铟等或其混合物及难熔金属粉末制成。

1.3.14.1.2 特点

耐高温胶粘剂品种繁多,特点各异。一般耐高温有机胶粘剂通常能在 177～230℃连续使用。其中改性聚有机硅氧烷胶粘剂具有优异的耐热及耐老化性能,耐水、耐介质、耐候等性能也良好,可在－60～300℃下长期使用,短期使用温度可达 500℃。此外,聚酰亚胺胶可在 370～390℃下长期使用,短期可达 528℃;聚苯并咪唑胶粘剂能在 250℃长期使用,可在 538℃短时使用;聚苯并噻唑胶粘剂使用温度可高于 500℃;改性环氧-酚醛树脂胶粘剂可耐 200～400℃高温。其次,环氧-酚醛胶粘剂一般可在－60～260℃下长期使用,最高使用温度可达 260～316℃。该系列胶粘剂具有优异的高温持久及耐高温蠕变性能,其缺点是较脆。

耐高温无机胶粘剂特点是耐热性高,可在 500～1 800℃使用,缺点是内聚强度低,粘接性能差,耐水性低,较脆。如硅酸盐型胶粘剂可耐 800～3 000℃高温,能耐油、耐碱、耐有机溶剂,但不耐酸,脆性较大;磷酸盐胶粘剂使用温度可达 1 000℃;陶瓷胶粘剂最高使用温度可达

3 000℃;金属胶粘剂最高使用温度可达1 000℃。

1.3.14.1.3 用途

目前耐高温胶粘剂主要用于航天航空、汽车、电子、机械等领域,例如空间运载工具重返大气层时,要经受2300～2600℃高温气流的考验;又如高速歼击机在高空中作超音速飞行时,机翼前缘温度可达260～316℃;各种机动车辆的离合器摩擦片,制动带的粘接都需要在250～350℃区间内使用的结构胶。此外,导弹和人造卫星上要求耐高温、耐老化密封部位均应用有机硅胶粘剂。

耐高温胶粘剂主要品种、特点及用途简介见表1-18所示。

表1-18 耐高温胶粘剂主要品种简介

品 种	特 点	用 途	生 产 厂
J-09耐高温胶	耐瞬间高温性良好,使用温度-60～450℃	主要用于各种耐高温部件的粘合	黑龙江省石油化学研究院
J-163耐高温胶	耐热性和综合性能好,使用温度350℃	主要用于耐高温金属、非金属的自粘和互粘,已在"长征"火箭等上应用	黑龙江省石油化学研究院
J-168室温固化耐高温胶粘剂	耐高温,耐介质,耐热,老化性能优异,长期耐热200℃	主要用于耐高温金属、非金属的粘接	黑龙江省石油化学研究院
J-131耐高温高强度胶粘剂	耐高温(-55～300℃),耐热,耐老化性能优异	主要用于耐高温、高强度金属、非金属结构件的粘接,如火箭制导系统的制造	黑龙江省石油化学研究院
YJ-6聚酰亚胺胶	耐温性和绝缘性好,耐腐蚀及耐老化性好,使用温度240～250℃	主要用于金属和无机非金属材料的粘接,尤其适用于尖端科技中的电子电器和航空航天用材料的耐高温粘接	上海市合成树脂研究所

品　种	特　点	用　途	生　产　厂
E-7 高温结构胶	长期耐热 200℃ 左右，有良好的密封性	主要用于耐高温铝、铜、陶瓷、玻璃等材料粘接	上海市合成树脂研究所
E-7-2 高温结构胶	耐热，粘接强度高	主要用于金属与玻璃、宝石与玻璃、量具元件等粘接	上海市合成树脂研究所
E-16 无溶剂耐高温环氧胶	耐热性和综合性能好	主要用于超声波换能器等粘接	上海市合成树脂研究所
GHJ-1 耐热快固铁泥	常温固化，高温使用，-40～200℃ 长期使用	主要用于炼油化工工业管道口不停车带压力粘补堵漏及各行各业粘补堵漏等	上海海鹰粘接科技有限公司
SG-250 耐高温胶粘剂	粘接强度高，耐250℃高温，可在水、油、弱酸、弱碱等介质中长期使用	主要用于金属、陶瓷、玻璃钢及硬塑料等粘接及石油化工、煤气管道、容器等快速修补	上海海鹰粘接科技有限公司
SG-200 室温固化耐高温胶粘剂	耐高温，使用温度为200℃，具有较好的密封性，耐介质性良好，耐水、弱酸、弱碱	主要用于船舶蒸汽管道设备等维修	上海海鹰粘接科技有限公司
2767 超高温修补剂	耐高温 1730℃，耐油，耐酸碱	主要用于修补高温工况下，设备破损或折断的耐酸罐、高炉内衬，钢锭模等灌封	湖北回天胶业股份有限公司
HT-161 耐热修补剂	耐温 180℃，触变性好，大面积修补不流淌	主要用于高温下各种铸件的修补和防渗漏	湖北回天胶业股份有限公司

品　种	特　点	用　途	生　产　厂
SK-151 耐强碱耐高温环氧胶	耐高温,工作温度200℃,瞬间温度可达350℃,耐水,耐油,耐老化性能优良	主要用于蒸汽管道、烘罐、输送带、仪器仪表、模具等粘接	湖南神力实业有限公司
高温修补剂 TH1737	耐高温,耐磨,耐油,耐水,耐介质	主要用于高温工况下阀门密封及发动机盖密封、蒸汽及热油管道破裂、泄漏、高温铸件气孔及砂眼填补	吉林天河表面材料技术开发有限公司
1747 高温修补剂	耐油、耐水、耐老化,抗震	主要用于高温环境下的粘接修补及密封	吉林天河表面材料技术开发有限公司
TS812 高温结构胶	耐高温,粘接强度高,韧性好,使用温度-196~780℃	主要用于金属陶瓷的自粘与互粘	北京市天山新材料技术公司
TS737 高温修补剂	耐温 280℃,耐磨损,耐腐蚀	主要用于高温工况磨损、划伤、腐蚀、破裂部位的修补	北京市天山新材料技术公司
MR-30 硅树脂粘结剂	耐高温(>500℃),防潮,电绝缘	主要用于耐高温云母粘接	晨光化工研究院一分院(成都)
NSH 耐高温胶	耐高温,150℃下长期使用,200℃下短期使用,耐酸	主要用于高温环境下金属、陶瓷及各种复合材料的粘接、密封、封漏,如汽车刹车片、化学反应釜等粘接	四川省成都正光公司

品　种	特　点	用　途	生　产　厂
P-32、P-36聚酰亚胺胶	耐高温（使用温度-180～350℃），强度高	主要用于金属材料粘接	中国科学院大连化学物理研究所
力矩马达高温胶	耐高温（使用温度-40～150℃），强度高	主要用于高温下定子中磁钢与铁的粘接	天津市合成材料工业研究所
KH-505高温胶	耐高温（使用温度≤400℃），耐水，耐老化	主要用于高温下金属、玻璃、陶瓷的粘接	中国科学院北京化学研究所

1.3.14.2　超低温胶粘剂

1.3.14.2.1　组成

超低温胶粘剂是在超低温（≤-100℃）条件下使用 并有足够强度的胶粘剂。通用以聚氨酯、环氧改性聚氨酯或聚氨酯与尼龙改性的环氧树脂等为主要原料加固化剂、填料等配制而成。

超低温胶粘剂有聚氨酯、环氧、聚硅氧烷及杂环高分子等类型，其中应用较多的是聚氨酯和环氧类型。

1.3.14.2.2　特点

超低温胶粘剂主要特点是在超低温条件下（如液氧-183℃、液氮-196℃、液氦-269℃等）与普通的粘接材料有不溶性、粘合性和良好的工艺性，不脆裂而有较高的粘接强度和韧性。

1.3.14.2.3　用途

超低温胶粘剂主要用于航空、航天、核能及超导技术等尖端技术领域中，在超低温条件下各种零部件的粘接及密封，如导弹飞行器、使用液氮、液氢的医疗及实验设备上的粘接。

超低温胶粘剂主要品种、特点及用途简介见表1-19所示。

表 1-19 超低温胶粘剂主要品种简介

品 种	特 点	用 途	生 产 厂
DW-1 高性能低温结构胶	初粘力强,有较高的粘接强度和韧性,使用温度－269～40℃	主要用于超低温下各种金属和非金属材料及液氧、液氢、液氮及液化天然气管道等超低温管道及绝热材料的粘接包封	上海市合成树脂研究所
DW-3 高性能低温结构胶	粘接强度高,使用温度－269～60℃	主要用于低温及超低温下各种零部件、管道和容器的粘接和密封	上海市合成树脂研究所
H-006 低温环氧胶	耐辐射,耐高低温交变,使用温度－196～150℃	主要用于粘接铝、不锈钢及钛合金等	中国科学院大连化学物理研究所
铁锚牌104胶	固化时有低的发泡性、能填充材料之间的空隙,使用温度－196℃～常温	主要用于泡沫塑料与金属或非金属的粘接	上海新光化工有限公司
HY-912 超低温胶	粘接强度较高,使用温度－190℃～常温	主要用于金属、非金属部件的粘接	天津市合成材料工业研究所
HC-02 超低温胶	使用温度－269℃～常温	主要用于铝、铜、钢等金属和非金属材料的粘接	杭州市化工研究所

1.3.14.3 导电胶粘剂

1.3.14.3.1 组成

导电胶粘剂是由粘料、导电粒子和增韧剂、固化剂、偶联剂、溶剂等配合剂组成。

常用粘料一般有环氧树脂、酚醛树脂、聚氨酯、丙烯酸树脂、不饱和聚酯树脂、醇酸树脂、有机硅树脂、聚酰亚胺、硅酸盐、磷酸盐等;导电粒子有金粉、银粉、铜粉、镍粉、羰基镍、钯粉、钼粉、锆粉、钴粉、镀银金属粉、镀银二氧化硅粉、石墨、碳化硅、碳化钨、碳化镍、碳化钯等。其中银粉具有优良的导电性和化学稳定性,是一种较理想和应用最多的导电粒子。在导电胶中银粉用量一般为树脂的2～3倍。

导电胶品种有环氧树脂、酚醛树脂和聚氨酯、热塑性树脂导电胶和聚酰亚胺导电胶等类型。按导电粒子的种类可分银系导电胶、铜系导电胶和碳系导电胶等。目前应用最广的是环氧树脂导电胶。根据实际使用要求,导电胶可制成常温固化型、中温固化型和高温固化型三种。

1.3.14.3.2 特点

导电胶粘剂具有导电和粘接双重性能,它的主要特点是固化温度低、导电性良好,耐腐蚀,使用方便。缺点是耐热性不高,硬度及耐候性比金属差。

1.3.14.3.3 用途

导电胶粘剂主要用于电器和电子装配过程中不能使用高温焊接的导电性产品,以代替锡焊、银焊和氩弧焊,是一种新工艺。目前广泛用于电子、电器、仪表、电力等工业,例如大规模集成电路、二极管、三极管、电真空器件、光电元件、自动调节器、汽车电子、传感器、液晶显示器、微型电机、液晶金属膜电阻、微电子的粘接及封装等。此外,还可用作电子线路的紧急修补。

导电胶粘剂主要品种、特点及用途简介见表1-20所示。

表1-20 导电胶粘剂主要品种简介

品 种	特 点	用 途	生 产 厂
J-17导电胶	耐介质,耐候性良好,使用温度-60～100℃	主要用于雷达的波导管及导电部件的粘接	黑龙江省石油化学研究院
DAD-24导电胶	粘接强度高,导电性好,使用温度-60～125℃	主要用于电位器、石英晶体谐振器等引出线粘接	上海市合成树脂研究所

品 种	特 点	用 途	生 产 厂
DAD-40 导电胶	粘接强度高,导电性好,耐湿热老化	主要用于石英晶体、电位器、压电陶瓷、电路修补等	上海市合成树脂研究所
DAD-51 导电胶	粘接强度高,导电性好,应力小	主要用于石英晶体谐振器及其他电子元件的粘接	上海市合成树脂研究所
DAD-87 导电胶	导电,导热,耐热性优良,短期使用温度 350℃	主要用于塑封集成电路、小功率三极管的装片、PCT 陶瓷发热元件等粘接	上海市合成树脂研究所
DAD-90 导电胶	耐热性优良,短期可承受 350℃高温	主要用于集成电路点涂或自动装片机的装片	上海市合成树脂研究所
DAD-91E 导电胶	耐热性优良,短期使用温度 250℃	主要用于石英谐振器、集成电路芯片等粘接	上海市合成树脂研究所
HH-711 导电胶	强度高,耐大气暴晒,使用温度 -50～100℃	主要用于同轴电缆接头、耐热电子元件、波导的粘接	西安黄河机器制造厂
HH-701 导电胶	室温固化,使用温度-50～60℃	主要用于铝波导、电子器件等粘接	西安黄河机器厂
BC 型铜粉导电胶	电阻率低,使用温度-40～120℃	主要用于电机炭刷、电缆接头、二极管固定及导线的连接	湖北襄樊市生物化学研究所
BC 型铜粉导电胶	电阻率低,使用温度-40～120℃	主要用于电子、电气行业不能焊接部位的导电性连接,如电缆接头	湖北襄樊市生物化学研究所

品　种	特　点	用　途	生 产 厂
307 导电胶	导电性好，使用温度常温～100℃	主要用于各种金属和大多数非金属元件部件之间导电连接	哈尔滨工业大学
303 导电胶	常温固化，使用温度－40～100℃	主要用于各种导体及半导体元件不受热部件的粘接	哈尔滨工业大学
SY-154 导电胶	常温固化，使用方便	主要用于制造柔性印刷电路板及屏蔽的导电材料	三友（天津）高分子技术有限公司
SY-154 导电胶	常温固化，导电性好	主要用于非结构件的导电粘接及制造柔性印刷电路板及异蔽的导电材料	三友（天津）高分子技术有限公司
TH1839 导电胶	耐温，耐油，耐水，使用温度－60～150℃	主要用于印刷电路板的局部粘接及电刷镀工艺中对凹坑及磨损部位缺陷的填补等	吉林天河表面材料技术开发有限公司
SY-73 双组分导电胶	导电性能好，使用温度－55～160℃	主要用于金属与非金属粘接	北京航空材料研究院
CD-301 导电胶	粘结力、耐冲击性好，体积电阻率可以调整	主要用于导电性地砖和水泥、木材、铁板、各种塑料粘接	常进化工（苏州）有限公司
CD-308 导电胶	单组分，无溶剂，电阻值低固化温度范围广（110～160℃）	主要用于电子或电器部件的组装、金属或非金属、耐热塑料等粘接	常进化工（苏州）有限公司
JL41000 高温导电胶	耐高温，导电系数高	主要用于金属、陶瓷及其他非金属的导电耐热粘接	北京翠力高分子材料研究所

续　表

品　种	特　点	用　途	生　产　厂
SD-101 导电胶	使用温度常温～350℃，导电性良好	主要用于无线电、电子、仪表工业上导电粘接	江苏常州化工研究所
SD-101 导电胶	导电性好，使用温度常温～350℃	主要用于电子仪表工业上导电粘接	江苏常州化工研究所
HH-874 单组分导电胶	单组分，强度高，性能优良，使用方便	主要用于波导法兰盘、金属导电粘接	西安黄河机器厂

1.3.14.4　导热胶粘剂

1.3.14.4.1　组成

导热胶粘剂是具有优异热传导性能的胶粘剂。它是以液体丁腈橡胶改性环氧树脂为基料，再加入固化剂及导热材料（如银粉、铜粉、铝粉、氧化粉等）或无机材料（石墨、炭黑、氧化铍等）配制而成。

配制导热胶粘剂时多选用价廉质轻的铝粉，在考虑绝缘性能时选用氧化铍（毒性大）。

1.3.14.4.2　特点

导热胶粘剂具有耐热、化学稳定性好、耐老化性能好、贮存及使用方便等特点。根据导热材料的不同，导热胶可分为金属粉导热胶、石墨炭黑导热胶和氧化铍导热胶等。

1.3.14.4.3　用途

导热胶粘剂主要用于金属导热件或导热零件的粘接与维修。导热胶粘剂主要品种、特点及用途简介见表 1-21 所示。

表 1-21　导热胶粘剂主要品种简介

品　　种	特　点	用　　途	生　产　厂
TM 型导热胶	化学稳定性好，耐水性好，使用温度－190～190℃	主要用于室内外装置或管路上的伴热系统粘接	北京化工研究院

品　种	特　点	用　途	生　产　厂
导热绝缘胶	导热率和电阻率高,耐振动,耐冲击,使用温度约200℃	主要用于太阳电池的鞋片与底座之间的粘接	中国科学院北京化学研究所
HZ-DR 3219 硅酮导热胶	耐老化性好	主要用于 PTC 陶瓷发热原件粘接	无锡市百合化胶粘剂厂
383 导热胶	导热率高,强度高,室温固化	主要用于永久性装配	汉高技术·电子部中国销售部
5406 导热胶	导热率高,室温固化	主要用于散热的电子元件外壳的灌封或密封	汉高技术·电子部中国销售部
3873、3874 导热胶	导热率高,快速固化	主要用于发热元件和散热片的粘接	汉高技术·电子部中国销售部

1.3.14.5　点焊胶粘剂

1.3.14.5.1　组成

凡能满足粘接-点焊工艺要求的胶粘剂称为点焊胶粘剂。根据工艺特点,可分为先涂后焊点焊胶和先焊后注点焊胶二种。

点焊胶粘剂是以环氧树脂为基料,加入固化剂、增塑剂和稀释剂、填料等配制而成。

1.3.14.5.2　特点

点焊胶粘剂具有粘接强度高、流动性好、不含溶剂、耐冲击、耐酸耐碱性好、毒性小、对点焊金属无腐蚀作用、密封性好等特点,如对粘接点焊件铝材进行阳极氧化,则不会在焊缝中残留酸、碱液而产生腐蚀。

1.3.14.5.3　用途

点焊胶粘剂是和机械连接和焊接并列的三大连接方式之一,它主要用于大型工件的制造,如应用在航空飞机制造、汽车装配中及铸件孔洞、钢板结构件部位的密封等均可采用先焊后胶。

点焊胶粘剂主要品种、特点及用途简介见表 1-22 所示。

表 1-22 点焊胶粘剂主要品种简介

品　　种	特　　点	用　　途	生　产　厂
SY 点焊密封胶	耐磷化液处理,密封性好,焊接时无毒、无腐蚀	主要用于汽车装配时各焊接处密封	三友(天津)高分子技术有限公司
203 胶接点焊胶	耐阳极氧化性能好	主要用于铝合金工件粘接点焊	哈尔滨工业大学
KH-120胶	强度高,黏度低,韧性好	主要用于飞机、汽车、船舶等制造中的结构粘接,先胶后点焊	中国科学院北京化学研究所
TF-3胶	抗湿热老化、渗透性好	主要用于铝合金粘接点焊	上海有机化学研究所
J-14高温点焊胶	强度高、耐高温	主要用于铝合金、玻璃钢等粘接点焊	黑龙江省石油化学研究院

1.3.14.6　应变胶

1.3.14.6.1　组成

应变胶是指制作应变片基底用的基底胶和粘贴各类应变片用的贴片胶。它由环氧树脂、酚醛树脂、有机硅树脂、聚酰亚胺等为主体材料,加入石棉粉等填料组成。

目前应变胶可分为:硝化纤维素应变胶粘剂、氰基丙烯酸酯类应变胶粘剂、不饱和聚酯类应变胶粘剂、环氧树脂类应变胶粘剂、酚醛树脂类应变胶粘剂、聚酰亚胺类应变胶粘剂、有机硅类应变胶粘剂、合成橡胶类应变胶粘剂和无机应变胶粘剂九大类。

1.3.14.6.2　特点

应变胶的主要特点是固化收缩率小,固化后应力小,抗蠕变性能好,刚性大,耐振动,耐冲击性好,对基片与电阻丝无腐蚀作用,化学稳定性好,绝缘性与耐热性好、固化温度低和固化压力低,工艺简单,贮存

89

期长。由于应变胶粘剂具有特殊的力学性能,从而能够准确地传递应变,保证测量精度。

1.3.14.6.3　用途

应变胶主要用于粘接电阻应变片,能承受和准确传递应变作用,能用于应变测量。

应变胶主要品种、特点及用途简介见表1-23所示。

表1-23　应变胶主要品种简介

品　种	特　点	用　途	生　产　厂
KY-4 环氧应变胶	固化快,耐介质性、抗蠕变性、电绝缘性好,使用温度－50～60℃	主要用于缩醛、聚酰亚胺或环氧树脂为底基的丝式、箔式和半导体应变片的粘贴	天津市合成材料工业研究所
J-25 应变胶	指压贴片,常温固定,粘接力强	主要用于制丝式应变片、贴丝式应变片、制箔式应变片等	黑龙江省石油化学研究院
J-26 高温应变胶	耐高温,固化温度及压力低,使用温度－40～400℃	主要用于粘贴和制造耐400℃粘贴式焊接式应变片	黑龙江省石油化学研究院
J-49 应变计密封面胶	对聚酰亚胺及康铜箔等有较好的粘接性,耐潮,耐磨,耐腐蚀	主要用于聚酰亚胺应变计密封面胶制造传感器材料	黑龙江省石油化学研究院
YJ-8 应变片用聚酰亚胺胶	耐高温,粘接力强,绝缘性好,弹性系数大,线膨胀系数小	主要用于高精密级电阻应变计的基底材料	上海市合成树脂研究所
PE-2 型应变胶	单组分,使用方便,传感度高,精度<0.03%	主要用于各种高精度传感器中粘贴半导体应变片	中国科学院北京化学研究所

1.3.14.7 光敏胶粘剂

1.3.14.7.1 组成

光敏胶粘剂通常由光敏树脂、交联剂、光敏剂（或增感剂）、辅助剂等配制而成。

在紫外线的照射下，光敏剂分解出游离基，在几分钟内可使胶层固化。光敏树脂常用的有双酚 A 型环氧树脂、六氢邻苯二甲酸环氧树脂的丙烯酸酯类、不饱和聚酯树脂、聚氨酯类等。

1.3.14.7.2 特点

光敏胶粘剂是一种在光（通常是紫外光）的照射下就能快速固化交联的胶粘剂。它具有单组成，无溶剂，固化速度快，可低温固化，胶的膨胀系数小，在固化时收缩系数或热膨胀系数小，化学性质稳定，对人体无害，且有一定的耐水性和耐溶剂性能，粘接强度高，节省能源，无环境污染，适合自动化生产线，储存期较长等优点；但是，光敏胶粘剂固化需要一定的紫外光量，如果光照能量不足，难以使其完成固化。如用 UV 光对人体皮肤和眼睛有较大伤害，还需要光源和设备。

1.3.14.7.3 用途

光敏胶粘剂主要用于精密光学仪的透镜、棱镜的粘接装配及微型电路的光刻，或透明材料粘接，如玻璃与玻璃、玻璃与透明塑料、有机玻璃、无机玻璃、聚苯乙烯等透明材料的粘接。此外，还用于印刷品上光，印刷工业中的光刻板的制造和集成电路及平板显示器的制造等。目前，光敏胶粘剂在电子、光学、汽车、军工等领域得到了广泛应用。

光敏胶粘剂主要品种、特点及用途简介见表 1-24 所示。

表 1-24 光敏胶粘剂主要品种简介

品 种	特 点	用 途	生 产 厂
铁锚 GM-1 光敏胶	固化快，强度高，无气泡	主要用于透明材料的粘接，如防爆灯用聚碳酸酯及光学玻璃和金属的粘接	上海新光化工有限公司

品　种	特　　点	用　　途	生　产　厂
乐泰 349 光学玻璃粘接剂	耐冲击强度高,快速紫外光固化,无溶剂	主要用于精密光学仪器中玻璃与玻璃或金属的粘接和密封	山东烟台乐泰(中国)有限公司
GM-924 光固胶	固化速度快	主要用于玻璃、有机玻璃等透明材料与金属或非金属的粘接	天津市合成材料工业研究所
GBN-502 光学光敏胶	固化速度快	主要用于光学仪器透镜棱镜的粘接	中国兵器工业第五三研究所(济南)
GBN-503 光学光敏胶	耐高低温,强度高,抗振动,韧性好	主要用于车辆各种灯具反光镜的密封及玻璃和金属的粘接	中国兵器工业第五三研究所(济南)
HN-501 光学用胶	耐冲击性和低温性能好	主要用于光学仪器中金属与玻璃粘接	中国兵器工业第五三研究所(济南)
GBN-501 光学光敏胶	固化快,光学性能优良,收缩率低	主要用于光学透镜、棱镜的粘接	中国兵器工业第五三研究所(济南)
LS-2 光敏胶	粘接力强,透明性好、抗冲击	主要用于电子仪表及设备、光学仪器、医疗器械等粘接	沈阳市石油化工设计研究院
KH-760 胶	固化后胶层内应力小,粘接强度高,使用温度 - 60～60℃	主要用于光学零件特别是大面积光学零件的粘接	中国科学院化学研究所
AE 透明胶	耐水,耐酸碱	主要用于有机玻璃、ABS 塑料、玻璃钢等粘接	晨光化工研究院一分院(成都)
GHJ 光学用环氧胶	无色透明,柔韧性好	主要用于光学玻璃粘接	晨光化工研究院一分院(成都)

品 种	特 点	用 途	生 产 厂
耐紫外线辐照透明胶	耐紫外光照性能好	主要用于透明材料及需要长期耐太阳光照的光学部件粘接	中国科学院北京化学研究所
GUP-35光学用胶粘剂	粘接力强,透光率大于98%,使用温度－60～100℃	主要用于各种光学镜头的粘接	晨光化工研究院
555系列光学透明强力胶粘剂	透明性和粘接性好	主要用于玻璃和透明材料的粘贴组装等	晨光化工研究院
DG-4光学透明胶粘剂	透光率高,胶层韧性好,耐介质性好	主要用于汽车挡风玻璃、车灯及其他结构的粘接密封	晨光化工研究院
DG-5透明胶粘剂	耐介质性能好,耐温－60～150℃,透明性好	主要用于汽车、仪表、飞机等行业的装配或修复	成都有机硅研究中心
导热结构胶	机械强度高,耐振动,耐冲击,抗辐射,使用温度－120～120℃	主要用于粘接金属作为导热散热之用	中国科学院大连化学物理研究所
Ⅱ型导热绝缘胶	室温固化,高温使用,使用温度200～250℃	主要用于雷达磁场线圈的导热绝缘,功率管与散热器组装	信息产业部上海市28研究所

1.3.14.8 医用胶粘剂

1.3.14.8.1 组成

医用胶粘剂主要是指用于外科手术及止血等方面的合成树脂胶粘剂,在齿科中广泛用的无机胶粘剂及树脂胶粘剂,也属于医用胶粘剂。

常用医用胶粘剂为α-氰基丙烯酸酯系胶和血纤维蛋白胶。α-氰基丙烯酸酯系胶是由α-氰基丙烯酸酯单体、增稠剂、增塑剂、稳定剂等配制而成。其次,血纤维蛋白胶粘剂由浓缩的血纤维蛋白原及凝血酶、氯化钙、抑肽酶等组成。

1.3.14.8.2 特点

医用胶粘剂对人体组织的粘接性和相容性好,不仅粘接牢固耐久,而且无排异反应、感染现象,具有安全无毒,无三致(致突变,致畸,致癌变)等特点。

1.3.14.8.3 用途

医用胶粘剂主要用于各种手术切口的吻合、创伤部位止血及人工脏器、人造血管、肌肉神经和软组织的粘接和人工关节的粘接固定、牙齿的粘接等,可代替缝合。目前在外科的应用比较广泛,如瘘管的封闭、胃肠道穿孔部位的粘合修复、气管吻合等。

医用胶粘剂主要品种、特点及用途简介见表1-25。

表1-25 医用胶粘剂主要品种简介

品 种	特 点	用 途	生 产 厂
医用无纺布透气胶带	低致敏性,顺应性强,透气率高,固定可靠	主要用于纱布、伤口和输液敷料、轻质导管等固定	上海华舟压敏胶制品有限公司
免缝合伤口胶贴	规格多样,使用方便	主要用于不用针线缝合的伤口愈合	上海华舟压敏胶制品有限公司
新型水胶体创可贴	透气阻菌,与皮肤粘附性极好,加快伤口愈合,不会形成硬痂块	主要用于加快伤口愈合,尤其适用于过敏性皮肤	上海华舟压敏胶制品有限公司
聚氨酯薄膜留置针贴(PU医用柔性防水胶贴)	舒适,顺应性佳,透气不透水,透明可视	主要用于固定静脉留置针护理,降低静脉注射的次数	上海华舟压敏胶制品有限公司

品 种	特 点	用 途	生 产 厂
医用敷料（片状）	透气，排湿，舒适，不易脱落，含棉芯及无棉芯等多种规格	主要用于伤口护理	上海华舟压敏胶制品有限公司
BC-1型医用压敏胶	无毒，使用安全	主要用于制医用压敏胶粘带、手术薄膜、切口粘合等	晨光化工研究院
508医用粘合剂	粘合速度快，强度高，不造成血栓	主要用于手术切口的吻合及内脏部位的接合和止血	西安化工研究所、浙江金鹏化工股份有限公司
SDG医用胶	生物相容性好，固化后可作为永久性人体植入材料	主要用于制作形状复杂的医用硅橡胶制品、牙托软衬垫等	上海橡胶制品研究所
J-3男用绝育粘堵剂	操作简单，无副作用	主要用于男性输精管绝育粘堵	西安化工研究所重庆制药七厂
J-2女用绝育粘堵剂	操作简单，无副作用	主要用于妇女输卵管粘堵绝育	西安化工研究所
TJ骨粘固剂	对人体适应性好，粘接强度高	主要用于骨折手术的粘接固定	天津市合成材料工业研究所
793取皮双面膏	压敏型双面膏，使用方便	主要用于整形外科取皮等	上海卫生材料厂

1.3.14.9 水下胶粘剂

1.3.14.9.1 组成

水下胶粘剂是能在水中进行粘接的胶粘剂。品种有环氧树脂型、聚氨酯型、端烯基聚氨酯和环氧丙烯酸酯四大类。其组成由主剂加入水下固化剂和促进剂、表面活性及吸水性填料（氧化钙、石膏粉）等成分组成。其中 810 水下环氧树脂固化剂可与环氧树脂配成水下环氧胶粘剂。

1.3.14.9.2　特点

水下胶粘剂能在水下环境进行被粘物粘接,它具有水后保持稳定,不被水破坏,不与水混溶,可在水下条件完成固化,且有必要的强度及良好的耐水稳定性等特点。

1.3.14.9.3　用途

水下胶粘剂适用于水坝、水管、水槽、隧道、地下建筑、人防工程、船舶裂缝孔洞等粘接、修补、堵漏等。例如,用于修建混凝土大坝水利工程、水坝的地下维修、人工移植珊瑚礁水下粘接、船舶水下部位的修复等。

水下胶粘剂主要品种、特点及用途简介见表 1-26 所示。

表 1-26　水下胶粘剂主要品种简介

品　种	特　点	用　途	生　产　厂
水下胶	能在水下固化,粘接力好	主要用于在水中进行船舶修补	中国科学院广州化学研究所
TS626 湿面修补剂	可带水带压施工,固化速度快	主要用于潮湿环境或水中阀门、管道、油箱等泄漏修补	北京市天山新材料技术公司
SK-102 水下固化环氧胶	快速固化,强度高	主要用于低温潮湿环境下金属和非金属材料的粘接,如水下管道粘接	湖南神力实业有限公司
水中胶	在潮湿环境或水中粘接	主要用于水坝、水泥码头、水池的维修及自来水管、水箱等补漏	广州市东风化工实业有限公司

品 种	特 点	用 途	生 产 厂
水中固化环氧胶粘剂	能在水中、潮湿、低温条件下固化,具有很高的粘接强度和耐老化性能	主要用于大坝、隧洞、输水管、水池等建筑工程的水下粘接和修补	武汉大筑建筑科技有限公司
BY-J3 环氧水下固化胶粘剂	能在潮湿环境或水下固化粘接	主要用于金属、陶瓷、玻璃、玻璃钢等在潮湿环境或水下固化粘接	上海科友新型建筑材料有限公司
HY-831 粘接剂	耐水、耐酸、耐油性能良好	主要用于水下工程止漏修补和高压输水隧洞受力冲蚀破坏的修补工程	天津延安化工厂

1.3.14.10 发泡胶粘剂

1.3.14.10.1 组成

发泡胶粘剂是一种在加热固化过程中体积会自动膨胀 2～3 倍的结构胶粘剂。

发泡胶粘剂一般由环氧或改性树脂、丁腈橡胶、增粘剂、固化剂、填料等组成。

1.3.14.10.2 特点

发泡胶粘剂具有强度高、无腐蚀、耐水性好、固化收缩率小的特点,在升温固化过程中它能自动发泡,引起体积膨胀(膨胀比＞1.5～2),使粘接间隙大的部件各处紧密连在一起,形成一个完整的受力体系。

1.3.14.10.3 用途

发泡胶粘剂主要用于蜂窝结构件的制作和增强及复合材料中夹芯的拼接、填充和密封。目前,发泡胶粘剂在航天工业中得到广泛应用。

发泡胶粘剂主要品种、特点及用途简介见表1-27所示。

表1-27 发泡胶粘剂主要品种简介

品　种	特　点	用　途	生　产　厂
SY-P11发泡胶	自粘性好，膨胀比1.75～3,使用温度-55～80℃	主要用于金属蜂窝及非金属蜂窝承力构件制造	北京航空材料研究院
J-29带状发泡胶	填充及密封性好,使用温度-60～175℃	主要用于间隙大及固化时无法施压的工件表面粘接	黑龙江省石油化学研究院
J-60粉状发泡胶	强度高,密封好,使用温度-55～175℃	主要用于填充蜂窝格孔及结构件内部填充	黑龙江省石油化学研究院
J-71铝蜂窝夹芯胶	强度高,耐湿热,使用温度-55～150℃	主要用于铝蜂窝夹芯制作	黑龙江省石油化学研究院
J-94泡沫结构胶膜	强度高,密封性好	主要用于蜂窝夹芯的对接、包边、预埋件的粘接密封	黑龙江省石油化学研究院

1.4　胶粘剂的配方设计

胶粘剂的配方设计是制备优质胶粘剂的重要环节,它根据不同产品性能的要求和工艺条件,合理地选择原材料和科学的配比,通过反复实验进和优化,从而设计出新颖实用的配方,满足产品的使用要求,从而获得最佳的经济效益。

1.4.1　配方设计的基本原则

配方设计的基本原则是：(1)满足产品的使用性能,通过科学的配方设计,生产优质的胶粘剂。目前在配方设计中选用环境友好的原材料,生产水基胶粘剂、低毒胶粘剂等环保型胶粘剂已成为主流。
(2) 抓主要矛盾,制定试验方案。在选定粘料后通过对粘料性能的了解和分析,用于制备所需制品的树脂可能存在许多缺陷或不足,这时应根据制品性能要求,找出主次矛盾加以解决。一般情况下,解决了主要矛盾,其他矛盾也就迎刃而解。(3) 充分发挥添加组分的功能,这是配方设计的中心任务。在添加组分时,选择力求要准,用量适当。为此,除需要具有丰富的实践经验外,还要吸取前人的经验教训,弄懂各添加组分功能,结合应用性能要求与本身特性,制订几套用量方案,再进行试验加以确定,用一个添加组分能解决的绝不用两个组分。(4) 降低生产成本。在配方设计时,除考虑胶粘剂性能外,还必须认真考虑原材料的来源与成本问题。在满足使用性能的条件下,应该选择原材料来源广、产地近、价格低廉的品种,这样就能降低生产成本,具有市场竞争的优势。

1.4.2 配方设计方法

1.4.2.1 单因素配方设计法

在配方设计时,粘料中只需添加单一组分(助剂)就可完成配方的设计。这种配方设计一般常用去除法来确定添加组分及其用量。

去除法的基本原理是:假定 $f(x)$ 在调整的区间 $(a、b)$ 中只有一个极值点,这个点就是所寻求的物理性能最佳点。通常有 x 表示因素取值,$f(x)$ 表示目标函数。根据具体问题要求,在该因素的最优点上,目标函数值最大值、最小值或某种规定要求的值,这些都取决于该胶粘剂的具体情况。

在寻找最优试验点时,常利用函数在某一局部区域的性质或一些已知的数值来确定下一个试验点。这样一步步搜索、逼近,不断去除部分搜索区间,逐步缩小最优点的存在范围,最后找到最优点。

在搜索区间内任取两点,比较它们的函数值,舍去一个,这样使搜索区间逐渐缩小到允许误差范围之内。

常用的搜索方法如下：（1）爬高法（逐步提高法）。适合于工厂小幅度调整配方，生产损失小。其方法是：先找一个起点 A（这个起点一般为原来的生产配方，也可以是一个估计的配方），在 A 点向该原材料增加的方向 B 点做试验，同时向该原材料减少的方点 C 点做试验。如果 B 点好，原材料就增加；如果 C 点好，原材料就减少。这样一步步改变，如爬到 W 点，再增加或减少效果反而不好，则 W 点就是要寻找的该原材料的最佳值。

选择起点的位置很重要。起点选得好，则试验次数可减少；选择步长大小也很重要，一般先是步长大一些，待快接近最佳点时，再改为小的步长。因此，爬高法常依靠配方设计者的经验，经过几次调整，便能奏效。（2）黄金分割法（0.618 法）。该方法根据数学上黄金分割定律演变来的，其具体做法是：先在配方试验范围（A、B）的 0.618 点做第一次试验，再在其对称点（试验范围的 0.382 处）做第二次试验。比较两点试验的结果（指制品的物理力学性能），去掉不利因素以外的部分。在剩下的部分继续取已试点的对称点进行试验，再比较，再取舍，逐步缩小试验范围，达到最终的目的。

该法的每一步试验都要根据上次配方试验结果决定取舍，所以每次试验的原材料及工艺条件都要严格控制，不得有差异，否则无法决定取舍方法。该法试验次数少，较为方便，适于推广。

（3）均分法。采用均分法的前提条件是：在试验范围内，目标函数是单调的，即应有一定的物理性能指标，以此标准作为对比条件。同时，还应预先知道该组分对胶粘剂的物理性能影响的规律，这样才能知道其试验结果，表明该材料的添加量是多是少。

该法与黄金分割法相似，在试验范围内，每个试验点都取在范围的中点上，根据试验结果，去掉试验范围的某一半，然后再在保留范围的中点做第二次试验，再根据第二次试验结果，又将范围缩小一半，这样逼近最佳点范围的速度很快，而且取点也极为方便。

（4）分批试验法。分批试验法可分为均分分批试验法和比例分割分批试验法两种。

① 均分分批试验法。把每批试验配方均匀地同时安排在试验范围内，将其试验结果比较，留下好结果的范围，在留下的部分，再均匀分成数份，再做一批试验，这样不断做下去，就能找到最佳的配方质量范围。在这个窄小的范围内，等分点结果较好，又相当接近时，即可中止试验。这种方法的优点是试验总时间短，速度快，但总的试验次数较多。

② 比例分割分批试验法。与均分分批试验法相似，只是试验点不是均匀划分，而是按一定比例划分。该法由于试验效果、试验误差等原因，不易鉴别，所以一般工厂常用均分分批试验法，但当原材料添加量变化较小而胶粘剂的物理性能却有显著变化时，用该法较好。

（5）其他方法。

① 分数法（即裴波那契搜索法）是一种比黄金分割更方便的方法。先给出试验点数，再用试验来缩短给定的试验区间，其区间长度缩短率为变值，其值大小由裴波那契数列决定。

② 抛物线法。在用其他方法试验，将配方试验范围缩小之后，还希望再继续精确时，可采用该法。它是利用做过三点试验后的 3 个数据，作此三点的抛物线，以抛物线顶点横坐标作为下次试验依据，如此连续试验而成。

1.4.2.2 正交法——多组分调整配方设计法

正交设计法是应用数理统计原理科学地安排与分析多因素试验的一种设计方法。正交设计法的最大优点是方法简单，使用方便，效果好。它可以大幅度减少试验次数，尤其是实验中变量调整越多则减少程度越明显，因此可以在众多试验次数中优选出具有代表性的配方，通过尽可能少的试验，找出最佳配方或工艺条件。

常规的试验方法为单组分调整轮换法，即先改变其中一个变量，把其他变量固定,以求得此变量的最佳值;然后改变另一个变量,固定其他变量,如此逐步轮换,从而找出最佳配方或工艺条件。用这种方法对一个三变量的配方,每个变量 3 个试验数值(水平)的试验,试验次数为 $3\times3\times3=27$ 次,而用正交设计法,只需 6 次即可。

(1) 正交表的组成 正交设计的核心是一个正交设计表,简称正交表。一个典型的正交表可由下式表达。

$$L_M(b^K)$$

式中 L——正交表的符号;

K——试验中组分变量的数目,K 值的确定由不同试验而变;

b——每个变量所取的几个试验值数目,一般称为水平,水平值由经验确定,也可在确定前先做一些探索性小型试验,一般要求各水平值之间要有合理的差距;

M——试验次数,一般经验确定其大致规律为:二水平试验,$M=K+1$;三水平以上实验,$M=b(K-1)$;此规律并不全部适用,有时也有例外,如 $L_{27}(3^{13})$。具体可参照标准正交表。

正交表的最后一项为试验目的,即指标,是衡量试验结果好坏的参数。

常用的典型正交表如下:二水平,$L_4(2^3)$、$L_8(2^7)$、$L_{12}(2^{11})$ 等;三水平,$L_6(3^3)$、$L_9(3^4)$、$L_{18}(3^7)$ 等;四水平,$L_{16}(4^5)$ 等。

具体正交表排布参见表 1-28~表 1-32 所列。

表 1-28 二水平 $L_4(2^3)$ 正交表

试验号	列 号			试验号	列 号		
	1	2	3		1	2	3
1	1	1	1	3	2	1	2
2	1	2	2	4	2	2	1

表 1-29 二水平 $L_8(2^7)$ 正交表

试验号	1	2	3	4	5	6	7	试验号	1	2	3	4	5	6	7
1	1	1	1	1	1	1	1	5	2	1	2	1	2	1	2
2	1	1	1	2	2	2	2	6	2	1	2	2	1	2	1
3	1	2	2	1	1	2	2	7	2	2	1	1	2	2	1
4	1	2	2	2	2	1	1	8	2	2	1	2	1	1	2

表 1-30 二水平 $L_{12}(2^{11})$ 正交表

试验号	1	2	3	4	5	6	7	8	9	10	11	试验号	1	2	3	4	5	6	7	8	9	10	11
1	1	1	1	1	1	1	1	1	1	1	1	7	2	1	2	2	1	1	2	2	1	2	1
2	1	1	1	1	1	2	2	2	2	2	2	8	2	1	2	1	2	2	2	1	1	1	2
3	1	1	2	2	2	1	1	1	2	2	2	9	2	1	1	2	2	2	1	2	2	1	1
4	1	2	1	2	2	1	2	2	1	1	2	10	2	2	2	1	1	1	1	2	2	1	2
5	1	2	2	1	2	2	1	2	1	2	1	11	2	2	1	2	1	2	1	1	1	2	2
6	1	2	2	2	1	2	2	1	2	1	1	12	2	2	1	1	2	1	2	1	2	2	1

表 1-31 三水平 $L_9(3^4)$ 正交表

试验号	1	2	3	4	试验号	1	2	3	4	试验号	1	2	3	4
1	1	1	1	1	4	2	1	2	3	7	3	1	3	2
2	1	2	2	2	5	2	2	3	1	8	3	2	1	3
3	1	3	3	3	6	2	3	1	2	9	3	3	2	1

表 1-32 四水平 $L_{16}(4^5)$ 正交表

试验号	1	2	3	4	5	试验号	1	2	3	4	5
1	1	1	1	1	1	9	3	1	3	4	2
2	1	2	2	2	2	10	3	2	4	3	1
3	1	3	3	3	3	11	3	3	1	2	4
4	1	4	4	4	4	12	3	4	2	1	3
5	2	1	2	3	4	13	4	1	4	2	3
6	2	2	1	4	3	14	4	2	3	1	4
7	2	3	4	1	2	15	4	3	2	4	1
8	2	4	3	2	1	16	4	4	1	3	2

（2）正交设计试验结果分析法。一个最佳的配方可能在所做的试验中，也可能不在其中，这就需要对试验结果进行分析处理而找出最佳配方。

试验分析可以解决3个方面的问题：第一，对指标的影响，哪个组分主要，哪个组分次要，分清主次关系，并对因素在配方中所处位置的重要性进行排序。第二，确定各个组分因素以哪个水平为最好；第三，能够确定各个组分因素的最佳水平搭配，指标值最好。

目前常用的分析方法有两种，即直观分析法和方差分析法。

① 直观分析法。计算两个水平几次试验取得指标的平均值，进行比较，找出每个因素的最佳水平；几个因素的最佳水平组合起来，即为最佳配方或工艺条件；另外，计算每个因素不同水平所取得不同指标值差，何种因素不同水平之间指标差大，即为对指标最有影响的因素。

直观分析法直观、简便，但不能区分因素与水平的作用差异。

② 方差分析法。其方法为通过偏差的平方和及自由度等一系列计算，将因素和水平的变化引起试验结果间的差异与误差的波动区分开来，这样分析正交试验的结果，对下一步试验或投入生产的可靠性很大。方差分析法是一种精确的计算方法，结果精确，但手段繁杂。

（3）正交设计实例——快速固化环氧结构胶的配方正交设计

① 选择快速固化环氧胶粘剂组分的选择 考虑到胶粘剂的环保要求，在选用稀释剂（组分A）与增韧剂（组分B）的时候均采用了活性组分，活性稀释剂与活性增韧剂能够参与到环氧树脂的固化反应中去，挥发性小，符合目前环保的要求。偶联剂（组分C）选用硅烷偶联剂。因为要求胶粘剂能够快速固化，毒性低，材料成本又不能太高，所以挑选了两种性能较好的改性脂肪胺A（组分D）与改性脂环胺B（组分E）。填料选用滑石粉，根据使用要求适当添加。在现场使用时可能需要胶粘剂有一定的触变性，所以在胶粘剂中添加适量的气相二氧化硅作为触变剂。

② 正交试验设计方案与结果 为了确定各组分的配比，决定选用

正交试验方法进行试验。通过两组正交试验,分别考察两种固化剂的性能,同时确定其他组分含量。

改性脂肪胺固化剂 A 试验:取 E-51 环氧树脂 100 份为基础,其他各组分均与此相配比。考察稀释剂 A(3,6,9)、增韧剂 B(4,8,12)、偶联剂 C(0.5,1,1.5)、固化剂 A(20,30,40)这 4 个因素,选用 $L_9(3^4)$ 正交表。正交试验结果及方差分析见表 1-33 所列。

表 1-33　正交试验及结果

所在列	A	B	C	D	结　果
因　素	稀释剂	增韧剂	偶联剂	固化剂	拉剪强度/MPa
试验 1	3	4	0.5	20	7.93
试验 2	3	8	1	30	8.77
试验 3	3	12	1.5	40	8.32
试验 4	6	4	1	40	9.60
实验 5	6	8	1.5	20	7.23
试验 6	6	12	0.5	30	10.51
试验 7	9	4	1.5	30	10.58
试验 8	9	8	0.5	40	11.10
试验 9	9	12	1	20	3.61
均值 1	8.340	9.370	9.847	6.257	
均值 2	9.113	9.033	7.327	9.953	
均值 3	8.430	7.480	8.710	9.673	
级　差	0.773	1.890	2.520	3.696	

注:均值为每个因素不同水平试验的平均值。

通过分析,可以看出,最佳组合为 A2B1C1D2,对照试验方案,该组合不存在,因此必须补做该最优条件下的试验,以确认指标是否最优。补做试验后,得拉剪强度为 12.04 MPa,是最佳方案。

改性脂环胺固化剂 B 试验：取 E-51 环氧树脂 100 份为基础，其他各组分均与此相配比。考察稀释剂 A(3,6,9)、增韧剂 B(4,8,12)、偶联剂 C(0.5,1,1.5)、固化剂 D(20,25,30)这 4 个因素，选用 $L_9(4^3)$ 正交表。正交试验结果及方差分析见表 1-34 所列。

通过分析，可以看出，最佳组合为 A2B1C2D3，对照试验方案，该组合不存在，因此必须补做该最优条件下的试验，以确认指标是否最优。补做 A2B1C2D3 试验，得到拉剪强度为 19.2 MPa，确实是最优配比。

表 1-34　正交试验及结果

所在列	A	B	C	D	结　果
因　素	稀释剂	增韧剂	偶联剂	固化剂	拉剪强度/MPa
试验 1	3	4	0.5	20	7.8
试验 2	3	8	1	25	17.4
试验 3	3	12	1.5	30	13.4
试验 4	6	4	1.5	25	18
试验 5	6	8	0.5	30	15.8
试验 6	6	12	1	20	6.8
试验 7	9	4	1	30	18.6
试验 8	9	8	1.5	20	6.6
试验 9	9	12	0.5	25	9
均值 1	12.867	14.800	9.847	7.067	
均值 2	13.533	13.267	7.327	14.800	
均值 3	11.400	9.733	8.710	15.933	
级　差	2.133	5.067	2.520	8.866	

注：均值为每个因素不同水平试验的平均值。

③ 确定最佳配方　通过以上两组试验，可以看出使用改性脂环胺固化剂 B 的胶粘剂性能要优于使用改性脂肪胺固化剂得到的胶粘剂。

所以选用固化剂 B 得到了一个最优的配方,即在 100 份 E-51 型环氧树脂中加入 6 份稀释剂、4 份增韧剂、1.5 份偶联剂,同时配以 30 份固化剂 B。

以上述配方为基础,根据操作需要,添加适量触变剂、阻燃剂及填料,得到最终的以固化剂 B 为基础的一种胶粘剂,其室温下(25℃)固化 24 h 后的拉剪强度为 21.6 MPa。

④ 确定最佳配方胶粘剂的性能 最佳配方胶粘剂的性能见表 1-35。

表 1-35 快速固化胶粘剂的性能

性　能	指　标	性　能	指　标
弯曲弹性模量/MPa	7 273.0	压剪强度(石材-石材)/MPa	22.91
冲击强度/(kJ/m²)	3.12	压剪强度(石材-不锈钢)/MPa	22.55
拉剪强度(不锈钢-不锈钢)/MPa	21.60		

注:试验条件为室温(25℃)下固化 24 h。

1.5　提高胶粘剂性能的措施

提高胶粘剂性能的措施如表 1-36 所示。

表 1-36 提高胶粘剂性能的措施

项　目	措　施
提高粘接强度	① 选择粘接力和内聚力大的树脂,如环氧树脂、酚醛树脂、聚氨酯等 ② 加入增韧剂,增加胶层韧性,减少内应力 ③ 热固性树脂和热塑性树脂并用 ④ 适当的交联,如氯丁胶粘剂中加入列克纳 ⑤ 添加适量填料,降低内缩率 ⑥ 加入适当偶联剂 ⑦ 加入稀释剂,降低粘度

项　目	措　　　施
提高胶粘剂耐热性	① 采用耐高温性好的树脂或橡胶,如有机硅、氟橡胶、杂环聚合物等 ② 提高环的密度,如把环氧树脂的苯环变为脂肪族环,引进酚醛树脂的结构 ③ 增加交联度 ④ 使用耐高温的固化剂,如 4,4′-二氨基二苯砜等 ⑤ 加入耐热填料,如石棉粉,铝粉等 ⑥ 加入抗氧剂,如没食子酸丙酯等 ⑦ 添加硅烷偶联剂
提高胶粘剂耐寒性	① 选用耐寒性好的聚合物,如聚氨酯 ② 加入增塑剂或增韧剂 ③ 降低交联度 ④ 降低结晶性 ⑤ 减少填料用量
提高胶粘剂耐酸碱性	① 提高交联度 ② 选用惰性填料,增加用量,如石英粉、滑石粉等 ③ 酯类增塑剂不耐酸
提高胶粘剂耐水性	① 选用分子中含—CN,—NH₂、—OH、—C(=O)—O— 等基因少的聚合物,吸水性低 ② 增加基料用量 ③ 使用耐水性固化剂 ④ 提高交联密度 ⑤ 选用吸水性小的填料 ⑥ 加入偶联剂
提高胶粘剂耐老化性	① 选用耐老化性好的基料 ② 提高交联度 ③ 加入活性填料 ④ 加入适当的防老剂或抗氧化剂 ⑤ 加入适量的有机硅烷偶联剂 ⑥ 使用高温固化剂
提高胶粘剂阻燃性	① 选用阻燃性的树脂或橡胶为基料 ② 采用阻燃性的增塑剂,如磷酸三甲酚酯,氯化石蜡等 ③ 加入阻燃剂,如三氧化二锑,硼酸锌等 ④ 使用阻燃性固化剂

第2章 粘接技术

2.1 粘接机理

粘接机理主要是说明粘接力是如何产生的,目前尚无统一的说法,常见的粘接理论主要有以下五种:

第一种叫机械结合理论:认为胶粘剂能渗透到被粘物表面的凹凸或缝隙中去,固化后胶粘剂就像许多小钩子似的把被粘物连接在一起。在粘合多孔性材料时,机械作用力是很重要的。

第二种叫吸附理论:认为粘接是与吸附现象类似的表面过程,胶粘剂大分子通过链段与分子键的运动,使极性基团靠近,当胶粘剂与被粘物之间的距离小于 $5\overset{\circ}{A}(1\overset{\circ}{A}=10^{-10}$ m)时,分子间引力发生作用而吸附粘着。

第三种叫扩散理论:认为分子或链段的热运动(即微布朗运动)产生了胶粘剂和被粘物分子之间的互相扩散,从而使一个物体的分子跑到另一个物体的表层里,另一物体的分子也跑到这个物体的表层里,中间的界面逐渐消失,相互"交织"而牢固地结合。

第四种叫化学键理论:认为胶粘剂分子与被粘物表面产生化学反应而在界面上形成化学键结合,像铁链一样,把两者牢固地连接起来。

第五种叫静电理论:认为胶粘剂和被粘物之间存在着双电层,由于静电的相互吸引而产生粘附力。

以上是产生粘附力的五种理论,如果胶粘剂具有上述五种理论所述作用力的综合作用,就能达到最佳粘接效果。

2.2 粘接技术

2.2.1 胶粘剂的选择

胶粘剂的品种繁多,性能不一,因此在选择胶粘剂时需要考虑的因素很多,以便达到最佳的粘接效果。

胶粘剂的选择主要考虑以下几个方面:(1) 根据被粘材料化学性质选择胶粘剂:① 粘接极性材料(包括钢、铝、钛、镁、陶瓷等),应选择极性强的胶粘剂,如环氧树脂胶、聚氨酯胶、酚醛树脂胶、丙烯酸酯胶、无机胶等。② 粘接弱极性和非极性材料(包括石蜡、沥青、聚乙烯、聚丙烯、聚苯乙烯、ABS 等),应选择丙烯酸酯胶、不饱和聚酯胶,或用能溶解被粘材料的溶剂,如三氯甲烷、二氯乙烷等。(2) 根据被粘材料物理性质选择胶粘剂:① 粘接脆性和刚性材料(如陶瓷、玻璃、水泥和石料等),应选用强度高、硬度大和不易变形的热固性树脂胶粘剂,如环氧树脂胶、酚醛树脂胶和不饱和聚酯胶。② 粘接弹性和韧性材料(如橡胶、皮革、塑料薄膜等),应选择弹性好,有一定韧性的胶粘剂,如氯丁胶、聚氨酯胶等。③ 粘接多孔性材料(如泡沫塑料、海绵、织物等),应选择粘度较大的胶粘剂,如环氧树脂胶、聚氨酯胶、聚醋酸乙烯胶、橡胶型胶粘剂等。(3) 根据被粘件使用条件选择胶粘剂:① 被粘件受剥离力、不均匀扯离力作用时,可选用韧性好的胶,如橡胶胶粘剂、聚氨酯胶等。② 在受均匀扯离力、剪切力作用时,可选用比较硬、脆的胶,如环氧树脂胶、丙烯酸酯胶等。③ 被粘件要求耐水性好的胶,有环氧树脂胶、聚氨酯胶等;耐油性好的胶,有酚醛-丁腈胶、环氧树脂胶等。④ 根据被粘件的使用温度,选用不同的胶。如环氧树脂胶适宜在 120℃ 以下使用;橡胶胶粘剂适宜在 80℃ 以下使用;有机硅胶适宜在 200℃ 以下使用;无机胶适宜在 500℃ 以下或高达 1000℃ 以上使用。(4) 根据不同的工艺方法选择胶粘剂:灌注用的胶粘剂通常选用无溶剂、低粘度胶;密封用的常选用膏状、糊状或腻子状胶粘剂。（5）根据被粘件的特殊要求选择不同性质的胶粘剂：如导电、导热、耐高温和耐低温等，必须选择特殊功能胶粘剂。

常用材料胶粘剂的选择参考方案见表2-1所示。

表2-1　常用材料用胶粘剂的选择参考表

材料名称	泡沫塑料	织物皮革	木材纸张	玻璃陶瓷	橡胶制品	热塑性塑料	热固性塑料	金属材料
金属材料	7,9	2,5,9,7、8,13	1,5,7,13	1,2,3,5	9,10,8,7	2,3,7、8,12	1,2,3、5,7,8	1,2,3,4、5,6,7,8、13,14
热固性塑料	2,3,7	2,3,7,9	1,2,9	1,2,3	2,7,8,9	8,2,7	2,3,5,8	
热塑性塑料	7,9,2	2,3,7、9,13	2,7,9	2,8,7	9,7,10,8	2,7,8、12,13		
橡胶制品	9,10,7	9,7,2,10	9,10,2	2,8,9	9,10,7			
玻璃、陶瓷	2,7,9	2,3,7	1,2,3	2,3,7,8,12				
木材、纸张	1,5,2、9,11	2,7,9、11,13	11,2、9,13					
织物、皮革	5,7,9	9,10、12,13						
泡沫塑料	7,9,11,2							

注：1—环氧-脂肪胺胶　2—环氧-聚酰胺胶　3—环氧-聚硫胶　4—环氧-丁腈胶　5—酚醛-缩醛胶　6—酚醛-丁腈胶　7—聚氨酯胶　8—丙烯酸酯类胶　9—氯丁橡胶胶　10—丁腈橡胶胶　11—乳白胶　12—溶液胶　13—热熔胶　14—无机胶。

各种材料常用的胶粘剂见表2-2所示。

表2-2　各种材料常用的胶粘剂

材料名称	常用的胶粘剂	材料名称	常用的胶粘剂
钢　铁	环氧-聚酰胺胶、环氧-多胺胶、环氧-丁腈胶、环氧-聚砜胶、环氧-聚硫胶、环氧-尼龙胶、环氧-缩醛胶、酚醛-缩醛胶、酚醛-丁腈胶、第二代丙烯酸酯胶、厌氧胶、α-氰基丙烯酸酯胶、无机胶	铝及其合金	环氧-聚酰胺胶、环氧-缩醛胶、环氧-丁腈胶、环氧-脂肪胺胶、酚醛-缩醛胶、酚醛-丁腈胶、第二代丙烯酸酯胶、α-氰基丙烯酸酯胶、厌氧胶、聚氨酯胶

材料名称	常用的胶粘剂	材料名称	常用的胶粘剂
铜及其合金	环氧-聚酰胺胶、环氧-丁腈胶、酚醛-缩醛胶、第二代丙烯酸酯胶、α-氰基丙烯酸酯胶、厌氧胶	有机玻璃	α-氰基丙烯酸酯胶、聚氨酯胶、第二代丙烯酸酯胶
不锈钢	环氧-聚酰胺胶、酚醛-丁腈胶、聚氨酯胶、第二代丙烯酸酯胶、聚苯硫醚胶	聚苯乙烯	α-氰基丙烯酸酯胶
镁及其合金	环氧-多胺胶、酚醛-丁腈胶、α-氰基丙烯酸酯胶、聚氨酯胶	ABS	α-氰基丙烯酸酯胶、第二代丙烯酸酯胶、聚氨酯胶、不饱和聚酯胶
钛及其合金	环氧-聚酰胺胶、酚醛-缩醛胶、第二代丙烯酸酯胶	硬聚氯乙烯	过氯乙烯胶、酚醛-氯丁胶、第二代丙烯酸酯胶
镍	环氧-聚酰胺胶、酚醛-丁腈胶、α-氰基丙烯酸酯胶	软聚氯乙烯	聚氨酯胶、第二代丙烯酸酯胶、PVC胶
铬	环氧-聚酰胺胶、酚醛-丁腈胶、聚氨酯胶	聚碳酸酯	α-氰基丙烯酸酯胶、聚氨酯胶、第二代丙烯酸酯胶、不饱和聚酯胶
锡	环氧-聚酰胺胶、酚醛-缩醛胶、聚氨酯胶	聚甲醛	环氧-聚酰胺胶、聚氨酯胶、α-氰基丙烯酸酯胶
锌	环氧-聚酰胺胶	尼龙	环氧-聚酰胺胶、环氧-尼龙胶、聚氨酯胶
铅	环氧-聚酰胺胶、环氧-尼龙胶	涤纶	氯丁-酚醛胶、聚酯胶
玻璃钢(环氧、酚醛、不饱和聚酯)	环氧胶、酚醛-缩醛胶、第二代丙烯酸酯胶、α-氰基丙烯酸酯胶	聚砜	α-氰基丙烯酸酯胶、第二代丙烯酸酯胶、聚氨酯胶、不饱和聚酯胶
胶(电)木	环氧-脂肪胺胶、酚醛-缩醛胶、α-氰基丙烯酸酯胶	聚乙(丙)烯	EVA热熔胶、丙烯酸压敏胶、聚异丁烯胶
层压塑料	环氧胶、酚醛-缩醛胶、α-氰基丙烯酸酯胶	聚四氟乙烯	F-2胶、F-4D胶、FS-203胶

材料名称	常用的胶粘剂	材料名称	常用的胶粘剂
天然橡胶	天然橡胶胶粘剂、氯丁胶、聚氨酯胶	纸 张	聚乙烯醇胶、聚乙烯醇缩醛胶、白乳胶、热熔胶
氯丁橡胶	氯丁胶、丁腈胶	泡沫橡胶	氯丁-酚醛胶、聚氨酯胶
丁腈橡胶	丁腈胶	聚苯乙烯泡沫	丙烯酸酯乳液
丁苯橡胶	氯丁胶、聚氨酯胶	聚氯乙烯泡沫	氯丁胶、聚氨酯胶
聚氨酯橡胶	聚氨酯胶、接枝氯丁胶	聚氯酯泡沫	氯丁-酚醛胶、聚氨酯胶、丙烯酸酯乳液
硅橡胶	硅橡胶胶	聚氯乙烯薄膜	过聚乙烯胶、压敏胶
氟橡胶	$F_{XY}-3$ 胶	涤纶薄膜	氯丁-酚醛胶
玻 璃	环氧-聚酰胺胶、厌氧胶、不饱和聚酯胶	聚丙烯薄膜	热熔胶、压敏胶
陶 瓷	环氧胶	玻璃纸	压敏胶
混凝土	环氧胶,酚醛-氯丁胶、不饱和聚酯胶	皮 革	氯丁胶、聚氨酯胶、热熔胶
木(竹)材	白乳胶、脲醛胶、酚醛胶、环氧胶、丙烯酸酯乳液胶	人造革	接枝氯丁胶、聚氨酯胶
棉织物	天然胶乳、氯丁胶、白乳胶	合成革	接枝氯丁胶、聚氨酯胶
尼龙织物	氯丁胶乳、接枝氯丁胶、热熔胶	仿牛皮革	聚氨酯胶、接枝氯丁胶、热熔胶
涤纶织物	氯丁-酚醛胶、氯丁胶乳、热熔胶	橡塑材料	聚氨酯胶、接枝氯丁胶、热熔胶

2.2.2 粘接接头的设计

2.2.2.1 粘接接头设计的基本原则

粘接接头设计的基本原则是：（1）保证在粘接面上的应力分布均匀。（2）具有最大的粘接面积，提高接头的承载能力。（3）将应力减少到最小限度,尽可能使接头胶层承受拉力、压力和剪切力,避免承受剥离力和不均匀扯离力。为此,可在胶层边缘采取局部加强的防剥离措施。最好的结构是套接,其次为槽接或斜接。

2.2.2.2 常用粘接接头设计的形式

常用粘接接头的形式和特点见表2-3所示。

表2-3 常用粘接接头的形式和特点

接头形式	特　点	图　示
单一对接接头	粘接面积小,容易形成不均匀扯离力产生应力集中,粘接强度很低,一般不采用	
双盖板对接接头	对接接头的改进型,可提高承载能力,效果好	
双嵌入对接接头	承载能力强,但接头加工困难,只适合厚重件粘接	
单面搭接头	加工简便,粘接容易,易产生应力集中	
双面搭接头	力不易偏心,承载力比单面搭接头好	
镶嵌搭接头	效果和双嵌入对接接头相似	
斜面搭接	应力分布较均匀,加工精度要求高	
角接接头	易受剥离力破坏,只适合传递轻载荷	
补强角接接头	承载能力比角接接头好	

接头形式	特　　点	图　　示
外套接接头	承载能力强,应尽量采用	
内套接接头	承载能力强,应尽量采用	
T型接头	粘接强度低,一般不采用,如改变采用支撑接头或插入接头,效果较好	
管材接头	采用套对接,内套接,外套接形式粘接强度较好,效果好	
棒材接头	采用嵌接、镶销形式粘接效果好	

接头形式	特　点	图　示
复合接头	（1）胶铆和胶螺——一种类型是先粘接接头再在需要的部位加几个铆钉或螺钉,这种方法强度较高;另一种类型是先定好铆接位置,钻好孔,粘接后再进行铆接,最后固化,这种方法能使粘接零件相互位置的准确性得到保证。 （2）胶焊复合连接——这种方法可简化工艺,使粘接接头应力分布均匀,保证接头的密封,并能降低成本。该工艺可采用先涂胶后点焊,或先点焊后灌胶	

2.2.3　粘接工艺

2.2.3.1　被粘接材料的表面处理

被粘物要获得牢固粘接强度的首要条件是胶粘剂对被粘物的完全浸润,这就要求被粘物要有最佳的表面状态,使之与胶粘剂形成的粘接力超过胶层的内聚力,从而有效地提高粘接强度和耐久性。因此,被粘材料的表面处理是决定胶接接头的强度和耐久性的主要因素。

表面处理的作用主要有三个方面:除去妨碍粘接的污物及疏松质层,提高表面能和增加表面积。

根据以上这三个方面的要求,为了保证粘接强度以及使表面层具有一定的粗糙度,有力地增加界面作用力等,表面处理具体包括:表面清洗、机械处理、化学处理、偶联剂处理等过程,根据粘接接头最终的强度要求,可采取上列全过程,也可采取其中一、两个过程。

2.2.3.1.1　金属材料的表面处理

（1）表面清洗　表面清洗的作用在于除去油垢和灰尘等,粘接件特别是金属粘接件,经过贮存、机械加工,经常带有油层和污垢。油垢的存在严重地影响胶粘剂对被粘物表面的浸润,油层、污垢清除不净是造成粘接失败的主要原因之一,常用除油方法见表2-4所示。

表 2-4 常用的除油方法

材　料	化学处理剂配方(质量份)		处　理　工　艺
铝及铝合金	重铬酸钠 浓硫酸(相对密度 1.84) 水	1.0 84 906	60~65℃ 10~15 min
	浓盐酸(相对密度 1.19) 水	1 1	常温 5~10 min
碳　钢	重铬酸钠 浓硫酸 水	20 50 150	75℃,10 min
不锈钢	浓盐酸(相对密度 1.19) 过氧化氢 30% 六亚甲基四胺 水	2 1 5 15	65~70℃ 5~10 min
铜及铜合金	三氯化铁溶液(42%) 浓硝酸 水	18 32 200	常温 1~2 min
锌及镀锌铁板	浓盐酸(或冰醋酸) 水 铬酸	20 80 10	常温 2~4 min
镁及镁合金	无水硫酸钠 水	0.05 100	常温 3 min
铬铝钢(1)	铬酐 水	198 3785	60~70℃ 3 min
铬铝钢(2)	浓盐酸(相对密度 1.19) 水	100 100	90℃ 1~5 min
钛及钛合金	浓硝酸 氢氟酸(50%) 水	30 5 100	35~50℃ 10~15 min
钨及钨合金	浓硝酸 氢氟酸(50%) 水	30 5 15	常温 1~5 min

材　　料	化学处理剂配方(质量份)		处　理　工　艺
陶瓷、玻璃	三氧化铬 水	20 80	常温 10～15 min
聚乙烯、 聚丙烯等	重铬酸钾 水 浓硫酸(相对密度 1.84)	15 24 300	常温 1 h 或 60～70℃ 10～20 min
含氟塑料	金属钠 精萘 四氢呋喃	25 g 128 g 1 L	常温 10～15 min
橡胶制品	浓硫酸(85%～90%)		常温 5～10 min (天然胶),10～15 min (合成胶),再用 10% 氨水中和 5 min,以水 清洗后再中和
聚酯薄膜	氢氧化钠(20%)溶液(Ⅰ) 氯化亚锡溶液(Ⅱ)		在 80℃浸 5 mim 后,再在Ⅱ号液中浸 5 min
新混凝土表面	硫酸锌或氯化锌(15%～20%)溶液用稀 乙酸或盐酸水洗		刷洗数次 中和 干燥
旧混凝土表面	氢氧化钠溶液10% 盐酸　　　10 份 水　　　　4 份		清洗除油 冲洗 干燥

① 汽油清洗:适于要求不太高的粘接件或者油垢严重的粘接件的清洗。

② 有机溶剂清洗:对于被粘面积小而且数量少的零件,一般采用丙酮、乙酸乙酯等清洗,对于大批量的小型粘接件,可在三氯乙烯蒸气槽中处理,但成本较高。

③ 碱处理,适于大部件、大批量生产,成本较低。

碳钢及合金钢处理时常用配方:磷酸三钠 40~60 g,硅酸钠 25~65 g,氢氧化钠 9~12 g,水 1 L,在上述溶液中于 60~70℃下处理 8 min 后,用自来水冲洗并干燥。

铝、镁及其合金处理时常用的碱液配方:可用 5% 氢氧化钠溶液于 50~60℃下处理 13 min,然后用水冲洗并干燥。

(2)机械处理 机械处理有利于表面洁净,并形成一定粗糙度,常用的机械处理方法有:钳工刮削、刨削或用喷砂、砂布、砂轮打磨以及钢丝刷、粗锉打等。如碳钢的表面常采用喷砂处理,喷砂后的表面可稍稍再处理一下,即可粘接,效果好。

(3)化学处理 当要求较高的粘接强度或粘接难粘的特殊材料,往往采用化学处理,可改善粘接性能,提高粘接强度。

化学除锈是将金属在活性溶液中进行化学腐蚀处理,不仅能使表面活化或钝化,还能在金属表面形成具有良好内聚强度的表面氧化层,这对形成牢固的粘接非常有利。

化学除锈有化学侵蚀和电化学侵蚀两种:

(a)化学侵蚀:钢铁材料表面的锈蚀层主要成分是 Fe_2O_3,也有些是 FeO,其质地疏松,必须在粘接之前除去。通用化学侵蚀是用无机酸(如硫酸、盐酸或其他混合酸)处理。钢铁材料被硫酸处理时发生下列反应:

$$FeO + H_2SO_4 = FeSO_4 + H_2O$$

$$Fe_2O_3 + 3H_2SO_4 = Fe_2(SO_4)_3 + 3H_2O$$

$$Fe + H_2SO_4 = FeSO_4 + H_2 \uparrow$$

通过这些反应使氧化物变成可溶盐而清除掉。实验证明,硫酸浓度 20%,盐酸 15% 左右,混酸各为 10% 左右,除锈效果较好。根据铁锈多少,酸的浓度还可降低,温度一般不超过 40℃。为了尽可能减缓对基体的侵蚀,常加入各种缓蚀剂,如甲醛、六亚甲基四胺等。清除铸件表面的铁锈常需添加少量氢氟酸,使表面夹杂的砂粒(SiO_2)转化成

氟硅酸 H_2SiF_6 而被溶解,氢氟酸的加入量为 20%。

有的金属用化学方法处理后其表面形成一层结实、均匀的活性表面层,可以大大提高其胶层的粘接强度。

常见金属化学处理法如表 2-5 所示。

表 2-5 常见金属化学处理法

金属种类	侵蚀液/(g/L)		温度/℃	时间/min
钢　铁	浓硫酸 若丁	200 3～5	30～50	1～3
	盐酸 若丁	400～5 000 3～5	20～40	1～3
不锈钢	浓硝酸 氢氟酸	200～400 3～5	20～40	1
铜及铜合金	盐酸	37%	20～30	0.5～1
	浓硫酸	100～150	20～30	0.5～1
铝及铝合金	氢氧化钠	10%	80～100	0.5～1
	浓硫酸		20～30	0.1～0.2

化学处理之后,必须用热、冷水反复冲洗多次,清除残液,再进行干燥。金属表面处理后,不可久放,最好立即粘接,尤其是钢应在 4 h 内进行粘接。各种金属表面处理的有效期是不同的,如表 2-6 所示。

表 2-6 金属表面处理的有效期

材　料	表面处理方法	有效期	材料	表面处理方法	有效期
铝	湿研磨	3 d	不锈钢	硫酸腐蚀	30 d
铝	硫酸-铬酸	6 d	钢	喷砂	4 h
铝	电解氧化(阳极化)	30 d	黄铜	湿研磨	8 h

(b) 电化学侵蚀：电化学侵蚀是将金属放在电解槽中作为电极（阴极或阳极），在直流电的作用下，借助金属的电化学和化学溶解及金属上析出的气泡将表面的氧化层清除，把处理的金属作为阳极时，在电流作用下，金属表面析出氧气泡；作为阴极时析出的是氢气泡。

电化学侵蚀法速度快，酸液消耗少，且可以处理合金钢等。阳极侵蚀用的电解液是 15%～20% 的硫酸溶液，温度 10～30℃，电流密度5～10 A/dm^2。

2.2.3.1.2　非金属材料的表面处理

非金属材料包括橡胶、塑料、玻璃、木材等，尤其是高分子材料，如聚四氟乙烯、聚丙烯、聚乙烯等表面能低，很难完全被浸润，必须表面处理后才能粘接。

非金属的表面处理有以下几种：

（1）机械处理：用砂纸打磨，去除表面的油污、脱膜剂、增塑剂等，然后涂胶粘接。

（2）物理处理：用电场、火焰等物理手段对被粘物进行表面处理，主要用于非极性高分子材料。其设备造价高，处理工时高，但效果较好。

① 火焰处理　用燃烧的气体火焰在被粘物表面进行上瞬时灼烧，使其表面氧化，得到含碳的极性表面。如氧乙炔火焰处理聚乙烯、聚丙烯后，就可以用普通胶粘剂进行粘接施工。

② 放电处理　在真空或惰性气体环境中，对非金属材料进行高压气体放电处理，使其表面氧化或交联而产生极性表面，根据不同的装置可分为电晕、接触、辉光等放电法。尤其适用于聚烯烃材料。

③ 等离子放电　等离子处理是用无电极的高频电场连续不断地提供能量，使等离子室内的气体分子激化成带正电离子和电子的等离子体，这些等离子以几百至几千毫升/分钟的气流速度碰撞要处理的材料表面，使其生成极性层，这种方法适用范围极广，可以处理所有高分子材料，但设备造价较高，一般难以应用。

(3) 化学处理：非金属材料的化学处理是用酸、强氧化剂等将其表面的一切油污杂质清除掉,或将非极性表面通过氧化作用生成一层含碳极性物质以增强粘接效果,常用方法见表 2 - 7。

表 2 - 7　非金属材料化学处理法

材料种类	处　理　液	温度/℃	时间/min	后　处　理
玻璃、陶瓷	重铬酸钠　　66 浓硫酸　　　66 水　　　　1 000	70	10	用 5% 稀盐酸清洗,水冲烘干
聚乙烯	重铬酸钾　　4.5 浓硫酸　　　87.5 水　　　　　8	25	5	用 5% 稀盐酸清洗,水冲烘干
	浓硫酸　　　300 重铬酸钾　　25 水　　　　　15	25	1～2	
硅橡胶 硅塑料	南大 - 42,南大 - 73表面活性剂处理 KH - 550 等偶联剂涂敷	25		晾干
普通橡胶	脱脂打磨后,浸于浓硫酸 1 000 mL,硫酸锂 50 g 配成的糊状瓶中 脱脂打磨后,浸入 85%～95% 浓硫酸中	25	30 5～10	水洗烘干
聚甲醛	浓硫酸　　　300 重铬酸钾　　25 水　　　　　15	25	0.2～0.4	用 5% 稀盐酸清洗,水冲烘干
涤纶薄膜	先浸于氢氧化钠水溶液(30%)中,再用氯化亚锡(50%)溶液浸泡	60 25	5 5	水洗烘干

（4）辐射接枝处理：对于非极性聚合物，为了增加表面极性，有利于胶粘剂浸润，可以用极性单体如 MMA－MA/VAc 等经过^{60}Co 辐射后，使表面能提高，聚乙烯、聚丙烯、氟塑料等非极性材料都能用此法处理。

2.2.3.2 配胶

（1）对于单组分胶粘剂，一般是可以直接使用的，但是一些相容性差、填料多、存放时间长的胶粘剂会沉淀或分层，在使用之前必须要搅拌混合均匀。若是溶剂型胶粘剂因溶剂挥发而粘度变大，还得用适当的溶剂进行稀释。

（2）对于双组分或多组分胶粘剂，配制时必须准确称取各组分的重量，要求计算正确，衡器校准，一般要求称量误差不超过 2%～5%，各组分必须比例准确，搅拌均匀，以保证较好的粘接性能。

（3）每次的配制量要根据不同胶的适用期、季节、环境温度、施工条件和实际涂胶量的多少而定。

配胶时一定要做到各组分搅拌均匀，所用的容器和工具必须干燥洁净。每次配胶量尽量少一些，用完再配；用导热性好，面积大，深度小的容器配胶。配胶的场所宜明亮干燥，灰尘尽量少，应有适当的通风设备，排除有毒有害气体。

配胶原则上应由专人负责，应有适当的技术监督，以保证获得优质合格的胶粘剂。配胶时应详细作好所有组分的批号、重量、配制温度及其他各种工艺参数的记录，以便随时备查。

2.2.3.3 涂胶

所谓涂胶就是以适当的方法和工具将胶粘剂涂布在被粘物表面。涂胶操作正确与否，对粘接质量有很大影响，涂胶的难易与粘度的大小有很大的关系。对于无溶剂胶粘剂，如果本身粘度太大，或因温度较低变得粘稠而造成涂布困难，可将被粘物表面用电吹风预热至 40～50℃，使涂布后的胶粘剂粘度降低，易于流动湿润被粘表面。如果是溶剂型胶粘剂，粘度过大，可用适当的溶剂进行稀释，再进行涂布，有利于湿润。

涂胶的遍数由胶粘剂和被粘物的性质不同而定。像无溶剂环氧胶和致密被粘物，一般涂上 1 次胶即可。而多数的溶剂型胶粘剂，如多孔性被粘物，需要涂胶 2～3 次。对于多次涂胶，要注意操作时一定要在第一次涂胶基本挥发之后方能进行下次涂胶，不可操之过急。否则残余溶剂留在胶层中会大大降低粘接强度。

涂胶量与涂胶层数因不同种类的胶粘剂和被粘物的种类有关。对于结构粘接，在胶层完全浸润被粘物表面的情况下，一般胶层越薄越好。因为胶层越薄，缺陷少，变形小，收缩小，内应力小，粘接强度也越高。胶层宜薄勿厚，胶层过厚非但无益反而有害，一般认为胶层厚度控制在 0.08～0.15 mm 为宜。

涂胶的方式因胶粘剂的形态不同而异，主要有以下几种：

（1）刷涂法：使用毛刷（也可用玻璃棒）将胶粘剂沿一个方向涂于粘接表面，不要往复，速度要慢，以防产生气泡。其优点是使用方便，无需特殊设备，能适用于各种复杂零件的粘接。缺点是涂布厚薄不均匀，生产效率低。

（2）刮涂法：使用刮板将粘度大的胶粘剂或糊状胶涂于粘接面上，应刮平涂均。其优点是方法简单，效果较好。缺点是涂敷厚度不均匀，质量不够稳定。

（3）辊涂法：使用胶辊将胶均匀地涂于粘接表面。其优点是工效高，胶层均匀，易于操作自动化。

（4）喷涂法：使用特制喷枪，借助干燥压缩空气，将胶液喷射到粘接表面上。其优点是涂胶速度快，易于实现自动化，适宜大面积粘接和大规模生产。缺点是喷出的胶雾对操作人员身体有害。

（5）浸胶法：将被粘接部位浸入胶液之中，挂上胶液，用于螺钉固定，棒材或板材端部粘接。

（6）注胶法：用注射器将胶液注入粘接缝隙中。这种方法既简单又实用，适用于先点焊后注胶及密封堵漏。

（7）漏胶法：使胶液由贮器小嘴均匀连续漏入粘接面上，效率高，质量好，适于连续化生产。

（8）滚胶法：在宽阔平坦物件表面涂胶时，用胶辊操作更方便些，胶液质量好，操作简单，效率高。胶辊常用羊毛、泡沫塑料和海绵橡胶等多孔性吸附材料制成。这类辊子长期接触溶剂型胶粘剂，容易腐蚀变形，因此更适于滚涂乳胶型水性胶粘剂。操作时先在平盘上滚以胶液，再施加轻微压力，然后覆于被粘物表面上。滚涂的胶膜比较均匀，无流挂现象，但边角不易滚到，需要用刷子补刷。适宜连续化大生产。

（9）热熔涂胶法：使用专门的热熔胶枪将胶加入枪体加热熔融，然后从枪头挤出到被粘接表面上，再迅速搭接即可。此法效率高，速度快。

2.2.3.4 晾置

胶粘剂涂敷后晾置与否，晾置时间长短都因胶的品种不同而异。对于无溶剂的环氧胶粘剂，一般无需晾置，涂胶后可立即叠合。如果晾置，也只能是 2～3 min。否则时间长了会降低粘接强度。对于快速固化胶粘剂，如 α-氰基丙烯酸酯（502 胶等），晾置时间越短越好，如表 2-8 所示。

表 2-8　502 胶晾置时间对粘接强度的影响

被粘材料	拉伸强度/MPa						
	1 s	30 s	60 s	3 min	5 min	10 min	15 min
硬聚氯乙烯	35.0	33.9	24.1	12.8	7.6	3.6	1.8
ABS	18.0	17.6	17.2	10.0	6.5	3.0	1.4
铁	14.3	14.0	13.0	11.3	9.5	5.5	2.5

对于含溶剂的胶粘剂，涂胶后必须晾置，切勿立即叠合，如含橡胶和塑料等高分子材料的胶粘剂，应采用多次涂胶，并且每涂一层晾置 20～30 min，以保证溶剂充分挥发，以免胶层产生气泡。

晾置的环境应通风良好、清洁、干净,特别是湿度低些为好,不然胶层表面凝聚水汽会影响粘接强度。

2.2.3.5　粘接

粘接是将涂胶后或经过适当晾置的被粘表面叠合在一起的过程。对于液体无溶剂的胶粘剂,粘接后最好错动几次,以利于排出空气,紧密接触,对准位置。对于溶剂型胶粘剂,粘接时一定要看准时机,过早过晚都不好,一些初始粘接力大或固化速度极快的胶粘剂,如氯丁胶粘剂、聚氨酯胶、502胶等粘接时要一次对准位置,不可来回错动。粘接后适当按压、锤压或滚压,以赶除空气,密实胶层。

粘接后以挤出微小胶圈为好,表示不缺胶,如果发现有缝隙或缺胶,应补胶填满。

2.2.3.6　固化

固化又称硬化,对于橡胶型胶粘剂也叫硫化,是胶粘剂通过溶剂挥发、熔体冷却、乳液凝聚的物理作用或交联、接枝、缩聚、加聚、氧化、硫化的化学作用,使其变为固体,并且产生一定强度的过程。固化是获得良好粘接性能的关键过程,只有完全固化,强度才会最大。

固化可分为初固化、基本固化、后固化。在室温下放置一段时间达到一定的强度,表面已硬化,不发粘,但固化并未结束,此时称为初固化或凝胶。再经过一段时间,反应基团大部分参加反应,达到一定的交联程度,称为基本固化。后固化是为了改善粘接件的性能或因工艺过程需要而对基本固化后的粘接件进行的处理。一般是在一定的温度下,保持一段时间能够补充固化,进一步提高固化程度,并可有效地消除内应力,提高粘接强度。对于粘接性能要求高的情况或具有可能的条件都要进行后固化。

为了获得固化良好的胶层,固化过程必须在适当的条件下进行。

固化条件包括温度、压力、时间,也称固化过程三要素。

(1) 固化温度:固化温度是指胶粘剂固化时所需的温度。胶粘剂固化都需要一定的温度,只是胶粘剂品种不同,固化温度不同而已。有的能在室温固化,有的需要高温固化,有的可在低温固化。

温度是固化的重要因素,不仅决定固化反应完成的程度,而且也关系固化过程进行的快慢。每种胶粘剂都有特定的固化温度,低于此温度是不会固化的,适当地提高温度会加速固化过程,并且提高粘接强度。即使是室温(18～30℃)固化的胶粘剂,如能加温固化,除了能够缩短固化时间,增大固化程度外,还能大幅度提高粘接强度、耐热性、耐水性和耐介质性等。

加热固化升温速率不能太快,升温要缓慢,加热要均匀,最好阶梯升温,分段固化,使温度的变化与固化反应相适当。所谓分段固化就是室温放置一段时间,再开始加热到某一温度,保持一定时间,再继续升温到所需要的固化温度。加热固化不要在涂胶装配后马上进行,需凝胶之后升温。如果升温过早,温度上升太快,温度过高,会因胶的粘度迅速降低使胶的流动性太大而溢胶过甚,造成缺胶,收不到加热固化的有利效果,还会使被粘件错位。

加热固化一定要严格控制温度,切勿温度过高,持续时间过长,导致过固化,使胶层炭化变脆,从而损害粘接性能。

加热固化到规定时间,不能将粘接件立即撤出热源,急剧冷却,这样会收缩不均,产生很大的内应力,带来后患。应缓慢冷却到一定温度,方可从加热设备中取出,最好是随炉冷却到室温。

实践证明,常温固化的胶粘剂,在常温下基本固化后如果再进行适当的加热后固化,粘接强度会明显提高。例如常温固化环氧胶粘剂,常温固化后,再加热到 60～80℃后固化 1 h 效果比单纯常温固化好得多。所以,只要条件允许,常温固化胶粘剂应尽量增加一道加热后固化工序。

加热固化的方法有很多种,可根据实际情况进行选择。

① 电烘箱加热法。这是简单易行的常用方法,温度易于控制,机动灵活,确保质量。此法适用于体积小批量小的粘接件固化。

② 电吹风加热法。此法适用于大型机械局部粘接的加热固化,使用方便灵活,但温度不够均匀,需凭经验控制。

③ 红外线加热法。利用红外线灯泡的钨丝加热到 2500 K 并产生强烈的辐射线,由于红外线可穿透到胶层内部,故在固化过程中的温度里外是一致的,现已有专门的红外线干燥箱可直接使用。

④ 高频电加热法。此法将粘接件置于高频(10~15 MHz)强电场内,由电感产生的热进行加热固化。

⑤ 电子束加热法。它利用阴极产生的电子通过高压加速形成高能电子束照射到胶层上发生聚合或高联反应使之固化。

⑥ 微波加热法。将被粘接件涂胶后在密闭的金属箱中吸收微波产生的热量而固化。

(2)固化压力:胶粘剂在固化过程中施加一定的压力是很有益的,不仅能够提高胶粘剂的流动性、易湿润、渗透和扩散,而且可以保证胶层与被粘物的紧密接触,防止气孔、空洞和分离,还会使胶层厚度更为均匀。

施加压力的大小随胶粘剂的种类和性质不同而异。一些分子质量低、流动性好、固化不产生低分子产物的胶粘剂,例如环氧树脂胶,α-氰基丙烯酸酯胶、快固丙烯酸酯胶,不饱和聚酯胶、聚氨酯胶等,只要接触压力就足够了。所谓接触压力就是由被粘物自身质量所产生的压力,不需要另外施加压力。一些溶剂型胶粘剂,或固化过程中放出低分子物的胶粘剂,如酚醛-缩醛胶、酚醛-丁腈胶、环氧-丁腈胶、环氧-尼龙胶、环氧-聚砜胶等都需要施加 0.1~0.5 MPa 的压力。一些膜状、粉状、带状、粒状的热熔胶,为使湿润良好,在固化过程中应施加 0.3~0.5 MPa 的压力。

加压要均匀一致,施压时机也要合适。当胶流动性尚大时,施压会挤出更多的胶,应在基本凝胶后施压。当加热时流动性增大,此时压力太大,胶粘剂流失严重,会引起位置错动,应随加热的不同阶段逐步增压。

固化加压的方法有:

(1) 接触压力:被粘物自身接触产生的压力。

(2) 配重加压:在被粘物上面加上一定的重物所产生的压力。

(3) 秤杆加压:利用杠杆原理施压。

(4) 弹簧加压:靠弹簧的弹力加压。

(5) 夹头加压:螺旋夹子、虎钳、扳手等简单工具都可起到夹头加压的作用。

(6) 压机加压:利用水压机、油压机施加压力。

(7) 锤压:用木制或金属榔头将被粘部件均匀砸实。

(8) 辊压:以橡胶辊或外粘橡皮的金属辊将被粘部位辊实。

(9) 气袋加压:往橡皮袋内充气,使之压紧被粘件。

(10) 热压罐加压:这是用于装配件固化的一种加热加压的圆筒形装置。

(11) 真空袋加压:用抽真空的方法对袋内的装配件施加压力。

(3) 固化时间:固化时间是指在一定的温度压力下,胶粘剂固化所需的时间。由于胶粘剂的品种不同,其固化时间差别很大。有的室温下可瞬间固化,如 α-氰基丙烯酸酯胶、热熔胶;有的则需几分钟至几小时,如改性丙烯酸酯快固胶、室温快固环氧胶;有的要长达几十小时如室温固化环氧-聚酰胺胶。

固化时间的长短又与固化温度和压力密切相关。升高温度,可以缩短固化时间。降低温度可以适当延长固化时间。不过,要是低于胶粘剂固化的最低温度,无论多长时间也不会固化。

无论是室温固化还是加热固化,都必须保持足够的固化时间才能固化完全,获得最大的粘接强度。此外,控制好温度是固化过程的关键因素。一般室温固化的性能总不如高温固化的性能,固化温度对固化程度有着决定性影响。

各种胶粘剂固化的工艺条件见表 2-9 所示。

表 2-9 各种胶粘剂固化的工艺条件

胶粘剂	压力/MPa	温度/℃	时 间
环氧-脂肪胺	接触	室温	几分钟～1 d
环氧-芳香胺	接触	120～200	几分钟～几小时
环氧-聚酰胺	接触	室温～100	2 d 或 3 h
环氧-聚硫	接触	室温～100	2～24 h
环氧-酸酐	接触	100～200	1～12 h
环氧-尼龙	0.1～0.3	150～170	1～2 h
环氧-缩醛	接触	室温～120	4 h～2 d
环氧-聚砜	0.05～0.1	180	3 h
环氧-酚醛	0.3～0.5	150	12 h
环氧-丁腈	0～0.3	80～180	2～6 h
酚醛-缩醛	0.1～0.5	150～170	1～2 h
酚醛-尼龙	0.3	150～160	1～2 h
酚醛-丁腈	0.1～0.3	160～180	2～4 h
酚醛-氯丁	0～0.1	室温～100	3 h～2 d
酚醛-有机硅	0.3	200	2～3 h
脲醛	1.0～1.5	室温～100	几分钟～几小时
不饱和聚酯	接触	室温～120	几小时
有机硅树脂	0.3～1.0	150～180	2～3 h
聚氨酯	0.05～0.2	室温～100	几小时～几天
α-氰基丙烯酸酯	接触	室温	几秒～几分钟
厌氧	0～0.2	室温	几分钟～几小时
第二代丙烯酸酯	接触～0.1	室温	几十秒～数分钟
白乳胶	接触	室温	5～12 h
聚乙烯醇	接触	室温	10～24 h

胶 粘 剂	压力/MPa	温度/℃	时　间
聚酰亚胺	0.1~0.5	250~300	2~3 h
聚苯并咪唑	0.1~0.5	100~250	2~3 h
聚苯硫醚	0.1~0.2	300~350	3 h
氯丁橡胶	锤压~0.3	室温~140	10 min~2 d
丁腈橡胶	0.2~0.5	室温~180	1 h~3 d
丁苯橡胶	0.05~0.3	室温~150	1~24 h
丁基橡胶	0.05~0.3	室温~160	1~7 d
聚硫橡胶	接　触	室温~100	8 h~几天
硅橡胶	接　触	室温~120	数小时
天然橡胶	0.1~0.3	室温~140	半小时~几小时
热　熔		120~200	几十秒~几分钟
压　敏	指　压	室　温	按压即粘
光　敏	接　触	紫外光照射	几秒~数分钟
无　机	0.05~0.3	室温~300	几小时

2.2.3.7　补强措施

大多数胶粘剂具有良好的剪切和拉伸强度,但是剥离强度和冲击强度较差。为了提高粘接强度与牢固耐久性,可根据被粘接件的具体情况选择可行的粘接补强措施解决。

常用的补强措施有以下几种:

(1) 织物填料补强:以玻璃布、白棉布等织物作为增强材料,浸胶后置于两个被粘接表面之间待固化后实现粘接。如在被粘表面涂胶后粘贴几层玻璃布加固,可以增加粘接面积,提高粘接强度,减少胶液流失,效果较好。一般粘贴玻璃布为1~3层,所用玻璃布应是无碱、无蜡、无捻的玻璃布,厚度为0.05~0.15 mm。玻璃布最好经偶联剂处理过的为佳,对一般玻璃布应在火炉或电炉上烘烤至不冒烟为止(约 1～2 min 或在 300℃烘箱中保持 30 min),以除去石蜡和浆料。操作时,一定要使胶粘剂浸透玻璃布,然后平整地铺贴在需要被粘接物上面,并用毛刷、辊子等工具将其压实,赶走气泡,再重复上层操作,直至达到要求层数,注意四周边缘勿翘起、裂开,最后于表面再涂一层胶粘剂,在室温放置进行冷固化或加热处理。

(2)嵌金属扣和波浪键:对于修复大型铸件的裂缝,单用直接涂胶效果不好,必须采用胶粘剂与金属扣入件结合以增强粘接强度。扣入件有波浪键或金属扣(如图 2-1 和图 2-2),波浪键制作比较复杂一般不常采用。

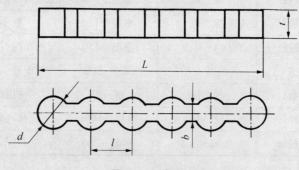

图 2-1　波浪键

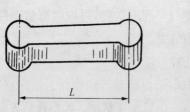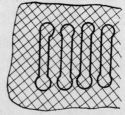

图 2-2　金属扣

对于机件壁厚大于 8 mm,承受 1～6 MPa 压力的机件裂纹或断裂的修复,必须以一定数量的波浪键进行加固增强。

波浪键的尺寸为：颈部宽度：$b = 3 \sim 6$ mm；凸缘直径：$d = (1.4 \sim 1.6)b$；凸缘间距：$l = (2 \sim 2.2)b$；波浪键厚度：$t = (1.0 \sim 1.2)b$；波浪键长度 L：根据凸缘个数来确定。波形槽深度为 $0.65 \sim 0.75$ mm，修复区域的机件厚度相邻两波形槽之间距约为 30 mm，键搭配合间隙为 $0.1 \sim 0.2$ mm。波浪键大都是用高强度合金钢加工制成。

操作时应注意加工波形槽应与机件裂缝的方向垂直，在粘接扣合之前，应对槽内及波浪键的粘接部位进行适当的表面处理，并涂上胶粘剂，将波浪键嵌入槽内。金属扣特别适用于修复大型铸件的裂缝。

（3）钢板覆贴：在机件破损部位的表面贴上一块钢板，贴加的钢板，常用 $2 \sim 6$ mm 厚的低碳钢钢板，外形尺寸比原破损四角各大 $30 \sim 50$ mm。钢板要经过适当的表面处理，涂上胶粘剂，贴合后再用螺钉或电焊加固。

（4）嵌入镶块与螺钉加固：在需要修复的工件上采用镶块的方法带胶装入，再以点焊或螺钉固定，如图 2-3 所示。

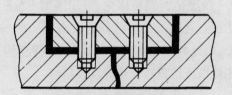

图 2-3　镶块-螺钉加固

嵌入件的形式有燕尾型和键槽型等，嵌入件的宽度 b 通常为工件壁厚的 3 倍，厚度 t 为工件壁厚的 $1/3 \sim 2/3$，如图 2-4 所示。

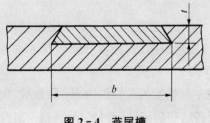

图 2-4　燕尾槽

（5）缠绕玻璃纤维：将涂胶后的玻璃纤维缠绕在管或棒形的修复件上，涂胶固化后成为玻璃钢结构，增强效果好。它主要用于各种管道裂漏的修复。

（6）铁丝网加固：在工件较大孔洞的破损部位用铁丝织成网状加强筋，然后用玻璃布浸胶后覆贴其上，固化后达到修复目的。

2.2.3.8　检验

粘接之后，应当对质量进行认真检验，目前检验方法主要有以下几种：

（1）目测法：检验人员用肉眼或放大镜观察胶层周围有无翘曲、脱胶、裂缝、疏松、错位、炭化、接缝不良等。若是挤出的胶是均匀的，说明不可能缺胶，没有溢胶处有可能缺胶。

（2）敲击法：用圆木棒或小锤敲击粘接部位，从发出的声音判断粘接质量。如果局部无缺陷，则敲击发出的声音清晰，反之声音低沉说明内部有缺陷、气泡。

（3）溶剂法：胶层是否完全固化，可用溶剂去检验。最简单方式是用丙酮浸脱脂棉敷在胶层暴露部分的表面，浸泡 $1\sim 2$ min，看胶层是否软化或粘手，以此判断是否完全固化。如果胶层不软化、不粘手，说明胶已完全固化。此法只适合热固性胶粘剂。

（4）试压法：对于密封件如机体、水套、油管、缸套等的粘接堵漏，可按工作介质和工作压力进行压力密封试验，如果不泄漏即为合格。

（5）测量法：对于尺寸恢复的粘接，可用量具测量是否已达到所要求的尺寸。

（6）声阻法：通过抗声阻探伤仪来测定粘接接头机械阻力的变化。由于试件粘接质量不同，其振动阻抗亦不同，如粘接有缺陷时，则测得的阻抗明显下降。

（7）超声波法：探伤用的超声波为 10^6 数量级，如果粘接接头有缺陷时，超声波就能将这些缺陷反射回来，从而检验出胶层中是否存在气泡、缺陷或脱胶现象。

(8) 液晶检测法:利用不同物质的热传导差异对粘接质量进行检测。探测时将液晶及其填充剂涂于粘接接头表面,然后将其均匀迅速加热,当接头粘接层有缺陷时,由于其密度比热和热传导率不同,从而引起结构对外部热量传导的不一致,造成结构表面温度不均匀,然后利用液晶上的颜色来探测结构的粘接质量。

2.2.3.9 整修

经初步检验合格的粘接件,为了装配容易和外观好看,需进行适当的整修加工,刮掉多余的胶,将粘接表面磨削得光滑平整。也可进行锉、车、刨、磨等机械加工。在加工过程中,要尽量避免胶层受到冲击力和剥离力。

2.2.3.10 粘接特种工艺

粘接-焊接法:

(1) 先胶后焊法:先在粘接面涂胶,后点焊,最后进行固化,采用这种方法对点焊要求较为苛刻,不宜采用电容式和电磁式电焊机,焊接时常采用焊接电流急剧上升的硬脉冲,但焊接电流的脉冲过软也不适宜。脉冲过硬会使焊点周围出现疏松和气孔;过软会使工件过热,并使胶粘剂粘度急剧降低,造成流胶。

涂胶点焊前,两个接合面的间隙不得大于 0.5 mm,焊接后不得大于 0.1~0.3 mm。

(2) 先焊后胶法:将工件先点焊,然后再用注胶器或注胶枪将胶液注入工件缝隙中最后进行固化。先焊后胶法的操作步骤为:① 金属处理;② 打定位孔;③ 打定位铆钉;④ 点焊(用普通焊接方法即可);⑤ 工件变形校正;⑥ 灌胶;⑦ 固化;⑧ 防腐处理;⑨ 成品质量检验。

先焊后胶法,对点焊没有特殊要求,但对胶粘剂的要求却十分苛刻。具体要求主要有以下几点:① 胶粘剂应具有良好的流动性,以便顺利地充满接合面的缝隙。但流动性又不能太好,以不引起胶粘剂的流失为宜。② 胶粘剂不应含溶剂,固化时应无低分子的逸出。③ 由于工件在粘接点焊后还需进一步装配或加工,固化后的胶层应具有足够的韧性和耐冲击性。④ 由于粘接点焊法经常用于大型工件的制造,为了便于施工,胶液的固化温度和压力不宜过高。

（3）胶膜法：在粘接-点焊的接合面中间夹一层胶膜,在需要点焊的部位将胶膜钻(或冲)一个比焊点略大的孔,再进行点焊,最后进行固化。

目前采用较多的是先焊后胶法,已研制出多种专供先焊后胶的胶粘剂,被称为点焊胶。粘接点焊法用于破损工件的修复,如修复铸件的长裂纹、孔洞和薄形钢板的密封结构部位,一般也是先焊后胶。焊点距离通常为 40～60 mm,对受力较大的部位可控制在 30 mm 左右。每个焊点必须要焊透,并且在彻底清除焊渣之后再进行粘接。在修复较长的裂纹时,要避免工件因长时间受热而产生应力收缩,造成再次裂损。另外,对一些较厚的工件应考虑在裂缝上开坡口槽。

2.2.4 粘接中常见的缺陷及解决方法

粘接中常见的缺陷及解决方法见表 2-9 所示。

表 2-9 粘接中常见的缺陷及解决方法

缺陷	产生的主要原因	解 决 方 法
胶层发粘	① 温度太低,未完全固化 ② 固化剂不当,变质或量少 ③ 配胶混合不均 ④ 固化时间不够 ⑤ 溶剂胶粘剂晾胶时间短,叠合过早 ⑥ 增塑剂析出表面 ⑦ 厌氧胶溢出未消除 ⑧ 不饱和聚酯胶表面未覆盖	① 提高固化温度 ② 固化剂合适、优质、适量 ③ 均匀混合 ④ 增加固化时间 ⑤ 合适晾胶时间、叠合时刻 ⑥ 选用相容性好的增塑剂 ⑦ 消除未固化溢胶 ⑧ 用涤纶薄膜覆盖胶表面

缺陷	产生的主要原因	解 决 方 法
胶层粗糙	① 配胶混合不均 ② 胶粘剂变质或失效 ③ 胶粘剂超过适用期 ④ 各组分相容性不好 ⑤ 涂胶温度过低 ⑥ 填料颗粒太大或量多 ⑦ 环境湿度太大	① 均匀混合 ② 改用合格胶粘剂 ③ 改用适用期内胶粘剂 ④ 调配各组分相容性 ⑤ 预热被粘物表面 ⑥ 用细粒度填料,用量适当 ⑦ 通风干燥
胶层太脆	① 未加增塑剂或量少 ② 固化剂用量过大 ③ 固化温度过高,过固化 ④ 固化速度过快	① 加入适量增塑剂 ② 调整固化剂用量 ③ 控制固化温度 ④ 降低升温速度
胶层疏松	① 晾置时间短,包含溶剂(溶剂型胶) ② 一次涂胶太厚 ③ 被粘物表面有水分 ④ 粘度太大,包裹空气 ⑤ 填料未干燥 ⑥ 固化压力不足 ⑦ 环境湿度太大	① 调整晾置时间 ② 多次均匀涂胶 ③ 干燥被粘物表面 ④ 加热或稀释胶粘剂后涂胶 ⑤ 干燥填料,去除水分 ⑥ 调整固化压力 ⑦ 通风干燥或更换场地
胶层太厚且不均匀	① 夹持压力太小 ② 未能连续施压 ③ 固化温度过低 ④ 过期胶粘剂粘度增大	① 检查夹具,适当增压 ② 检查夹具或活动自由度 ③ 调整固化温度 ④ 使用新配制的胶粘剂
胶层太薄	① 夹持压力太小 ② 固化温度过高 ③ 缺胶	① 减小压力 ② 调整温度 ③ 涂胶足够
脱粘	① 表面处理不合格 ② 表面处理后未及时使用 ③ 表面过于粗糙 ④ 胶粘剂不当或变质 ⑤ 晾置时间过长 ⑥ 胶粘剂收缩率太大 ⑦ 胶粘剂粘度过大 ⑧ 重新粘接时未清理干净 ⑨ 脱脂溶剂用量过大	① 严格表面处理 ② 表面处理后立即粘接 ③ 合理粗化表面 ④ 改用合适、合格胶粘剂 ⑤ 调整晾置时间 ⑥ 选收缩率小的胶粘剂 ⑦ 加热或稀释降粘 ⑧ 清除残胶 ⑨ 合理溶剂用量

缺陷	产生的主要原因	解　决　方　法
接头错位	① 装配错位 ② 施压过早 ③ 固化升温速度过快 ④ 未夹持限位	① 调好装配位置 ② 初固化,粘度增大时加压 ③ 分级升温 ④ 夹具定位
接头缝隙	① 接触配合不好 ② 涂胶量不足,遍数少 ③ 粘度太低,胶液流出 ④ 压力太大,胶液挤出	① 接头预先配试 ② 固化前检查,补缺胶 ③ 加增粘剂或减小装配间隙 ④ 均匀、适当压力
余胶多孔	① 胶中搅入多量空气 ② 粘接前溶剂干燥不完全 ③ 胶粘剂含易挥发组分	① 涂胶前真空脱气 ② 增加干燥时间或提高温度 ③ 改用合适胶粘剂

第3章 胶粘剂主要指标的测试

3.1 外 观

胶粘剂的外观是指色泽、状态、宏观均匀性、机械杂质等,它可以直观地评定胶粘剂的品质。

外观检验方法:(1)将 20~50 g 胶粘剂试样倒入 50~100 mL 的玻璃烧杯中,用干燥洁净的玻璃棒或匙勺搅动,然后将玻璃棒或匙勺提起,距烧杯口 5~10 cm 观察胶液是否均匀,是否含有其他机械杂质或凝结物。(2)将装有一定数量的胶粘剂倾斜,然后再将瓶子竖直,观察胶液从瓶子上部沿玻璃瓶壁下流时是否均匀。

3.2 密 度

密度是在特定温度时单位体积物质的质量,其单位为 mg/m^3,它能够反映胶粘剂混合的均匀程度。密度的测定方法有:

(1)比重瓶法:液体胶粘剂相对密度的测定,选用比重瓶法测定最为精确。在精确度为万分之二的天平上,将 25 mL 的比重瓶装满蒸馏水,放入 25℃恒温槽中恒温半小时,称重,再将比重瓶装满待测的液体胶粘剂,放入 25℃的恒温槽中恒温半小时,称重,由此可求得液体胶粘剂的相对密度如下:

$$d = \frac{W}{W_{\text{水}}} \times d_{\text{水}}$$

式中　　$W, W_{\text{水}}$——分别为液体胶粘剂和水的质量；

　　　　$d_{\text{水}}$——25℃蒸馏水密度。

固体胶粘剂也可用比重瓶法，所不同的是，比重瓶中所装入的固体胶粘剂约 $\frac{1}{2} \sim \frac{2}{3}$，然后加满蒸馏水，胶粘剂的相对密度为：

$$d = \frac{W}{W_1 + W - W_2} \times d_{\text{水}}$$

式中　　W——25℃蒸馏水重加瓶重；

　　　　W_1——固体胶粘剂质量；

　　　　W_2——固体胶粘剂加 25℃蒸馏水加瓶重。

对于糊膏状的胶粘剂，相对密度测定比较复杂，当其粘度特别大时，不宜用比重瓶法测定。

(2) 比重计法：将液体胶粘剂沿玻璃棒小心注入玻璃量筒内，试样温度与周围环境温度相差不得超过 ±5℃，然后用手拿住比重计上端，将其放入试样中，勿使其与筒壁接触，将比重计在试样中停止摇动时，按液面接触比重计刻度的上边缘记下读数，含有沉淀物的胶粘剂不适用此法。

(3) 注射器法：取 15～30 mL 医用注射器一支，装满胶粘剂（若为液体，注射器上装粗针头；若为糊膏状，则不装针头），排掉气泡，将胶粘剂注入已经称量过的带磨口锥形瓶中，称重，算出胶粘剂的质量。类似，得出同体积蒸馏水的质量。由此，即可求得胶粘剂的相对密度，计算公式同比重瓶法。

3.3　粘　　度

粘度是胶粘剂内部阻碍其相对流动的一种特性，它是评价胶粘剂质量的一项重要指标。粘度大小直接影响流动性和胶粘强度,粘度过大涂胶困难,对被粘接件润湿性差,粘接强度也差;粘度太小,流胶现象严重,要达到要求的胶层厚度,必须增加涂胶次数,否则会影响粘接强度。

测定胶粘剂粘度,应根据国家标准 GB/T 2794-1995《胶粘剂粘度的测定》进行,常用方法有:

(1) 旋转粘度计法:按试样粘度大小,选用适宜的转子及转速,使读数刻度盘在 20％～85％范围内,然后将盛有试样的容器放入恒温浴中,使试样温度与试验温度平衡,保持试样温度均为25℃±0.5℃;再将转子垂直浸入试样中心,使液面至转子液位标线,开动旋转粘度计,读取转子旋转 60 s±2 s 时的数值,即可得知粘度值。测高粘度试样时,读转子旋转 120 s±2 s 时的读数。每个试样测定三次。

(2) 粘度杯法:先将粘度杯擦干净,要求粘度杯流出孔清洁无污,再将试样和粘度杯放在恒温室中恒温,接着将粘度杯和 50 mL 量筒垂直固定在支架上,流出孔距离量筒底面 20 cm,并在粘度杯流出孔下面放一只 50 mL 量筒。然后用手堵住流出孔,将试样倒满粘度杯,就松开手指,使试样流出,这时记录手指移开流出孔至接受的量筒中试样达到 50 mL 的时间,以流出时间(s)作为试样粘度;接着再做一次测定,二次测定值之差不应大于平均值的 5％。

3.4　不挥发物含量

凡含有溶剂的胶粘剂必须测定组分中的不挥发物含量,以便确定相应的配方。

测定胶粘剂的不挥发物含量,应根据国家标准 GB/T 2793-1995《胶粘剂不挥发物含量的测定》进行。测定方法如下:称取1～1.5 g 试样,置于干燥洁净的称量容器中,将容器置于通风橱中,用 250 W 红外灯加热(控制灯下温度不超过试验温度),干燥至试样不流动后,放入已按试验温度调好的鼓风恒温箱内加热 1.5 h(以丙酮、乙酸乙酯、乙醇等作溶剂者为 80℃±2℃,以甲苯、汽油等溶剂者为 110℃±2℃),取出放入干燥器中,冷却至室温,称重。然后再次将试样放入鼓风恒温箱烘箱内加热 0.5 h。取出,放干燥器中冷却至室温,称重,试验至两次称重的质量差不大于 0.01 g 为止(全部称量准确至 0.001 g)。

不挥发物含量 X(%)按下式计算:

$$X = \frac{G_1}{G} \times 100\%$$

式中　　G_1——干燥后试样的质量(g);

　　　　G——干燥前试样的质量。

试验结果取两次平行试验数值的平均值,两次平行试验数值之差应不大于 1%。

3.5　pH　值

pH 值是氢离子浓度指数的简称,是表示氢离子浓度的一种简便方法,定义为氢离子活度的常用对数的负值,即 $pH = -\log_a[H^+]$,pH 值愈小,酸性愈强;pH 值愈大,碱性愈强。测定胶粘剂的 pH 值可以知道胶粘剂酸碱性大小,如果含有酸性物质会引起金属的腐蚀,选用时必须注意。

测定 pH 值最简单的方法是用 pH 试纸,根据不同的变色,对照标准色板直接读出,但这种方法只适用于水基或乳液胶粘剂,而且也不够准确。采用玻璃电极酸度计测定 pH 值最为准确,可执行 GB/T 14518－1993《胶粘剂的 pH 值测定》。

玻璃电极酸度计法适用于水溶性、干性或不含水介质以及能溶解、分散和悬浮在水中的胶粘剂的 pH 值测定。pH 测定步骤如下:

(1)测定时按酸度计说明书的要求浸泡玻璃电极,用与试样 pH 值相近的两种缓冲溶液校正酸度计。

(2)用量筒量取 50 mL 试液倒入杯中,当试样粘度大于 20 Pa·s

时,用量筒量取 25 mL 试样和等体积蒸馏水用玻璃棒搅拌均匀作为 pH 测定用试液;干性胶粘剂则称取 5 g 粉碎胶粘剂试样于烧杯中,加入 100 mL 蒸馏水,回流约 5 min 后,作为测 pH 值用试液。

（3）将盛试液烧杯放入恒温浴中至温度达到稳定后,将用蒸馏水及试液先后洗涤的玻璃电极和甘汞电极插入试液中测定 pH 值。

（4）连续测 3 个试液,其 pH 值相差不大于 0.2,否则重新测定。测定结果取 3 次测定的算术平均值(其数值修约到 1 位小数)。

3.6　适　用　期

胶粘剂的适用期是配制后的胶粘剂能维持其可用性能的时间。适用期是化学反应型胶粘剂和双液型橡胶胶粘剂的重要工艺指标。通过胶接强度、粘度的测定确定其在规定条件下的适用期,可执行 GB/T 7123.1 - 2002《胶粘剂适用期的测定方法》。

3.6.1　胶粘剂适用期测定步骤

（1）把待测胶粘剂的各组分放置在 23℃±2℃ 试验温度下至少停放 4 h。

（2）胶粘剂配制及计时在比配胶量大 1/3 体积的 G17 低型烧杯中,按胶粘剂配制使用说明书配制不少于 250 mL 的胶粘剂,在各组分充分混合后即计时,作为胶粘剂适用期的起始时刻。

（3）把配制好的胶粘剂尽快地均分成若干份(不少于 5 份),保存在 60 mL 的带盖小容器内,至少充满容器体积的 3/4。每个容器中的胶粘剂试样供测定一个粘度值和制备一组粘接试样。

（4）制备胶接试样,按胶粘剂使用说明书规定进行。

（5）从适用期起始时刻起,经一定的时间间隔重复进行粘度测定和制备粘接试样。

（6）当胶粘剂初始粘度或粘接强度中有一项无法测定时,允许只进行单项试验。

3.6.2 胶粘剂适用期的确定

按上述测定步骤试验后,把胶粘剂粘度和胶接强度对时间作图,以粘度迅速突变上升的时间和胶接强度下降到指标值以下的时间中较短的时间确定为胶粘剂的适用期。对于混合时放热量较多的胶粘剂,其一次混合物量一般以 25 g 为宜。对于放热量较小的溶剂型胶粘剂,若它的近似适用期约为 8 h,则混合物量以 500 mL 为宜。

3.7 固 化 速 度

胶粘剂固化速度是研究胶粘剂固化条件的主要数据,可作为检验胶粘剂成品性能、鉴定配方是否正确的一项简单易行的方法。

ASTM D-1144 和 ASTM D-987 都规定了固化速度的测定方法。

固化速度的测定方法:将 0.5~2 g 胶粘剂试样放在恒温的加热板上,温度一般为 150℃,自始至终应该保持恒温,并用玻璃棒不断搅拌,观察胶粘剂加热固化的情况,直至胶液固化完成,即玻璃棒无法搅动了。

根据胶液转为不熔状态所需的时间,就是胶粘剂的固化速度。

3.8 贮 存 期

胶粘剂的贮存期是在一定条件下,胶粘剂仍能保持其操作性能和规定强度的存放时间。通过测量胶粘剂贮存前后的粘度和粘接强度的变化,达到测定贮存期的目的。测定可按 GB/T 7123-2002《胶粘剂贮存期的测定方法》进行。

胶粘剂贮存期测定步骤:

(1) 将密闭待测试样存放于 23℃±2℃的恒温箱中,或按胶粘剂使用说明书中所规定的条件存放。

（2）将其中一个以分装试样的容器，在存放开始时立即置于试样测定条件下，至少停放 4 h。

（3）按胶粘剂配制使用说明书配制胶粘剂。

（4）按胶粘剂使用说明书的规定制备胶接试样，并按相应的国家标准进行胶接强度的测定。

（5）在存放期间，以一定的时间间隔，分别取以分装的试样，按以上步骤进行操作（至少 2 次）。

试验结果以胶粘剂仍能保持其操作性能和规定强度的最长存放时间为贮存期的极限值，以时间单位（年、月、日均可）表示。

3.9 耐化学试剂性能

耐化学介质是胶粘剂使用的耐久性指标之一。GB/T 13353 - 1992 规定了胶粘剂耐化学试剂性能的测定方法。该方法利用胶粘剂粘接的金属试样在一定的试验液体中，一定温度下浸泡规定时间后粘接强度的降低衡量胶粘剂的耐化学试剂性能。本方法适用于各种类型胶粘剂。

3.9.1 试验条件

（1）在下列的推荐温度选择浸泡温度：$23℃\pm2℃$、$27℃\pm2℃$、$40℃\pm1℃$、$50℃\pm1℃$、$70℃\pm1℃$、$85℃\pm1℃$、$100℃\pm1℃$、$125℃\pm2℃$、$150℃\pm2℃$、$175℃\pm2℃$、$200℃\pm2℃$、$225℃\pm3℃$、$250℃\pm3℃$。

（2）在下列的推荐时间里选择浸泡时间：$24_{-0.25}^{0}$ h、70_{0}^{+2} h、168 h$\pm$2 h、168 的倍数。

（3）试验液体的体积应不少于试样总体积的 10 倍，并确保始终浸泡在试验液体中。

（4）试样液体只限于使用一次。

（5）试样配制后的停放条件、试验环境、试验步骤、试验结果的计算均应按使用的测定方法标准的规定。

3.9.2 试验液体

(1) 矿物油中的芳香烃含量是造成胶粘剂溶胀的主要原因,在不同产地、不同批次的同种牌号的商品油中,芳香烃含量也可能不同,因此商品油不能直接用作试验液体。

(2) 耐烃类润滑油的溶胀性能试验应在橡胶标准试验油 1 号、2 号、3 号中选择试验液体,所选用的标准试验油其苯胺点应最靠近商品油的苯胺点。橡胶标准试验油应符合表 3 - 1 的规定。

表 3 - 1　橡胶标准试验油理化性能

项　　目	理化性能指标		
	1 号	2 号	3 号
苯胺点/℃	124±1	93±3	70±1
运动粘度(m²/s)(×10⁻⁶)	20±1	20±2	33±1
闪点(开口杯法)/℃	243	240	163

注:1 号、2 号试验油运动粘度的测量温度为 99℃;3 号试验油为 37.8℃。

(3) 橡胶标准试验油的理化性能测定按 GB 262、GB 256 及 GB 267进行。

(4) 耐化学试剂试验应用采用产品使用时所接触的同样浓度的化学试剂。

(5) 蒸馏水

除本章所列出试验液体外,只要生产者和用户双方同意,可采用其他液体。

3.9.3 试验步骤

(1) 把试验液体倒入容器内,倒入的量应符合试验条件中(3)的规定。

(2) 把一组试样放入容器内,每个试样沿容器壁放置。

(3) 合上容器盖至完全密封,做高温试验时先调节恒温箱,使恒温箱温度达到试验条件中(1)规定的温度,将容器放入恒温箱内再开始计时。

（4）浸泡时间应符合试验条件中（2）的规定。

（5）常温试验时，每隔 24 h 轻轻晃动容器，使容器内部试验液体的浓度保持一致。

（6）达到规定时间后从容器取出试样，高温试验时，应先从恒温箱内取出密闭容器，冷却至室温后再取出试样。

（7）当试验液体是第（2）中试验油时，用合适有机溶剂洗净试样上的介质。当试验液体是第（3）中试剂时，用合适有机溶剂或蒸馏水洗净试样上的试剂，用干净的滤纸擦干试样。

（8）按试验条件中（5）规定试样的强度并计算算术平均值。

（9）在和试验步骤（3）条相同温度下，把另一组试样在空气中放置和试验步骤（4）相同的时间后，按试验条件（5）条测定试样的强度并计算算术平均值。

3.9.4　试验结果

胶粘剂耐化学试剂强度变化率 $\Delta\delta(\%)$ 按下式计算

$$\Delta\delta = \frac{\delta_0 - \delta_1}{\delta_0} \times 100\%$$

式中　　$\Delta\delta$——胶粘剂耐化学试剂强度变化率（%）；

δ_0——在空气中放置后试样强度的算术平均值；

δ_1——经化学试剂浸泡后试样强度的算术平均值。

计算结果精确到 0.01。

3.10　胶粘剂的老化试验

胶粘剂在使用过程中，因各种环境因素及介质的作用，会使胶粘剂的各种性能降低和破坏，从而使胶粘剂发生老化现象。

胶粘剂老化试验方法主要有大气老化、大气加速老化、湿热老化、人工模拟气候加速老化和盐雾试验等常用的一些老化试验方法。

3.10.1　大气老化试验

根据试件的使用范围，大致可在湿热与寒冷地区或亚热带气候区与高原气候区设立暴晒场地。

大气老化试验方法如下：

（1）试验前先将暴晒架安装在指定的地点，暴晒架一般用钢材经焊接制成，涂浅灰色或草绿色保护漆。

（2）将试样用不锈金属丝固定在暴晒架上，试样之间距离不小于10 mm。

（3）试样暴晒时间一般至少1年。暴晒1年的试样，每月测定一次性能。暴晒3年，一季度测定一次性能。暴晒5年，半年测定一次性能。超过5年，每年测定一次性能。

（4）将老化以后测定的各粘接件的各种性能，与老化前的情况进行对比，一般把降到原设计允许的最小承受负荷作为该胶粘剂的老化指标，或者把降到原始粘接强度的50%作为老化指标。

3.10.2　大气加速老化试验

大气暴晒试验可靠，但费时而且试验结果分散性较大，重复性不好。为此，采用大气加速老化试验，可缩短试验周期，提高试验水平。

大气加速老化试验是在特制的老化试验机上进行。该试验机是一种户外使用，整天跟踪太阳的自动暴晒架。当太阳光线偏转时，其光电设备通过变速机构可以使反射镜始终对准太阳。这样可将阳光反射聚焦在试件上，使其始终受到比自然暴露时强得多的光照。采用该机器，通常能使试件受到的紫外光能量增加2.5倍，可见光能量增加3.5倍，红外光能量也增加3.5倍，从而加速了其老化的进程。

另外，试验机还装有运转时间光电自动累积仪器，可以自动记录试验时间，为计算加速倍数和推算老化寿命提供计算数据。

3.10.3　湿热老化试验

高温和高湿的同时作用是胶粘剂老化的主要原因。湿热老化试验一般在调温调湿箱中进行。试验多为恒湿，这种试验多数仅用于考核各种胶粘剂相对耐湿热的性能,或考核在一定温度和湿度条件下,某种胶粘剂耐湿热老化的变化趋势。

试件的处理及试验方法与大气老化试验大体相同。但是,试验中要求其有效试验空间内的任何一点温度、相对湿度与控制值的偏差范围应控制在温度±2℃,相对湿度±3％内。

3.10.4　人工模拟气候加速老化试验

这是一种用人工制造的模拟老化光源代替阳光进行加速老化的试验方法。目前试验光源主要是紫外线碳弧灯、阳光碳弧灯、氙氯灯。试验时,试件应在无应力的情况下装在试架上,保持空气流通。光源的灯罩长期使用后会变色,透光率也会发生变化,所以最好有几只轮流使用,以使长期受到的光照均匀。实验证明,阳光型人工加速老化设备(WE - SUN 型)在温度 50℃±2℃、相对湿度 75％±5％、降雨 2 mm/h 的条件下,比大气暴晒速度快,大多数快 5～6 倍,而紫外光型人工老化设备(WE - SH)较阳光型慢 2～3 倍。

3.10.5　盐雾腐蚀试验

该试验主要是胶粘剂在接触海水及蒸汽时会使盐雾微粒沉降在粘接件上便迅速吸潮溶解成氯化物的水溶液,从而渗入胶层内部,加速电化学腐蚀反应而引起老化和对被粘材料的腐蚀。

盐雾腐蚀试验在各种盐雾腐蚀试验箱中进行。所用试片的处理与大气老化相同。试验用盐水溶液配方如下:氯化钠 27,氯化镁(无水) 6,氯化钙(无水)1,氯化钾 1,蒸馏水 67。控制 pH 值为 6.5～7.2。试片从试验箱取出后用少量棉花蘸水,去除试片上的盐粒,存放 24 h 后测定各种性能,将其与空白试验比较,判断该种胶粘剂的耐盐腐蚀性能。

第4章　粘接件强度测试方法

4.1　粘接件抗剪强度的测试

抗剪强度表示粘接件在单位面积上所能承受平行于粘接面的最大负荷，它是胶粘剂粘接强度的主要指标。按其粘接件的受力方式又分为拉伸剪切、压缩剪切、扭转剪切与弯曲剪切四种。其中以拉伸剪切应用最广。目前，金属粘接件抗剪强度测定方法，按 GB/T 7124 - 1986《胶粘剂拉伸剪切强度测定方法——金属对金属》标准执行。

4.1.1　原理

试样为单搭接结构，在试样的搭接面上施加纵向拉伸剪切应力，测定试样能承受的最大负荷。搭接面单位面积上的平均剪切应力为胶粘剂的金属搭接的拉伸剪切强度。

4.1.2　试样

金属试样尺寸如图 4 - 1 所示。标准试样的搭接长度是 12.5 mm±

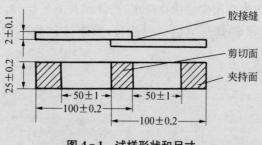

图 4 - 1　试样形状和尺寸

0.5 mm,金属片的厚度是 2.0 mm±0.1 mm(ISO 4587 - 1979 厚度为 1.6 mm±0.1 mm)。试样的搭接长度或金属片的厚度不同对试验结果会有影响。

对金属搭接的胶粘剂拉伸剪切强度按下式计算：

$$\tau = \frac{P}{B \cdot L}$$

式中 τ——胶粘剂拉伸剪切强度,MPa;

P——试样剪切破坏的最大负荷,N;

B——试样搭接面宽度,mm;

L——试样搭接面长度,mm。

4.2 粘接件剥离强度的测试

剥离强度是指在规定的试验条件下,对标准试样施加载荷,使其承受线应力,且加载的方向与试样的粘接面保持规定的角度,胶粘剂在单位宽度上所能承受的平均载荷,常以 N/cm 表示。

根据试样的结构和剥离角度的不同,常用的剥离试验方法有 T 型剥离、180°剥离、90°剥离、浮辊剥离、爬鼓剥离几种。

4.2.1 T 型剥离试验

本方法可执行 GB/T 2791 - 1995《胶粘剂 T 剥离强度试验方法——挠性材料对挠性材料》。

4.2.1.1 试样

试样的尺寸、形状如图 4 - 2(a)所示,单位 mm。试样温度控制在 23℃±5℃的范围内。对于温度、湿度敏感的胶粘剂,试验室的温度应控制在 23℃±2℃范围内,湿度为 65%±5%。试验时用精度不低于 0.1 mm 的量具测量试样宽度,用精度不低于 0.01 mm 的量具测量胶粘剂层厚度,测量部位不少于 5 处。

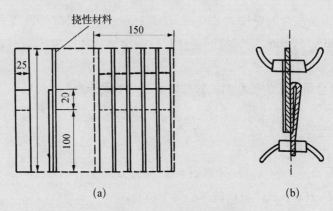

图 4-2　试样形状和尺寸

4.2.1.2　测试方法

将试样自由端剥开约 10 mm,并按图 4-2(b)所示对称地夹在上、下夹持器中,使试验机以 200 mm/min±10 mm/min 的加载速度 T 方式剥离试样,有效剥离长度应在 70 mm 以上,测定继续到粘接部分还剩约10 mm为止。记录装置在剥离试样的同时绘出试样剥离负荷曲线,如图 4-3 所示。

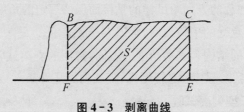

图 4-3　剥离曲线

胶层破坏后,可用下式计算剥离强度:

$$\sigma_{TB} = C \times \frac{S}{LD}$$

式中　　σ_{TB}——T 剥离强度,N/cm;

　　　　S——试样时记录纸上所绘图形 $BCEF$ 的面积,cm²;

　　　　D——试样宽度,cm;

　　　　L——图形底线 EF 的长度,cm;

　　C——图形上单位高度所表示的负荷,N/cm。

4.2.2　180°剥离试验

本试验可执行 GB/T 2790－1995《胶粘剂 180°剥离强度试验方法——挠性材料对刚性材料》。

4.2.2.1　试样

试样的尺寸、形状如图 4－4 所示,单位 mm。试验室温度控制在 23℃±5℃的范围内,对于温度、湿度敏感的胶粘剂,试验室的温度应控制在 23℃±2℃的范围内,湿度为 65％±5％。

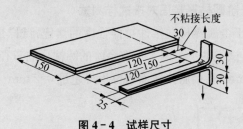

图 4－4　试样尺寸

4.2.2.2　测试方法

将试样在电子式材料试验机上以恒定拉伸速度施加负荷,自动记录仪上得到应力-应变曲线图,如图 4－5 所示。

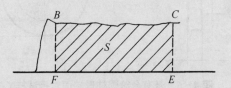

图 4－5　180°剥离强度测定试件负荷曲线

胶层破坏后,可用下式计算剥离强度:

$$\sigma_b = \frac{KA}{ab}$$

式中　σ_b——剥离强度,单位为 N/cm;

　　　K——应力-应变曲线图上单位高度所代表的负荷量,单位为 N/cm;

153

A——曲线图形($BCEF$)的面积,单位为 cm²;

a——曲线图形底线(EF)的长度,单位为 cm;

b——试件宽度,单位为 cm。

4.3 粘接件拉伸强度的测试

拉伸强度指试件受到与粘接平面垂直并均匀分布的单位面积上的拉应力。拉伸强度包括均匀拉伸、不均匀拉伸和不对称拉伸强度。

4.3.1 台阶圆柱形端面对接试样测试

此法适用于金属棒材粘接件拉伸强度的测定,试样形状和尺寸如图 4-6 所示。试样的上下两个带有台阶的圆柱形的直径应一致,误差不得超过 0.1 mm,粘接后接触面错位不得超过 0.2 mm。

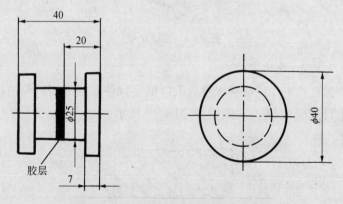

图 4-6 带有台阶圆柱形端面对接试样

测试时,试验机以 20 mm/min 的恒定速度施加负荷,直至试样胶层破坏为止。记录试验机刻度盘上的破坏负荷,按下式计算:

$$\sigma = \frac{F}{A}$$

式中 σ——拉伸强度(MPa);

F——试件破坏时的负荷(N);

A——试件粘接面积（m^2）。

$$A = \pi d^2/4 \ （精确到\ 1\times10^{-6}\,m^2）$$

每种粘接件的试样测试应不少于 5 次，按允许偏差±15％取算术平均值，保留 3 位有效数字。

如需要进行高、低温测试时，应将试样和夹具一起放入加热或冷却箱中，保持 45～60 min，然后再进行测试。

4.3.2　十字形试样测试

此法用于金属板材和条形材料粘接件拉伸强度的测定。试样形式和尺寸，如图4-7 所示。

测定时，用卡尺从试样两边测量胶层的宽度和长度，然后放在专用夹具内，在试验机上以 10 mm/min 的恒定速度进行拉伸，直至试样胶层破坏为止。

记录试验机刻度盘上的破坏负荷，按下式计算：

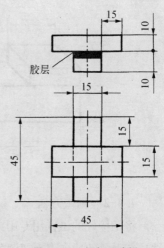

图 4-7　十字形试样

$$\sigma = \frac{P}{F}$$

式中　　σ——抗拉强度，MPa；

　　　　P——破坏负荷，N；

　　　　F——试样粘接面积，cm^2（精确到 0.01）。

每种粘接件的试样测试应不少于 5 次，按允许偏差（±15％）取算术平均值，有效数字保留 3 位。

4.4　粘接件抗冲击强度的测试

抗冲击强度表示以相当高的速度加载于粘接件接头处，胶层破坏所需的最小能量,主要用于衡量胶粘剂的韧性。

胶粘剂剪切冲击强度试验方法可执行 GB/T 6328－1999《胶粘剂剪切冲击强度试验方法》。

4.4.1　试样

试样由上、下两个金属块粘接构成,如图 4－8 所示。试块材质可采用钢、铝、铜及其合金等金属材料和木材、塑料等非金属材料制作。

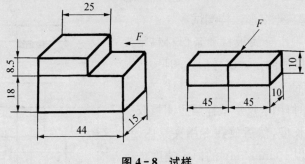

图 4－8　试样

4.4.2　测试方法

将粘接好的试样用专用夹具固定在摆锤式冲击试验机上,摆锤的一端具有平整的冲击表面,其宽度稍大于试样受力部分的宽度(25 mm)。

当试样受一次负荷冲击时,摆锤端部的冲击表面应与试样上半部试块金属接触。摆锤的冲击速度为 3.35 m/s,标准试验温度为 23℃±2℃,相对湿度为 50％±5％。

抗剪冲击强度按下式计算:

$$I_s = \frac{W_1 - W_2}{S}$$

式中　　I_s——剪切冲击强度,J/m^2;

　　　　W_1——试样的冲击破坏功,J;

　　　　W_2——试样的惯性功 J;

　　　　S——粘接面积,cm^2。

试验结果用剪切冲击强度的算术平均值表示,取 3 位有效数字。

4.5　粘接件的无损检测

无损检测亦称非破坏性试验,目前主要用于金属探伤及金属焊接质量的检测,对粘接件的无损检测还不够完善,因为粘接件由不同种材料粘接而成,这些材料的密度、电性能、机械性能均不相同,因此给无损检测带来困难,它不能直接反映出粘接强度。

目前无损检测主要方法有目测法、敲击法、超声波法、声学检测法、射线照相法、全息照相干涉法及其他检测法等。

4.5.1　目测检验法

目测检验法是用肉眼或放大镜对粘接件外观质量进行检查。例如可检查出局部脱胶、裂缝等现象。

4.5.2　敲击检测法

敲击法是一种最早使用的原始方法,所使用的工具有木棒、尼龙棒、小锤等。检测时完全凭经验听敲击的声音来判断胶层是否有空隙、脱粘等缺陷,因此很难判定粘接质量。

4.5.3　超声波检测法

超声波是由空气传向金属或由金属传向空气时,差不多 99% 被空气和金属接触的界面反射回去,当粘接件胶层没有缺陷,所发射的超声波全部可以被接收器接收。如果胶层存在缺陷,超声波就会被反射回去,而在缺陷的另一方面,由于没有透过超声波,便会产生投影面积和缺陷相近的阴影,从而判定缺陷的存在。

此方法主要用于金属粘接结构缺陷的检测,其优点是检测的灵敏度较高,易于自动化和永久性记录。缺点是对多层结构的缺陷,难以判断具体的部位。

4.5.4　射线照相法

射线照相法是利用 X 射线进行透视拍片的方法,通过胶层密度的变化判断粘接质量,可检测粘接件胶层的孔隙和不连续性。X射线法主要用于各种铝合金蜂窝夹层结构及金属与非金属粘接件的质量检验。

4.5.5　全息照相干涉法

全息照相干涉法是将粘接件表面在加荷前后两种情况下显示和全息图进行比较,根据被测件由于内部缺陷产生表面变形造成全息干涉图形的畸变,观察干涉图形便能判断粘接件内部的缺陷。目前,便携式全息干涉测试仪能为粘接现场专门提供方便可行的测试措施。

4.5.6　声阻抗法

声阻抗法是通过检测粘接件表面机械阻抗的变化来判断粘接件缺陷的一种方法。它的优点是能对粘接件进行单面检查,而且换能器与被测件之间是点接触,接触的面积在 $0.01 \sim 0.5 \ mm^2$ 的范围内。由于传感器是点接触,所以能检查各种形式的粘接接头和大曲率表面的粘接件。缺点是蒙皮的厚度和密度增加时检测灵敏度迅速降低,同时也不能用于由小弹性模量材料(例如泡沫塑料)制成的粘接件的检测。

4.5.7　红外线法

红外线法是利用红外线检测仪检测粘接件的温度分布,检测仪跟踪移动热源对被测件表面进行扫描,并将热效应记录下来(粘接件脱胶部位与粘接完好处的温度是不同的)。红外线法不需直接接触被测件表面,灵敏度和自动化程度高,对温度的分辨能力至少达 $0.2℃$,缺陷较为直观,易得到永久性记录。试验表明,对于石墨或硼纤维等非金属材料作蒙皮、铝作蜂窝夹芯的粘接结构,以及铁面板、铝夹芯的粘接结构的检测均能获得较好的结果,对于复合材料的检测也有好的适应能力,但对铝质蜂窝结构的检测较为困难。

第5章 胶粘剂的配方与用途

5.1 改性环氧树脂胶粘剂

配方(质量份):甲组分:环氧树脂 E - 44　100,环氧树脂 D - 17　30,聚硫橡胶　10。乙组分:2 - 乙基 - 4 - 甲基咪唑　7,邻苯二甲酸二丙烯酯　5。丙组分:二氧化硅粉　30。甲组分:乙组分:丙组分=140:15:30。

用途:主要用于铝及铝合金、钢及玻璃钢等粘接。

5.2 新型氯丁橡胶胶粘剂

配方(质量份):氯丁橡胶　100,氧化锌　5,促进剂D　1,N - 苯基 - 2 - 萘胺　2,叔丁酚甲醛树脂　100,氧化镁　8,促进剂TMTD　1,硫黄　0.5,醋酸乙酯　270,汽油　130。

用途:主要用于橡胶、皮革、织物及其与金属之间的粘接。

5.3 酚醛-环氧树脂胶粘剂

配方(质量份):酚醛树脂　100,环氧树脂　50,铝粉　150,双氰胺　10,8 - 羟基喹啉铜　1.5,氯仿　适量。

用途:主要用于金属、耐热合金材料(不锈钢、钛钢、铍)的粘接。

5.4　化工建筑防腐胶

配方(质量份)：环氧树脂 E-44　70,呋喃树脂　30,丙酮　0～10,乙二胺　6～8,石英粉(或辉绿岩粉)　150～200。

用途：主要用于化工建筑防腐耐酸碱池、瓷板粘接及填料。

5.5　水下环氧胶粘剂

配方一(g)：环氧树脂 E-44　100,酮亚胺　30～35,邻苯二甲酸二丁酯　10,丙酮　5～7,填料(二氧化硅∶水泥=3∶2)　500,乙二胺3～4,水　15。

配方二(质量份)：环氧树脂 E-44　100,聚酯树脂(702#)　18,氧化钙(160 目)　50,二乙烯三胺　10,石油磺酸　4。

用途：主要用于水下工程修补和堵漏及船体裂缝应急修补。

5.6　金属结构胶粘剂

配方(质量份)：氨基四官能环氧树脂　100,含溴环氧树脂　30,4,4'-二氨基二苯　55,石墨　60,南大-42　1。

用途：主要用于硬质合金与钢质部件及金属与耐热非金属材料的粘接。

5.7　建筑用多功能胶粘剂

配方(质量份)：聚苯乙烯泡沫塑料　400,醋酸丁酯　80,丙酮120,碳酸钙　400,稳定剂　适量。

用途：主要用于各种建筑构件粘接及建筑物修补防腐等工程。

5.8　氯丁酚醛胶粘剂

配方(质量份)：有机溶剂　500,不饱和酚醛树脂　10,氧化镁0.8,水　0.1,氯丁橡胶　100,松香树脂　10,氯化石蜡　5,凡士林2,多异氰酸酯　15。

用途：主要用于常温下橡胶与金属粘接。

5.9　塑料胶粘剂

配方(质量份)：甲苯　25,香蕉水　20,四氢呋喃　30,三氯甲烷　25。

用途：主要用于聚苯乙烯、聚氯乙烯、ABS塑料及有机玻璃的粘接。

5.10　氯丁橡胶接枝胶粘剂

配方(质量份)：氯丁橡胶　20,氧化镁　1.5,氧化锌　1,防老剂D　0.5,甲基丙烯酸甲酯　10,环烷酸钴　0.5,不饱和聚酯　8,苯乙烯　4,叔丁基酚醛树脂　1.5,甲苯　12,醋酸丁酯　18,汽油　10,丙酮　13。

用途：主要用于PVC人造革,PU合成革、尼龙布、硫化橡胶、PVC塑料成型底等材料粘接。

5.11　耐高温胶粘剂

配方(质量份)：有机硅树脂　80,二氧化硅粉　35,氧化铝粉15,三氧化二铬　10,磷酸锌　30份,石棉粉　10,甲苯　25,丙酮　25。

用途：主要用于人造卫星、导弹、潜艇、飞机及其他高温部位工作的密封胶。

5.12 聚氨酯胶粘剂

配方一(质量份)：甲组分：三苯基甲烷三异氰酸酯 65。乙组分：氯丁橡胶 100,氧化锌 5,氧化镁 4,N-苯基-2-萘胺 2,甲苯 100,醋酸乙酯 50。甲组分：乙组分＝20∶80。

配方二(质量份)：己二酸 1.05,己二醇 0.25,新戊二醇 1,二羟甲基丙酸 适量,甲基二异氰酸酯 适量,三乙胺水溶液 适量。

用途：主要用于皮革、橡胶、纤维、织物、泡沫塑料、陶瓷玻璃等粘接。

5.13 低温用压敏胶

配方(质量份)：亚磷酸钠 1,二乙基苯磺酸钠 0.5,聚氧乙烯基辛基酚醚 2,丙烯酸丁酯 52.25,丙烯酸-2-乙基己酯 42.75,甲基丙烯酸聚乙二醇酯 10,过硫酸钾(5%) 15,水 126.25。

用途：主要用于牛皮纸等粘合。

5.14 聚苯乙烯胶粘剂

配方(质量份)：醋酸异戊酯 60,三氯甲烷 13,丙酮 20,聚苯乙烯废料 7。

用途：主要用于各种聚苯乙烯材料与其他物品的粘接。

5.15 复合地板胶粘剂

配方(质量份)：尿素 1000,甲醛 1523,六亚甲基四胺 7.6,硼酸　10.7,三聚氰胺　1.5,乙二醛　12.7,氢氧化钠　适量,甲酸　适量。

用途:主要用于复合高档地板、胶合板、纤维板、刨花板等粘接。

5.16　改性脲醛树脂胶粘剂

配方(质量份):尿素　100,甲醛(37%)　322,三聚氰胺　66,40% NaOH 溶液　适量。

用途:主要用于板材粘接。

5.17　改性丙烯酸酯水基胶粘剂

配方(质量份):丙烯酸酯　100,聚氨酯 10～20,乳化剂　适量,N-羟甲基丙烯酰胺　3～5,丙烯酸　适量,水　适量,过氧化物引发剂　适量,丙烯腈　适量,水　适量,二羟甲基丙烯酸酯　5～10。

用途:主要用于汽车、船舶、机电、建筑装饰等。

5.18　化工建筑耐酸碱胶粘剂

配方(质量份):环氧树脂 E-44　70,糠醛树脂　30,丙酮　15,石英粉　180,乙二胺　7,邻苯二甲酸二丁酯　8。

用途:主要用于耐酸碱腐蚀化工建筑施工粘接。

5.19　酚醛树脂密封胶

配方(质量份):热固性酚醛树脂　125,二氧化硅(粒度为50 μm 300 目)　45,丁腈　26,橡胶　100,古马隆树脂　12.5,石棉粉　75,丙酮　700。

用途:主要用于设备和容器的修补。

5.20 人造大理石胶

配方(质量份)：191#聚酯树脂 50,过氧化环己酮 2,苯酸钴(10%) 2,铸石粉(或白云石粉) 168。

用途：主要用于制造人造大理石。

5.21 耐高温厌氧胶

配方(质量份)：甲基丙烯酸酯单体 100,过氧化羟基异丙苯 0.5～5,耐高温树脂 5～60,还原剂 0.1～5,稳定剂 0.05～10,其他助剂 0.5～25。

用途：主要用于200℃以上的螺纹锁固、平面密封、零件固持及微孔密封。

5.22 聚氨酯鞋用胶粘剂

配方(质量份)：聚氨酯树脂(鞋用胶级) 300,四基溶纤素 500,甲基溶纤素 500,羧基聚亚甲基树脂 20。

用途：主要用于牛皮、聚氯乙烯、橡胶等材料的粘接。

5.23 改性PVC胶粘剂

配方(质量份)：PVC树脂 20,环氧树脂E-51 20,环己酮 70,丙酮 70,四氢呋喃 70,二丁酯 8,防老剂 25,双氰胺 3。

用途：主要用于PVC管材、板材、薄膜等粘接。

5.24　铸铁管修补胶

配方(质量份)：环氧树脂　100,聚硫橡胶　50,乙二胺　12,邻苯二甲酸二丁酯　4。

用途：主要用于修补铸铁管裂纹和腐蚀孔缺陷等。

5.25　无机耐高低温胶

配方(质量份)：磷酸铝∶硅酸铝＝1∶2　50,三氧化二铝　35,氧化铬　15,磷酸　1,水　1.5。

用途：主要用于金属套接粘接。

5.26　家用万能胶

配方(质量份)：聚1,4-丁二醇　100,二羟甲基丙酸　15.58,异佛尔酮二异氰酸酯　48.9,N-甲基吗啉　11.63,丙酮　50,水　233。

用途：主要用于多种基材的粘接。

5.27　热熔胶

配方(质量份)：EVA 树脂　100,抗氧剂1010　2～6,改性EVA　100,樟脑　2～6,卤化聚烯烃树脂(氯化聚丙烯)　4～18,6#溶剂汽油　适量,增粘树脂(萜烯树脂)　8～36。

用途：主要用于织物、服装加工、书籍无线装订、包装等粘接。

5.28　压敏胶粘带

配方(质量份)：天然橡胶　40,丁基橡胶(1500)　30,聚异丁烯

（B−100） 30,聚异丁烯（B−10） 20,聚异丁烯（B−3） 5,防老剂（2246） 2,叔丁酚甲醛树脂 10,蒎烯树脂 70,苯溶剂 适量。

用途：主要用于电器设备的粘接。

5.29 管道修补胶

配方（质量份）：环氧树脂E−44 100,邻苯二甲酸二丁酯 20,氧化锌 10,陶瓷或石英粉（200目） 适量,乙二胺 6～8。

用途：主要用于煤气管及化工设备修补。

5.30 导电胶粘剂

配方一（g）：甲组分：E−51环氧树脂 100,B−63环氧树脂 10～15,邻苯二甲酸二辛酯 5～6;乙组分：乙二胺∶三乙醇胺=1∶1 13～15;丙组分：铝粉 250～300。甲组分∶乙组分∶丙组分=1∶0.2∶2。

配方二（质量份）：E−51环氧树脂 100,B−63环氧树脂 10～20,银粉 280,701固化剂 15,邻苯二甲酸异辛酯 5。

用途：主要用于铝波导、电子元器件等粘接。

5.31 铸造胶粘剂

配方（质量份）：聚乙烯醇 80,盐酸 8,甲醛 13.5,氢氧化钠 10,羧甲基纤维素 30,水 500。

用途：主要用于作铸造型（芯）砂粘接用。

5.32 纸制品包装胶粘剂

配方（质量份）：淀粉 10,水 40,氢氧化钠 1～1.1,双氧水

0.02,磷酸三丁酯 0.05,硼砂 0.03~0.04,硫代硫酸钠 0.0025,甲醛 0.01。

用途：主要用作纸制品包装粘接。

5.33 纳米复合胶粘剂

配方（质量份）：甲组分：纳米复合热塑性丁苯橡胶 20,萜烯树脂 20,石油树脂 4,改性松香 1.5,防老剂 0.3,阻燃剂 1,溶剂 58。乙组分：纳米复合氯丁橡胶 35,2402 树脂 10,防老剂 0.5,溶剂 50。甲组分：乙组分＝8：2。

用途：主要用于金属、玻璃、陶瓷、建材、橡胶、皮革、织物、木材等粘接。

5.34 丁苯橡胶密封胶

配方（质量份）：丁苯橡胶 12,聚合松香 19,氢化松香树脂 2,芳烃增塑剂 2,软性黏土 17,滑石 10,甲苯 26,二甲苯 12。

用途：主要用于作嵌缝油膏及建筑上的非结构粘接。

5.35 丁腈橡胶密封胶

配方（质量份）：丁腈橡胶(1007) 25,100%酚醛树脂 14.2,液体酚醛树脂(5203) 12.8,甲乙酮 38.2,防沉淀剂 5.2,石墨 16.6,异丁醇 适量。

用途：主要用于不经常拆卸部位的密封。

5.36 强耐油密封胶

配方（质量份）：丁腈 40,生橡胶粉 10,过氯乙烯树脂 3,酚醛树脂 1,高岭土 15,丙酮 65,硝基稀料 15。

用途:主要用于输送机油、天然气的管道接头及减速器箱体等密封。

5.37 裂缝密封胶

配方(质量份):多苯基多异氰酸酯 300,甲苯二异氰酸 50,聚醚树脂 N330 81,二甲苯 140,邻苯二甲酸二丁酯 30。

用途:主要用于混凝土构件和楼板裂缝密封、堵漏、防水等。

5.38 化工设备修补粘合剂

配方(质量份):环氧树脂(6101) 100,乙二胺(试剂级) 6~8,邻苯二甲酸二乙酯(工业级) 5~20,丙酮(工业级) 适量,刚玉粉或瓷粉 适量。

用途:主要用于不停车条件下修补化工设备和管线。

5.39 高强度玻璃钢胶粘剂

配方(质量份):环氧树脂 E-42 70,酚醛树脂 30,聚酯树脂 10,邻苯二甲酸二丁酯 10,乙二胺(以 100% 计) 6,碳酸钙 12.5,丙酮 适量。

用途:主要用于制备玻璃钢制品。

5.40 环氧树脂密封胶

配方一(质量份):E-51 环氧树脂 100,2000 聚丁二烯环氧 20,260 环氧活性稀释剂 12,3051 低分子聚酰胺树脂 10,2-乙基-4-甲基咪唑 5。

配方二(质量份)：E-51环氧树脂　100,羟基丁腈橡胶　35,2-乙基-4-甲基咪唑　8。

配方三(质量份)：E-44环氧树脂　100,硅微粉(600目)100,H-4聚酰胺树脂　50。

用途：主要用于航天仪表、传感器、插头座等粘接与密封。

5.41　无毒型纸塑胶粘剂

配方(质量份)：丙烯酸丁酯　112.5,过氧化苯甲酰　0.8,醋酸乙烯　108,工业乙醇　750,丙烯酸　29.5,氨气　适量。

用途：主要用于纸质印刷品与塑料薄膜层压粘接。

5.42　变压器灌封环氧胶

配方(质量份)：E-42环氧树脂　100,不饱和聚酯　30,苯酐13,顺酐　13,石英粉(200目)　220。

用途：主要用于变压器灌封。

5.43　纸塑覆膜胶粘剂

配方(质量份)：醋酸乙烯　18~30,甲基丙烯酸　3~8,丙烯酸20~30,醇溶性催化剂　0.3~0.6,丙烯酸丁酯　4~10,乙醇　18~50,邻苯二甲酸二丁酯　3,增黏剂　50~80。

用途：主要用于纸塑覆膜粘接。

5.44　环氧-聚氨酯超低温胶粘剂

配方(质量份)：E-51环氧树脂　100,聚氨酯预聚体　60,2-乙基-4-甲基咪唑 4,铝粉 6。

用途:主要用于低温容器等粘接。

5.45 高强度胶棒

配方(质量份):E-20 环氧树脂 100,691# 甘油酯 20~60,铝粉 15~20。

注:691# 甘油酯由 1 mL 甘油和 3 mL 己二酸缩合而成。

用途:主要用于钢、铝金属件粘接。

5.46 建筑密封胶

配方(质量份):纯丙烯酸共聚乳液 30~42,邻苯二甲酸二丁酯 2~5,乙二醇 2~4,增稠剂 ZD-1 2~4,轻质碳酸钙 30~42,钛白粉 20~25,六偏磷酸钠 2~4,五氯酚钠 0.05~0.2。

用途:主要用于刚性屋面伸缩缝、外墙拼缝、门框与墙接缝、管道等粘接密封。

5.47 玻璃钢胶粘剂

配方(质量份):199# 不饱和聚酯树脂 100,过氧化苯甲酰 1~2。

用途:主要用于铝、玻璃钢粘接。

5.48 新型无机胶粘剂

配方(质量份):水溶性碱金属硅酸盐 15~30,氢氧化锂 2~4,无机酸 1~2,乙二胺 0.5~1.0,填充剂 15~55,固化剂 3~5。

用途：主要用于玻璃、陶瓷、木材、混凝土等不同材料的粘接。

5.49　建筑嵌缝胶粘剂

配方（质量份）：聚丁烯　14，丁基橡胶溶液　21.48，氧化大豆油 2.8，碳酸钙　37.35，滑石粉　14.01，钙-钛颜料　4.67，钴干燥剂 0.03，石油溶剂　5.66。

用途：主要用于建筑嵌缝。

5.50　厌氧胶

配方（质量份）：环氧丙烯酸双酯　100，丙烯酸　2，过氧化羟基二 异丙苯　5，三乙胺　2，糖精　0.3，气相白炭黑　0.5。

用途：主要用于金属结构件的嵌缝、螺栓丝扣的紧固、零部件粘接 密封。

5.51　酚醛-丁腈橡胶胶粘剂

配方（质量份）：丁腈混炼胶　100，酚醛树脂　150，氯化亚锡 0.7，没食子酸丙酯　2，乙酸乙酯　500，石棉粉　50。

用途：主要用于航空、宇航工业上的蜂窝夹心材料的粘接。

5.52　707 强力建筑胶

配方（质量份）：707 树脂（VAE 乳液）　100，重质碳酸钙（$CaCO_3$） 50～70，松香粉　12～20，二甲苯　14～18，石英粉（SiO_2）粒径 0.6 mm 以 上　1～5，沉淀硫酸钡（$BaSO_4$）　1～3。

用途：主要用于大理石、花岗石、陶瓷品、木质地板块、装饰板等粘接及墙面修补。

5.53 801改性建筑胶

配方(质量份):维尼纶废丝胶液基料 100,甲醛(37%) 35,盐酸(30%) 6,氢氧化钠(30%水溶液) 适量,尿素 7,水 50,乙二醛适量。

用途:主要用于建筑业。

5.54 聚丙烯酰胺改性107胶

配方(质量份):聚乙烯醇(1799型) 88,37%甲醛 30,31%盐酸 4,聚丙烯酰胺(M>300万) 10,氢氧化钠(30%液碱) 适量,尿素 6,水 700~900。

用途:主要用于塑料墙纸、玻璃纤维墙布、水泥地面瓷砖等粘接。

5.55 硅橡胶胶粘剂

配方(质量份):107#硅橡胶 100,气相二氧化硅 20,甲基三甲氧基硅烷 4,二甲基二甲氧基硅烷 4,KH-550偶联剂 2,二丁基二月桂酸锡 0.5。

用途:主要用于耐热、耐寒、绝缘条件下硅橡胶与金属或非金属材料的粘接。

5.56 改性沥青密封胶

配方(质量份):沥青 100,橡胶粉(或SBS) 10,煤焦油 12,生

石灰 10。

用途：主要用于建筑结构的嵌缝防水密封。

5.57 耐高温胶粘剂

配方(g)：酚醛树脂 175,聚乙烯醇缩甲乙醛 100,E 硅酸乙酯 33,没食子酸丙酯 3.08,环己基苯基对苯二胺 4.62,三乙醇胺 3.08,醋酸乙酯 619,无水乙醇 69。

用途：主要用于各种钢及铝、镁、钛等合金及非金属的粘接。

5.58 导磁胶粘剂

配方一(g)：E-44 环氧树脂 100,邻苯二甲酸二丁酯 10,间苯 二胺 15,导磁铁粉 250。

配方二(g)：E-51 环氧树脂 100,顺丁烯二酸酐 24,导磁铁 粉 400。

配方三(g)：E-51 环氧树脂 100,液体丁腈-40 15,三乙醇胺 15,导磁铁粉 200～350。

用途：主要用于导磁件粘接。

5.59 超低温胶粘剂

配方一(g)：四氢呋喃聚醚环氧树脂 50,KH-550 2,590 固化 剂 10。

配方二(质量份)：甲组分：E-51 环氧树脂 100,2-乙基-4-甲 基咪唑 4。乙组分：241#聚酯树脂 100,甲苯二异氰酸酯 8.5。丙 组分：铝粉 适量。甲：乙：丙=60：40：4。

用途：主要用于宇航工业中超低温结构零部件的粘接。

5.60　环氧树脂光敏胶

配方(质量份)：711#环氧树脂　60,甲基丙烯酸甲酯　40,安息香甲醚　1.5。

用途：主要用于玻璃或有机玻璃等透明材料与金属或塑料的粘接。

5.61　水中快干环氧胶粘剂

配方(质量份)：E-42环氧树脂　100,聚酯树脂702　15,石油磺酸　2.5,氧化钙(160目)　50,二乙烯三胺　10。

用途：主要用于水下建筑工程施工粘接,如桥洞修补等。

5.62　环氧树脂密封胶

配方一(质量份)：E-51环氧树脂　100,2000聚丁二烯环氧　20,260环氧活性稀释剂　12,3051低分子聚酰胺树脂　10,2-乙基-4-甲基咪唑　5。

配方二(质量份)：E-51环氧树脂　100,羟基丁腈橡胶　35,2-乙基-4-甲基咪唑　8。

配方三(质量份)：E-44环氧树脂　100,硅微粉(600目)　100,H-4聚酰胺树脂　50。

用途：主要用于航天仪表、传感器组件、插头座等粘接密封。

5.63　聚硫橡胶密封胶

配方(质量份)：甲组分：液体聚硫橡胶　100,酚醛树脂　5,邻苯二甲酸二丁酯　35,二氧化硅　2,碳酸钙　25,硫黄　0.1,无水硅酸铝

30,硬脂酸　1,钛白粉　10。乙组分:二氧化铅　7.5,邻苯二甲酸二丁酯　6.75,硬脂酸　0.75。甲组分:乙组分=100:7.5。

用途:主要用于建筑工程的嵌缝密封。

5.64　丁基橡胶密封胶

配方(质量份):聚异丁烯　38.5,液体聚异丁烯　61.5,氧化锌54,三氧化二铬　10,液状石蜡　38,松香　10,石棉绒　50。

用途:主要用于金属铆接缝隙及其他接缝的密封。

5.65　酚醛-氯丁胶粘剂

配方(质量份):氯丁橡胶　100,酚醛树脂　83,氧化镁　4,氧化锌　5,苯基β-萘胺　2,古马隆树脂　15。

用途:主要用于木材、橡胶、金属、塑料、织物等粘接。

5.66　导热胶

配方一(质量份):E-44环氧树脂　100,丁腈-40　20,银粉25,间苯二胺　13,间苯二酚　1,炭黑　5。

配方二(质量份):E-51环氧树脂　100,液体丁腈橡胶　15,三乙醇胺　15,铝粉　150～200。

配方三(质量份):E-51环氧树脂　100,液体丁腈橡胶　15,三乙醇胺　15,氧化铍(200目)　150～250。

用途:主要用于金属导热件的粘接。

5.67　静电植绒胶

配方(%):二苯甲烷二异氰酸酯(MDI)　34,多元醇　56,甲苯

6,磷酸三丁酯 4。

用途：主要用于橡胶地毯上植锦纶绒及墙纸植绒等。

5.68　有机硅耐热胶粘剂

配方（质量份）：聚硼有机硅氧烷 33,氧化锌 10,酚醛树脂100,丁腈橡胶-40 15,酸洗石棉 15,丁酮 适量。

用途：主要用于金属、陶瓷、玻璃钢、石棉制品及各种耐烧蚀材料的粘接。

5.69　应　变　胶

配方一（质量份）：钡酚醛树脂 25,E-06 环氧树脂 5,间苯二酚 2,石棉粉（中性,200 目） 10,丁酮 适量。

配方二（质量份）：甲组分：711# 环氧树脂 60,712# 环氧树脂40,E-20 环氧树脂 20,聚硫 JLY-124 10。乙组分：环氧固化剂703 36,KH-550 2,DMP-30 1。甲组分：乙组分＝5：1。注：固化剂703为醛亚胺树脂。

用途：主要用于各种金属、非金属材料的高温应变测量及各种应变片、半导体片的粘贴。

5.70　玉米淀粉胶粘剂

配方一（质量份）：玉米淀粉 110,固体氢氧化钠 12,高锰酸钾 2.3,硼砂 2.4,水 870。

配方二（质量份）：玉米淀粉 100,氢氧化钠 8,硫代硫酸钠 2,水 850,次氯酸钠 20,硼砂 1.5,硫酸镍 0.2,氯化钠 适量,磷酸三丁酯 适量,催干剂 适量。

用途：主要用于瓦楞纸箱的粘接。

5.71　新型强力白乳胶

配方(质量份)：聚乙烯醇　50,水　470,甲醛　20～25,尿素　3,羧甲基纤维素　1,草酸　适量,硬脂酸盐　0.2,氧化钙乳液　适量,硫酸铝　适量,轻质碳酸钙　25,膨润土、钛白粉、乳化剂　0.1,消泡剂　0.1,香精　0.1。

用途：主要用于木板、纸板、布、皮革等多孔材料的粘接。

5.72　高档家具胶粘剂

配方(质量份)：组分 A(主剂)：聚乙酸乙烯酯乳液(PVAC)　80,羧基丁苯胶乳　20,十二烷基苯碘酸钠　1。

组分 B(交联剂)：多苯基多异氰酸酯(PADI)　90,对甲苯磺酰氯　10。

主剂:交联剂＝100:15

用途：主要用于制造高档家具及粘接汽车篷布和聚氯乙烯人造革。

5.73　建筑装饰胶粘剂

配方(质量份)：聚苯乙烯　26,有机溶剂　30,香精　1,邻苯二甲酸二丁酯　3,滑石粉　40。

用途：主要用于各种建筑装饰材料的粘接,如粘贴瓷砖、大理石板、木材、玻璃、各种装饰片条等。

5.74　阻燃输送带胶粘剂

配方(质量份)：改性氯丁胶(氯丁二烯-甲基丙烯酸共聚物)

100,酚醛树脂　50,溶剂(二氯甲烷、二氯乙烷等)　适量,稀释剂　10,填料(氧化镁、氧化锌等)　5,固化剂(三异氰酸酯、四异氰酸酯)适量。

用途:主要用于阻燃输送带粘接。

5.75　环氧-酚醛胶粘剂

配方(质量份):A组分:环氧树脂　150,间苯二酚甲醛树脂100,羟基丁腈橡胶　500,丙酮　500。

B组分:酚醛树脂　120,双氰胺　15。

A:B=100:11

用途:主要用于金属与橡胶的粘接。

5.76　尼龙-酚醛热熔胶

配方(质量份):尼龙-6　85,苯酚　20,无水甲醛　100,甲酚30,氢氧化钠(水溶液)　1.5。

用途:主要用于铝合金材料粘接。

5.77　酚醛-缩醛胶粘剂

配方(质量份):氨酚醛树脂　40,聚乙烯醇缩甲乙醛　100,环氧树脂　10,甲乙酮、乙醇(1:5)　适量。

用途:主要用于金属、蜂窝芯的粘接。

5.78　丁腈酚醛-环氧胶粘剂

配方(质量份):丁腈酚醛共聚物　1,环氧树脂　1,乙二胺　0.1,

丙酮　1。

　　用途：主要用于铝、不锈钢、赛璐珞和极性非金属材料的粘接。

5.79　快干堵漏胶

　　配方(%)：A 组分：丙烯酰胺　20,甲醛(37%)　2,三乙醇胺2.5,水　75.5。

　　B 组分：过硫酸铵　2.5,水　97.5。

　　使用时将 A 与 B 组分混合均匀,15 min 凝固。

　　用途：主要用于建筑快干堵漏。

5.80　701 导电胶

　　配方(质量份)：E-51 环氧树脂　100,B-63 环氧树脂　10~20,邻苯二甲酸二辛酯　5~6,环氧树脂固化剂 701(1∶1 的乙二胺和三乙醇胺)　13~15,还原银粉　250~300。

　　用途：主要用于晶体振子导线、集成电路、发光二极管、光电元件、液晶金属膜电阻等粘合或固定。

5.81　建筑用密封胶

　　配方(质量份)：废聚苯乙烯泡沫塑料　50,聚乙烯醇(PVA)　13,500 号溶剂油　40,甲苯　50,邻苯二甲酸二丁酯　1,水　80。

　　用途：主要用于铝合金门窗、钢门窗缝隙密封。

5.82　瓶口封帽胶

　　配方(g)：甘油　28,水　170,骨胶　320。

用途：主要用于酒瓶、酱油瓶、饮料瓶等封口。

5.83　高速商标胶

配方(g)：淀粉(工业级)　304,过氧化氢(工业级)　32,氢氧化钠(98%,工业级)　8,盐酸(30%,工业级)　12.8,尿素(工业级)　20,交联剂 A(含有羧基,工业级)　16,交联剂 B(含有氰基,工业级)　16,去离子水　400。

用途：主要用于商标粘贴。

5.84　皮鞋用氯丁胶

配方(质量份)：氯丁橡胶　100,氧化锌　2,氧化镁　4,抗氧剂 D　2,正丁烷　134,白炭黑　15,叔丁基酚醛树脂　50,水 0.5。

用途：主要用于皮鞋粘合。

5.85　金属植绒用丁苯胶乳

配方(质量份)：丁苯胶乳(23%~25%)　15,沥青　44.3,松香油 1.4,甲基溶纤剂　0.1,炭黑　6,水　33.2。

用途：主要用于金属上静电植绒。

5.86　KH-508 环氧胶粘剂

配方(质量份)：环氧树脂(E-44)　100,酸酐(647#)　65,二氧化钛　50,玻璃粉　50。

用途：主要用于不锈钢、钢、铝合金、铜合金及钢铝之间的粘接。

5.87　耐高低温胶粘剂

配方(质量份)：均苯三酸三缩水甘油环氧酯　100，液体丁腈橡胶-40　10,4,4'-二氨基二苯基甲烷　28.5。

用途：主要用于(−196~200℃)条件下铝合金、不锈钢及钛合金等材料粘接。

5.88　常温快干胶

配方(质量份)：羟甲基环氧树脂　100，环氧稀释剂(600$^\#$)　20，液体羧基丁腈橡胶　20，聚酰胺(650$^\#$)　20，硫脲己二胺　20。

用途：主要用于0~80℃范围内各种金属及非金属的粘接。

5.89　502快干胶

配方(%)：α-氰基丙烯酸乙酯　94%，甲基丙烯酸甲酯-丙烯酸甲酯共聚物　3，磷酸三甲酚酯　3，对苯二酚　适量，二氧化硫适量。

用途：主要用于小型零件的快速粘接及机床导轨修补等。

5.90　沥青防水密封胶

配方(质量份)：石油沥青　47.5，二甲苯　14，E-51环氧树脂14，邻苯二甲酸二丁酯　2,4%生橡胶二甲苯溶液　7.5，间苯二胺1.5，石棉粉　1.35。

用途：主要用于各种防水密封。

5.91　光敏胶

配方(质量份)：711 环氧树脂　60,甲基丙烯酸甲酯　40,安息香甲醚　1.5。

用途：主要用于玻璃或有机玻璃等透明材料与金属或塑料的粘接。

5.92　聚氯乙烯薄膜胶

配方一(质量份)：二氯甲烷　100,二氯乙烷　100,过氯乙烯树脂 320,四氢呋喃　70。

配方二(质量份)：四氢呋喃　50,环己酮　24,二氯乙烷　12,邻苯二甲酸二辛酯　6,聚氢乙烯薄膜碎片　8。

用途：主要用于软质聚氯乙烯的粘接。

5.93　有机硅胶粘剂

配方一(质量份)：SD‑33 硅橡胶　120,二氧化硅　30,钛白粉 5,甲基三丙肟基硅烷甲苯溶液　100,二丁基氧化锡　0.4。

配方二(质量份)：SD‑33 硅橡胶　760,三氧化二铬　640,白炭黑　120,甲基二乙酰氧基硅烷　39.5。

用途：主要用于粘接电子元件、灌注和密封。

5.94　HY‑914 快速环氧胶

配方(质量份)：A 组分：711 环氧树脂　70,712 环氧树脂　30, E‑20 环氧树脂　20,JLY‑121 聚硫橡胶　20,石英粉(270 目)　40, 气相法白炭黑　2。

B组分：703酚醛胺固化剂　36,KH-550　2,DMP-30　1。

A：B=(4~6)：1(质量比)

用途：主要用于金属、陶瓷、玻璃、热固性塑料、木材等粘接。

5.95　包封环氧胶

配方(质量份)：E-41环氧树脂　50,苯二甲胺　10,二氧化钛40,白炭黑　3,磁漆　50。

用途：主要用于电容器的包封。

5.96　压敏胶粘剂

配方(质量份)：丙烯酸-2-乙基乙酯　75,丙烯酸乙酯　20,N-羟甲基丙烯酰胺　2,二甲基乙二醇乙烯基硅氧烷　0.5,过氧化苯甲酰　1。

用途：主要用于制备保护用压敏胶带。

5.97　聚氨酯热熔胶

配方(mL)：聚乙二醇己二酸酯(M=2 000)　50,二苯基甲烷二异氰酸酯　150,1,4-丁二醇　100。

用途：主要用于织物粘接。

5.98　普通白胶

配方(质量份)：醋酸乙烯酯　100,辛基苯酚聚氧乙烯醚(OP-10)　1.2,水　90,碳酸氢钠　0.3,聚乙烯醇　9,邻苯二甲酸二丁酯11.3,过硫酸铵　0.2。

用途：主要用于木材、陶瓷、水泥制件等多孔性材料的粘接。

5.99　水溶性热熔胶

配方(质量份)：乙烯基吡咯烷酮-醋酸乙烯共聚体　100,2,6-二叔丁基对甲酚　1.4,环氧树脂　1.6,蓖麻油加氢化合物　4,水溶性聚乙烯乙二醇蜡　2.5。

用途：主要用于木材、陶瓷、混凝土构件、织物、纸张等多孔性材料的粘接。

5.100　压胶鞋用胶粘剂

配方(质量份)：66-1型氯丁胶　100,氧化锌　5,氧化镁　4,防老剂D　1,甲苯　200,乙酸乙酯　100。

用途：主要用于皮革与皮革、皮革与橡胶的粘接。

5.101　无机密封胶

配方(质量份)：硅酸钠　58,硼酸　2.4,水　6~8,三氧化铝15,氧化锌　3.3,氧化镁　3.3,苦土　10,石棉粉　2.5,二氧化钛2.5,氢氧化铝　0.125。

用途：主要用于汽车排气系统管道、高温系统设备的粘接密封。

5.102　密封腻子

配方(质量份)：聚异丁烯　38.5,液体聚异丁烯　61.5,液状石蜡38,松香　10,氧化锌　54,石棉绒　50,三氧化二铬　10。

用途：主要用于金属铆接缝隙及其他接缝的密封。

5.103　EVA 热熔胶

配方(质量份)：乙烯-乙酸乙烯酯共聚物　30～45,石蜡　5～15,松香　25～45,聚乙烯蜡　5～15,白炭黑　15～30,邻苯二甲酸二乙酯2～5。

用途：主要用于包装、木材、建筑及书本无线装订等。

5.104　瓷器胶

配方(质量份)：聚乙烯醇　450,乙醇　240,甘油　120,蒸馏水2 000。

用途：主要用于各种瓷器粘接。

5.105　尼龙热熔胶

配方(质量份)：PA1010　40,PA66　20,PA1212　40,抗氧剂0.4～0.6,防老剂　0.3～0.5。

用途：主要用于粘合衬与丝绸等。

5.106　低毒氯丁型万能胶

配方(质量份)：氯丁橡胶(CR - 244)　13～16,酚醛树脂(2402#)　5～6,氧化镁(轻质)　2～3,白炭黑　2～3,氧化锌　2～3,防老剂　1～2,蒸馏水　适量,改性丙酮　适量,6# 抽提溶剂　适量,甲苯<15。

用途：主要用于木材、人造板、家具等粘接,也可用于皮革、橡胶、塑料、防火板等材料粘接。

5.107 密封压敏胶带

配方（％）：聚丁烯 18.9，聚异丁烯橡胶 18.9，丁基橡胶 5.25，碳酸钙 35.05，片晶滑石 6.5，活性白土 11，硅藻土 2.4，二氧化钛 2。

用途：主要用于制作密封压敏胶带。

5.108 墙壁装饰胶粘剂

配方（质量份）：脲醛树脂（5011#） 7，氯化铵水溶液（10％） 0.3，石膏 9。

用途：主要用于建筑墙壁装饰及填缝等。

5.109 快干堵漏胶

配方（％）：A 组分：丙烯酰胺 20，甲醛（37％） 2，三乙醇胺 2.5，水 75.5。

B 组分：过硫酸铵 2.5，水 97.5。

A：B＝1：1

用途：主要用于建筑的快干堵漏。

5.110 防漏密封胶

配方（质量份）：聚苯乙烯 350，甲苯 1 000，邻苯二甲酸二丁酯 120。

用途：主要用于机械设备各部件结合面之间的密封防漏。

5.111　油罐修补胶

配方(质量份)：E - 44 环氧树脂　100,乙二胺　8,三乙醇胺 15,邻苯二甲酸二丁酯　5。

用途：主要用于油罐泄漏修补。

5.112　固体胶

配方(质量份)：聚乙烯醇　10,硬脂酸　4,苯甲酸钠　4,甘油 10,氢氧化钠　1.6,香精　适量,水　100。

用途：主要用于粘纸办公用品。

5.113　强力环氧胶

配方(质量份)：甲基丙烯酸酯共聚物　100,芳香族环氧树脂 66,酚醛树脂　34,固化催化剂　0.3,二氧化硅　15。

用途：主要用于芯片及半导体元件粘接。

5.114　热熔型压敏胶

配方(质量份)：丁基橡胶　100,萜烯树脂　60～80,液体橡胶 70～90,稳定剂　0.2～0.5,填料　30～50。

用途：主要用于聚乙烯农膜的粘接。

5.115　101 丙烯酸树脂胶

配方(质量份)：101#丙烯酸树脂　10～30,二氯甲烷　50～70,四氯乙烷 20。

用途：主要用于有机玻璃制品的粘接。

5.116 XY403 胶

配方（质量份）：氯丁橡胶 200，氧化锌 2，氧化镁 20，防老剂 DM 2，防老剂 D 4，松香 10，溶剂 适量。

用途：主要用于丁腈橡胶、氯丁橡胶、天然橡胶及布制品的粘接。

5.117 耐磨胶

配方（质量份）：E-44 环氧树脂 100，650$^#$聚酰胺 100，二硫化钼 40，石墨粉 15，铸铁粉 50。

用途：主要用于机械传动轴等磨损件的修复。

5.118 点焊胶

配方（质量份）：E-51 环氧树脂 10，顺丁烯二酸酐 3，邻苯二甲酸二丁酯 2，氧化铝 4。

用途：主要用于铝、铝合金等金属材料的玻璃钢的粘接点焊。

5.119 DAD-3 胶

配方（质量份）：酚醛-聚乙烯醇缩甲醛 33，电解银粉 80，溶剂（苯：乙醇＝7：3） 67。

用途：主要用于无线电工业中金属、陶瓷、玻璃间的导电性粘接。

5.120　耐火环氧胶

配方(质量份)：双酚 A 环氧树脂　50,聚氨酯改性环氧树脂　50,氢氧化铝　25,三氧化二锑　75,双氰胺　10,咪唑　5,1,6-己二醇二环氧甘油醚　20。

用途：主要用于金属、陶瓷、玻璃、木材、电木等材料粘接。

5.121　聚氨酯密封胶

配方(质量份)：聚酯型聚氨酯　50,填料　适量,溶剂　25~60。

用途：主要用于机床及法兰盘等密封。

5.122　硅橡胶密封胶

配方(质量份)：有机硅橡胶(SD-33)　100,三氧化二铁　101,气相法白炭黑　42.2,二苯基二乙氧基硅烷　5.5。

用途：主要用于高低温绝缘、耐烧蚀防潮密封等。

5.123　耐酸耐油堵漏胶

配方(质量份)：E-44 环氧树脂　100,内次甲基四氢邻苯二甲酸酐(NA)　60~80。

用途：主要用于 200~250℃下的设备耐油和耐酸堵漏。

5.124　S-40 胶

配方(质量份)：309#不饱和聚酯　100,307#不饱和聚酯　20,醋酸乙烯酯 100,丙烯酸 12,环烷酸钴 1,过氧化环己酮 2。

用途：主要用于金属和塑料件的粘接。

5.125 金属填补胶

配方(质量份)：E-44 环氧树脂 29～32,E-51 环氧树脂 5～9,液态聚硫橡胶 3～5,KH-560(偶联剂) 1～2,邻苯二甲酸二辛酯 1～3,磷酸三丁酯 1～3,T-31(固化剂) 2～4,JC-3(固化剂) 4～6,650# 低分子量聚酰胺 2～3,糖精 1～2,还原铁粉 34～38,DMP-30(促进剂) 1～3,活性氧化镁 2～4。

用途：主要用于铸造缺陷修补及零件缺陷填补。

5.126 环氧水下胶

配方(质量份)：E-44 环氧树脂 40,702# 聚酯树脂 4～8,石油磺酸 0～2,生石灰(160 目) 20,二亚乙基三胺 4。

用途：主要用于船尾轴管堵漏、船体裂缝和孔洞的急修。

5.127 磷酸铜胶

配方(质量份)：氧化铜(纯度 95%以上) 35,磷酸(相对密度1.7) 9.5,氢氧化铝(纯度 98%以上) 0.5。

用途：主要用于金属、陶瓷、胶木等材料的粘接。

5.128 耐火环氧胶

配方(质量份)：双酚 A 环氧树脂 50,聚氨酯改性环氧树脂 50,氢氧化铝 25,三氧化二锑 75,双氰胺 10,咪唑 5,1.6-己二醇二环氧甘油醚　20。

　　用途：主要用于金属、陶瓷、玻璃、木材、电工等粘接。

5.129　PS型压敏胶

　　配方(质量份)：丙烯酸丁酯-丙烯酸甲酯共聚树脂　100,三聚氰胺甲醛树脂　7.5,蒎烯树脂　1.5～3。

　　用途：主要用于制造压敏胶带。

5.130　强力建筑胶

　　配方(质量份)：改性松香(工业品)　10,707树脂(工业品)　55～60,二甲苯(工业品)　适量,重质碳酸钙(建筑用≥250目)　30～35,沉淀硫酸钡(建筑用≥250目),石英粉(建筑用≥250目)　2～3。

　　用途：主要用于釉面砖、大理石、花岗岩、木质地板、人造装饰板粘贴及墙面缺陷修补等。

5.131　SGST固体胶

　　配方(质量份)：骨胶(工业级)　100,硬脂酸(工业级,98%)　20,硼砂(工业级,99%)　20,甘油(工业级,99%)　20,氢氧化钠(工业级,99%)　3～4,香精　少量,色素(黄色)少量,水(去离子水)　适量。

　　用途：主要用于各种纸品粘接。

5.132　地毯胶

　　配方(质量份)：醋酸乙烯(工业级)　300,丙烯酸丁酯(工业级)200,N-羟甲基丙烯乙酰胺(工业级)　10,丙烯酸(工业级)　5,聚乙烯醇(17～99)(工业级) 80,聚氧乙烯壬基酚基醚(工业级) 10,十二烷基硫醇(工业级) 0.5,过硫酸铵(试剂级) 1.5,邻苯二甲酸二辛酯(工业级) 30,碳酸氢钠(工业级) 适量,水(去离子水) 1350。

用途:主要用于地毯加工后整理中及 PVC、皮革、木材、纸张、纤维制品等粘接。

5.133 改性 PS 胶

配方(质量份):废聚苯乙烯泡沫 30,甲苯＋乙酸乙酯(1:1) 70,邻苯二甲酸二丁酯(DBP)工业级 2.0,过氧化苯甲酰(BPO)工业级 0.2,填料(氧化镁、钛白粉、滑石粉)0.044 mm 10～15,酚醛树脂(松香改性)工业级 0.5～1.0,石油树脂 工业级 0.5～1.2。

用途:主要用于木材、纸张、纤维等制品的粘接。

5.134 聚氨酯建筑密封胶

配方(质量份):A 组分:聚氧乙烯醚 5613 189～191,邻苯二甲酸二丁酯 36～38,异氰酸酯 6～8;B 组分:精制蓖麻油 18.5～20,邻苯二甲酸二丁酯 15～17,甲基硅油 0.5～1.5,硅烷偶联剂(WD-50) 0.5～1.5,洗油20～30,双飞粉35～45,滑石粉 35～45,轻质碳酸钙 35～45,钛白粉 16～20,辛酸亚锡 0.5～1.5。

使用时 A:B＝1:2。

用途:主要用于高层建筑、高速公路、桥梁、机场等一切混凝土、砖施工场合。

5.135 阻燃胶

配方(质量份):氯丁胶 90～120,210 型树脂 14～28,2402 型

树脂　5～10,三氯乙烯　400～700,二氯甲烷　150～250,氧化镁 0.04～0.1,防老剂　0.5～1。

用途:主要用于防火输送带接头的粘接及橡胶、塑料、皮革、装饰材料等粘接。

5.136　纳米有机胶粘剂

配方(质量份):废聚苯乙烯泡沫塑料　10,松香树脂　6,丙酮 12,无铅汽油　72,纳米二氧化硅　0.5,铝银粉和铜粉　10～25。

用途:主要用于金属、塑料、木材、混凝土、石材等各种材料的装饰,特别适用金属的表面装饰和防腐。

5.137　复合无机胶粘剂

配方(质量份):固体组分:硫酸铜　4200,氢氧化钠2000,水　大量;液体组分:磷酸　1200,氢氧化铝　30。

使用时,将固体组分和液体组分调配混合。

用途:主要用于金属和部分非金属制品的粘接,例如量具、刀具、模具及设备部件连接、维修和堵漏等。

5.138　不饱和聚酯胶粘剂

配方(质量份):309 聚酯树脂　100,丙烯酸　12,307 聚酯树脂 20,过氧化环己酮　2,乙酸乙酯　10。

用途:主要用于金属、塑料、有机玻璃、水泥制品等粘接。

第6章 粘接技术应用实例

6.1 在机械工业中的应用

[例 A001] **铸件砂眼气孔、疏松裂纹的修复**

1. 修复部位：机床箱体铸件有一组砂眼气孔缺陷。

2. 胶粘剂的选择：选用 AR-5 耐磨胶粘剂(湖北回天胶业股份有限公司生产)或 JW-1 修补胶粘剂(上海合成树脂研究所生产)加 10%铁砂调和。

3. 粘接工艺：① 表面处理：先用刮刀或锯条将铸件的砂眼、缩孔中的型砂和杂质清除干净，然后用丙酮清洗几遍，除净油污，晾干。② 调胶：将 AR-5 耐磨胶粘剂的甲组分和乙组分按 1∶1(体积比)挤在干净的玻璃板上调匀。③ 粘补：将调匀的胶粘剂填满经过表面处理的铸件砂眼中，面上抹平。施工要求胶液在 45 min 内涂完，胶层应略高于表面，以免因胶粘剂固化后出现凹坑现象。若是较长的裂纹，可沿裂缝处开 U 形坡口，再在槽内灌满胶液，并在外表贴上 1 至 2 层玻璃丝布，以增加强度。④ 固化：在室温下固化 24 h 或加热到 60℃固化 2 h。⑤ 防护：铸件表面缺陷修补平整后涂防锈漆。

[例 A002] **离心机活塞及油缸拉伤修复**

1. 修复部位：原机长期使用出现活塞及油缸拉伤缺陷。

2. 胶粘剂的选择：选用 DG-3 胶粘剂(晨光化工研究院生产)。

3. 粘接工艺：① 表面处理：先用 0 号砂布将拉伤表面打磨干净,凹沟槽用刮刀刮出新鲜面,再用工业汽油清洗粘接面两次,最后用丙酮清洗一次,晾干。② 调胶：DG-3 胶粘剂为双组分,按甲组分：乙组分＝4：1,加适当填料混合,搅拌均匀(修复活塞用填料为 200 目的 HT-2-40 粉,修复油缸用填料为 200 目的 ZG35 号粉)。③ 涂胶：将混合均匀的胶液涂于已清洁的被粘部位上,高出约 2 mm(留作加工余量)。④ 固化：室温 2 天或加热到 60℃固化 4 h。⑤ 整修：胶液固化后用锉刀修除多余加工量,最后余量用油石修磨达到粗糙度 Ra 6.3 以上。

[例 A003] **机械零件断轴的修复**

1. 修复部位：机械零件断轴部位。

2. 胶粘剂的选择：选用环氧树脂胶粘剂(湖南神力实业有限公司等生产)

3. 粘接工艺：① 断轴套接,见图 6-1。可采用以下三种方法：(a) 在断轴的一端钻一孔并钻出排气孔,同时在另一端加工出同孔相配合的一段芯轴。(b) 将轴的两端车去一部分,然后配一套管,再将轴和套管粘接。(c) 在轴的外面配一套管,然后将轴和套管粘合。② 调胶：将环氧树脂胶粘剂按甲组分：乙组分＝1：1 的配比调匀。③ 涂胶：

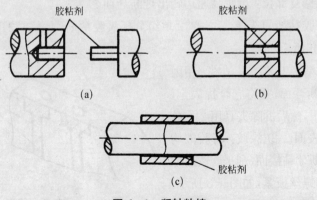

图 6-1 断轴粘接

将胶液均匀涂于断轴各接触面和套接表面。④ 固化：室温 24 h 即可。

[例 A004] **双座轴承架断裂修复**

1. 修复部位：双座轴承架断裂面。

2. 胶粘剂的选择：JW-1 环氧型胶粘剂（上海市合成树脂研究所生产）或无机胶粘剂（南京无机化工厂等生产）。

3. 粘接工艺：① 清洗：用丙酮清洗断裂面，并校正复原精度。

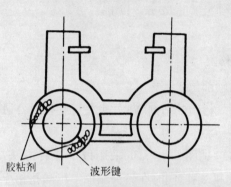

胶粘剂　　波形键

图 6-2　双座轴承架断裂粘接

② 调胶：将 JW-1 环氧型胶粘剂按甲组分：乙组分＝2：1 的配比混合调匀。③ 涂胶：将配好的胶液均匀涂于断裂面粘接部位，并在前后平面上扣入波形键，在键槽上涂上无机胶粘剂，如图 6-2 所示。④ 固化：将粘接部位夹紧，在 80℃ 经 2 h 固化。

[例 A005] **大模数齿轮断牙修复**

1. 修复部位：齿轮高速运转出现断牙面。

2. 胶粘剂的选择：7-2312 单组分环氧胶粘剂（上海 4724 厂粘接技术研究所生产）。

3. 粘接工艺：① 清洗：用丙酮清洗断牙面，并将它合拢固定，钻台阶眼，然后拆除夹具用 2 号砂布打磨表面。② 涂胶：将胶液均匀涂于断牙粘接面、刮平。然后加压贴合、螺丝扳紧，如图 6-3 所示。③ 固化：加温 120℃ 3 h。

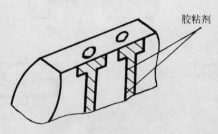

胶粘剂

图 6-3　齿轮断牙修复

[例 A006] **钻头加长粘接**

1. 修复部位：钻头因使用需要加长粘接耐冲击。

2. 胶粘剂的选择：7-2312 单组分环氧胶粘剂(上海 4724 厂粘接技术研究所生产)。

3. 粘接工艺：① 清洗：用丙酮清洗刀杆与刀头两端面，并用砂布打毛，配合间隙为 0.04～0.08 mm，刀杆孔底部钻 $\phi1$ mm 小孔，如图 6-4 所示。② 涂胶：将胶液均匀涂于粘接面。③ 固化：170℃固化 1 h。

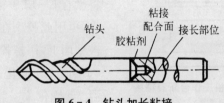

图 6-4 钻头加长粘接

[例 A007] **硬质合金顶尖粘接**

1. 修复部位：硬质合金顶尖和内孔粘接。

2. 胶粘剂的选择：无机胶粘剂(南京无机化工厂或昆明理工大学粘接技术研究所生产)。

3. 粘接工艺：① 顶尖加工：顶尖直径间隙不宜过大，留 0.2～0.25 mm，在内孔底部沿径向钻排气孔，否则会影响顶尖强度和质量。② 清洗：用丙酮清洗顶尖和内孔，去除油污。③ 配胶：无机胶粘剂由(甲)特制氧化铜粉和(乙)磷酸铝溶液组成，按甲组分∶乙组分=(3～5 g)∶1 mL 的配比调胶。调成糊状，能拉成长 1 cm 以上的丝条即可进行粘接。④ 涂胶：将胶液均匀涂于硬质合金顶尖和内孔上粘接，如图 6-5 所示。⑤ 固化：在40℃下固化 1.5 h，然后再在 100℃固化 2 h。

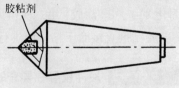

图 6-5 硬质合金顶尖粘接

[例 A008] **液压卸料机工作台断裂粘接**

1. 修复部位：卸料机工作台出现断裂面。

2. 胶粘剂的选择：JX-9 胶膜(上海橡胶制品研究所生产)、E-15 胶粘剂(上海市合成树脂研究所生产)。

3. 粘接工艺：① 清洗：用丙酮清洗断裂面，除去油污。② 涂胶：将 JX-9 胶膜贴在断面中间，校正加压 0.5 MPa，在断裂的周围将涂有 E-15 胶粘剂的波形键扣入，再用此胶涂在加强板上合在被粘面上，用螺栓紧固，如图 6-6 所示。③ 固化：在 120℃下保温 2 h 固化。

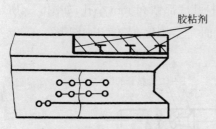

图 6-6 卸料机工作台断裂粘接

[例 A009] **T68 万能镗床漏油修复**

1. 修复部位：T68 万能镗床出现裂纹渗漏面。

2. 胶粘剂的选择：① 无机胶粘剂(南京无机化工厂或昆明理工大学粘接技术研究所生产)；② 南大-703 胶粘剂(南京大学化工厂生产)。

3. 粘接工艺：① 表面处理：用锉刀将渗漏处锉成 V 形槽，并用脱脂棉蘸煤油除污，再用乙醇擦洗，最后用丙酮清洗。② 配胶：无机胶粘剂为(甲)特制氧化铜粉和(乙)磷酸铝溶液组成，按甲：乙＝(3~5 g)：1 mL 的配比调胶，调成糊状，能拉长成 1 cm 以上的丝条即可进行粘接。③ 涂胶：用配好的无机胶粘剂填补 V 形槽底沟。④ 固化：室温固化 24 h。⑤ 涂胶：第二次再用棉球蘸丙酮擦拭粘接面，最后用南大-703 胶粘剂直接涂于粘接面进行全密封。⑥ 固化：室温固化 20 h。

[例 A010] **冷冲模导柱导套的粘接**

1. 粘接部位：冷冲模导柱导套装配粘接。

2. 胶粘剂的选择：配方(重量份)：E-44 环氧树脂 100 份，间苯二胺 6 份，氧化铝(120～160 目)或碳化硅 40 份。

3. 粘接工艺：① 清洗：将粘接面用丙酮清除去油污。② 配胶：先将 E-44 环氧树脂与氧化铝按配比在 70～80℃时搅拌均匀，稍冷后将间苯二胺加入搅匀。③ 涂胶：将装配好的粘接件放入 120℃烘箱中预热 1.5～2 h，取出后趁热将胶液浇注在粘接面的间隙中，如图 6-7 所示。④ 固化：在 120℃保温 4 h 固化。

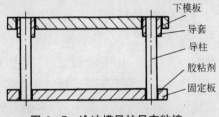

图 6-7　冷冲模导柱导套粘接

[例 A011]　压力机支臂断裂修复

1. 修复部位：压力机支臂断裂面。

2. 胶粘剂的选择：配方(重量份)：E-44 环氧树脂 50 份，650 聚酰胺树脂 40 份，200 目还原铁粉 10 份。

3. 粘接工艺：① 清洗：用磷酸与乙醇按重量比 10∶10 制成磷酸处理液，在 40～60℃温度下用处理液洗支臂断面 30 min，用热水冲洗干净，烘干后用丙酮洗净晾干。② 配胶：按配方规定量在干净铜板或容器内搅拌调匀。③ 涂胶：将胶液均匀涂敷在支臂折断面上，胶层厚度约 0.15 mm。④ 加压：合拢后压上 10 kg 重物。⑤ 固化：室温 24 h 固化。⑥ 配制波形键并嵌入孔槽内，在支臂平面接缝处画线钻孔，整修成波浪孔槽后涂胶，并将波形键嵌入孔槽内涂胶液。⑦ 固化：室温 24 h 固化，如图 6-8 所示。

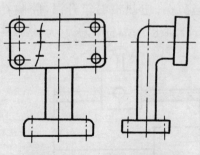

图 6-8　压力机支臂断裂修复

[例 A012] 机床液压系统管接头密封

1. 修复部位：机床液压系统管接头漏油部位。

2. 胶粘剂的选择：Y-150 厌氧胶粘剂(辽宁大连第二有机化工厂、湖北回天胶业股份有限公司生产)或 TS 厌氧型系列管螺纹密封剂(北京市天山新材料技术公司生产)。

3. 粘接工艺：① 表面处理：先将机床液压系统中各部分接头上的油污去掉，再用丙酮或乙醇清洗干净。② 涂胶：用毛刷将单组分厌氧胶直接均匀涂于接头连接的螺纹处，然后合拢连接，或先将促进剂涂在螺纹上，待 10 min 晾干后，再涂厌氧胶合拢。③ 固化：在隔绝空气下室温固化，24 h 即可达到最大强度。而涂有促进剂的，在室温下放置 60 min 以上即可使用。

[例 A013] 无心磨床托板支承面硬质合金粘接

1. 修复部位：无心磨床托板支承面硬质合金原采用铜焊现改用粘接。

2. 胶粘剂的选择：SL-4 胶膜型环氧树脂胶粘剂(上海橡胶制品研究所生产)。

3. 粘接工艺：① 表面处理：托板体缺口及硬质合金薄片粘接表面采用喷砂或砂布打磨，去除锈蚀痕迹及氧化层。② 清洗：用丙酮清洗经表面处理的粘接部位。③ 涂胶：将 SL-4 胶膜裁剪成宽 12 mm 的条状，按图 6-9 所示用夹具固定放在电热恒温箱升温，胶膜在 150℃熔成软化状态，再将夹具上螺钉加压定型，固化压力为 0.05~

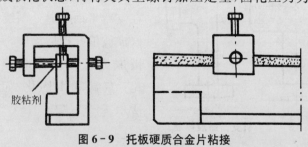

胶粘剂

图 6-9　托板硬质合金片粘接

0.15 MPa。④ 固化：在恒温箱 180℃保温 2 h 取出冷却。

[例 A014]　离合器摩擦片破裂修复

1. 修复部位：离合器摩擦片破裂部位。

2. 胶粘剂的选择：铁锚 101 胶粘剂(上海新光化工有限公司生产)。

3. 粘接工艺：① 清洗：先将钢片和摩擦片用砂布擦拭,除去锈蚀并打毛,用丙酮清洗粘接表面。② 配胶：铁锚 101 胶粘剂为双组分,按甲组分：乙组分＝100：(20～50)(质量比)调匀。③ 涂胶：将胶液涂于两粘接面,涂胶两次,第一次涂布后晾置 5～10 min,第二次涂布后晾置 20～30 min,粘合后加压 0.05 MPa。④ 固化：常温固化 2～3 d,或加温至 100℃固化 2 h 即可。

[例 A015]　机油泵漏油修复

1. 修复部位：机油泵渗漏部位。

2. 胶粘剂的选择：铁锚 609 密封胶(上海新光化工有限公司生产)。

3. 粘接工艺：① 清洗：除锈去油污,用丙酮清洗泵体和泵盖之间的接合平面。② 涂胶：在接合平面涂一层胶粘剂,晾置 20～30 min,中间再加一层纸垫,纸垫两面也要涂上 609 密封胶。③ 固化：在常温下将泵体和泵盖接合,拧紧螺栓,固化 24 h。

[例 A016]　螺纹车刀粘接

1. 粘接部位：螺纹车刀刀片和刀体粘接。

2. 胶粘剂的选择：无机胶粘剂(南京无机化工厂生产)或 YW-1型无机胶粘剂(昆明理工大学粘接技术研究所生产)。

3. 粘接工艺：① 清洗：用酸处理法除锈,水洗后擦干再用丙酮除油,将刀杆铣成槽型,配合间隙 0.2～0.4 mm。② 调胶：无机胶粘剂由(甲)特制氧化铜粉和(乙)磷酸铝溶液组成,按甲组

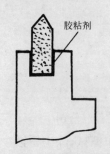

图 6 - 10　螺纹车刀粘接

分：乙组分＝3～5 g：1 mL 的配比调胶,调到胶液基本无气泡并能拉起丝来即可。③ 涂胶：将胶液均匀涂于刀片和刀体粘接面,如图 6 - 10 所示。④ 固化：在 40℃下保温 1.5 h,然后在 120℃固化 2 h。

［例 A017］变速箱穿孔修复

1. 修复部位：变速箱穿孔部位。

2. 胶粘剂的选择：农机一号胶粘剂(辽宁大连第二有机化工厂、湖南衡阳市粘合剂厂、中国科学院广州化学研究所等生产)。

3. 粘接工艺：① 清洗：用丙酮清洗粘合面并打毛。② 镶块：粘接前将损坏的崩块拼好用点焊定位。③ 配胶：农机一号胶粘剂为双组分,按甲组分：乙组分＝8：1 的配比(质量比)调匀。④ 涂胶：将配好的胶液均匀涂于粘接面。⑤ 固化：室温固化 8 h,或 60℃下 2 h 固化。

［例 A018］机床导轨研伤面修复

1. 修复部位：机床导轨小沟槽研伤部位。

2. 胶粘剂的选择：AR - 4 耐磨胶粘剂(湖北回天胶业股份有限公司生产)。

3. 粘接工艺：① 清洗：用脱脂棉蘸上汽油或丙酮擦洗研伤的表面,用废锯条或刮刀刮削研伤的沟槽,直到呈现出金属光泽;用脱脂棉蘸上丙酮,对沟槽进行最后擦洗。② 配胶：AR - 4 胶粘剂为双组分,使用时按体积比 1：1 挤在玻璃板上搅拌均匀。③ 涂胶：该胶的活性使用期为 45 min,调好的胶要立即涂用,涂胶时可用腻子刮刀或锯齿条蘸少量搅拌好的胶液,将它均匀涂到沟槽表面和研伤表面上,使表面粘上薄薄一层胶,然后用大量的胶填补到沟槽中,最后用金属的腻子刀将胶刮平。④ 固化：室温固化 24 h,或 60℃固化 2 h。⑤ 修刮：与刮削机床导轨相同,不允许刮削方向与沟槽方向平行。

[例 A019]　高速磨床磨头小直径砂轮粘接

1. 粘接部位:磨头小直径砂轮与轴粘接。

2. 胶粘剂的选择:配方(重量份):E-44 环氧树脂 50 份,650 聚酰胺 40 份。

3. 粘接工艺:① 清洗:先用汽油和乙醇清洗磨头刀杆。② 配胶:按配方规定量混合调匀,每次调量不能太多,以 1 h 左右用完为宜。③ 涂胶:用刀杆蘸取少量胶液滴入砂轮内孔,并使内孔塞满胶液,再把刀杆安好。④ 固化:将砂轮放在固化架上(不能平放,以防胶液流失),使其在室温固化 24 h。

[例 A020]　上下轴瓦粘接

1. 粘接部位:上下轴瓦以粘代焊锡。

2. 胶粘剂的选择:502 瞬干胶粘剂(浙江金鹏化工股份有限公司、北京北化精细化学品有限责任公司、黄岩有机化工厂、上海新光化工有限公司等生产)。

3. 粘接工艺:① 清洗:用丙酮清洗被粘表面,去除油污。② 涂胶:在被粘表面涂上薄薄一层胶液,立即贴合。③ 固化:在室温下,数秒钟至数分钟即可瞬间固化,24 h 后强度达到最大值,如图 6-11 所示。

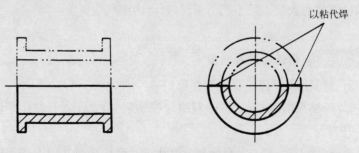

图 6-11　上下轴瓦粘接

[例 A021] 汽车刹车闸片粘接

1. 粘接部位：刹车闸片和钢带粘接。

2. 胶粘剂的选择：J-04 胶粘剂（黑龙江省石油化学研究院生产）。

3. 粘接工艺：① 除油打磨：将酚醛石棉塑料摩擦片和钢带分别进行除油和打磨处理。② 涂胶：将胶液均匀涂于工件粘接面，胶液涂两次，每次间隔 10～15 min。③ 加压：将涂胶后的工件放在胎具上加压（大于 0.3 MPa）。④ 固化：放入烘箱在 160～170℃下固化 3 h。

[例 A022] 压铸机缸体磨损修复

1. 修复部位：压铸机液压缸内壁磨损部位。

2. 胶粘剂的选择：AR-5 耐磨胶粘剂（湖北回天胶业股份有限公司生产）。

3. 粘接工艺：① 表面处理：先用喷灯喷烧铸钢缸体砂孔部位，去除油污，再用砂轮打磨成交叉形沟纹状，最后用丙酮擦洗干净，晾干。② 预热：将缸体用 2 块 3 kW 红外线加热板烘烤 3 h，使缸体温度达到 40℃左右。③ 配胶：将 AR-5 胶粘剂按 1：1 的体积比调配均匀。④ 涂胶：用腻子刀将胶液涂于砂孔部位，第 1 遍用力刮涂，使胶液能挤入填平孔隙，并排出空气；第 2 遍沿圆周方向将胶液刮平。⑤ 固化：室温固化 24 h，或用红外线加热板加热至 60℃固化 2 h。⑥ 后加工：用细砂布打磨胶层表面至光滑平整，符合内壁尺寸要求。

[例 A023] 齿轮箱破裂修复

1. 修复部位：齿轮箱破裂部位。

2. 胶粘剂的选择：J-39 双组分胶粘剂（黑龙江省石油化学研究所生产）。

3. 粘接工艺：① 表面处理：用砂布打磨粘接面并用丙酮清洗干

净,晾干。② 配胶:将 J-39 双组分胶按 1:1(体积比)在容器中快速搅拌均匀。③ 涂胶:将胶液迅速涂布在两粘接面上,然后粘合压紧。④ 固化:室温固化 24 h。

[例 A024] **装载机车架轴承松动修复**

1. 修复部位:装载机车架孔大与轴承外圈配合松动。

2. 胶粘剂的选择:ZY-802 厌氧胶(浙江省机电设计研究院生产)。

3. 粘接工艺:① 表面处理:将轴承与孔的粘接面用汽油清洗一遍,再用丙酮擦拭干净,晾干。② 涂胶:将厌氧胶均匀涂刷于轴承和孔的粘接面上,然后将轴承装入孔内,转动两下,使胶液分布均匀并排出气泡。③ 固化:室温固化 24 h。

[例 A025] **进口镗床导轨的修复**

1. 修复部位:进口镗床导轨板拉伤部位。

2. 胶粘剂的选择:J-2012 导轨胶(黎明化工研究院生产)和 SG-717 单组分聚氨酯胶(浙江金鹏化工股份有限公司生产)。

3. 粘接工艺:① 表面处理:先用毛刷蘸丙酮反复刷洗含油尼龙导轨表面,并用刀片将表面残存的金属屑末去掉,然后用粗砂纸打磨干净。② 配胶:将导轨胶两组分按规定比例调配均匀。③ 涂胶:首先将搅拌均匀的单组分聚氨酯胶液均匀涂刷于尼龙导轨面上,室温晾置 6 h 后,再于其上用刮胶板涂抹一层导轨胶,同时在两块活化聚四氟乙烯胶带表面也涂抹一层导轨胶,然后将两块活化聚四氟乙烯胶带分别贴合于两导轨面上并压平。在下导轨面上铺一层薄塑料纸,将上下导轨合拢组装,用工作台的自重压实活化聚四氟乙烯胶带。④ 固化:室温固化 48 h。⑤ 后加工:待胶固化后,分开上下导轨,裁掉多余的活化聚四氟乙烯胶带,修正边缘成圆角,用小刀刻出原来的油孔和油沟,并去掉毛刺飞边,最后组装调整,直至机床正常运转。

[例 A026] 柴油机机体裂纹修复

1. 修复部位:柴油机机体损坏部位。

2. 胶粘剂的选择:配方(重量份):环氧树脂 100 份,聚酰胺 650# 100 份。

3. 粘接工艺:① 清洗:用丙酮将机体损坏部位及其周围清洗干净,除去油污、灰尘等。② 钻止裂孔:在裂纹两端钻 $\phi3$ mm 的止裂孔,然后用扁铲沿裂纹开出 V 形槽,槽深为壁厚的 1/2~2/3,再将裂纹两边 25 mm 范围内的机体表面用钢锉、砂纸等打磨出基体的金属光泽,最后用丙酮清洗,晾干。③ 配胶:按粘接部位用胶量,按环氧树脂:聚酰胺=1:1 质量比称量配胶,搅拌均匀。④ 涂胶:将粘接面预热至 50~60℃,再将胶液均匀涂敷在 V 形槽及其周围的粘接面上,边涂胶边用手锤轻轻敲打机体,使胶液能够渗入到裂纹的缝隙中,将 V 形槽填满。⑤ 粘贴玻纤布:在整个粘接缝上用手糊法粘贴玻纤布,粘贴时玻纤布应由内向外逐层增大,让每层玻纤布都与金属基体很好接触,防止固化后边缘翘曲造成玻璃钢脱落。⑥ 涂胶:最后在表面上再涂敷一次胶液。⑦ 固化:常温 3 d 以上或 80℃ 3 h 固化。

[例 A027] 冷冲模模架粘接

1. 粘接部位:冷冲模导柱导套与模架部位粘接。

2. 胶粘剂的选择:ZY - 801 厌氧胶(浙江省机械科学研究所生产)。

3. 粘接工艺:① 清洗:用丙酮清洗导柱、导套粘接部位。② 涂胶:先将 ZY - 801 厌氧胶涂在两配合面上,然后将导套装入上模底孔中并立即转动导套,使涂胶层均匀,导柱、导套在装配前应在导套内注入少量 10 号机油,使导柱、导套运动平稳。③ 装配:先将导柱插入导套孔中,在上下模板之间放入面积尽可能大的等高块,以提高上下模座的平行度,一般应使导柱、导套的组合深度不小于导柱直径的 1.5 倍。

④ 固化:室温固化 2 h。

[例 A028]　柴油机气缸体内壁腐蚀修复

1. 修复部位:柴油机气缸体内壁腐蚀泄漏部位。

2. 胶粘剂的选择:S-2 聚硫密封胶(上海橡胶制品研究所生产)。

3. 粘接工艺:① 清洗:用丙酮或醋酸乙酯清洗气缸体和气缸套的粘接表面。② 配胶(重量份):将 S-2 聚硫密封胶按甲组分:乙组分:丙组分:丁组分＝131:7:3:1 的配比准确称量,混合调匀。③ 涂胶:用刮刀将配好的胶液均匀涂敷在缸体内壁的凹槽和气缸套圆周相应部位。④ 硫化:常温 10 d 或 70℃时硫化 24 h 或 100℃时硫化 8 h。

[例 A029]　塑料导轨的粘接

1. 粘接部位:塑料板与铸铁导轨粘接。

2. 胶粘剂的选择:铁锚 101 胶粘剂(上海新光化工有限公司生产)。

3. 粘接工艺:① 清洗:用丙酮清洗导轨粘接面,去除油污。② 配胶:铁锚 101 胶粘剂为双组分,按甲组分:乙组分＝100:(20～50)(质量比)混合调匀。③ 涂胶:将配好的胶液涂刷在塑料板及铸铁导轨两个粘接面上,第一次涂刷后间隔 5～10 min 再涂第二次,涂第二次后经过 15～20 min,胶层产生发粘拉丝现象后,再将塑料板与导轨叠合。④ 固化:压力 0.05 MPa,100℃需 2 h 或室温下约 5 d。

[例 A030]　大模数滚刀崩牙修复

1. 修复部位:滚刀冲击后崩牙部位。

2. 胶粘剂的选择：SL-5 胶膜型环氧树脂胶粘剂（上海橡胶制品研究所生产）。

3. 粘接工艺：① 清洗：用丙酮清洗滚刀崩牙损坏面，断面并经过喷砂处理。② 涂胶：贴上胶膜，并用专用夹具紧固，压力 0.2 MPa。③ 固化：在 175℃保温 2 h 固化。

[例 A031] 电动葫芦制动圈的粘接

1. 粘接部位：电动葫芦制动圈。

2. 胶粘剂的选择：铁锚牌 204 胶粘剂（上海新光化工有限公司生产）。

3. 粘接工艺：① 清洗：将粘接面用砂布打毛，并用丙酮清洗，去除油污。② 涂胶：用刮刀涂胶三次，每次晾置 15～30 min，以不粘手为宜，叠合后用压板固定，压力 0.2 MPa 如图 6-12 所示。③ 固化：180℃固化 2 h。

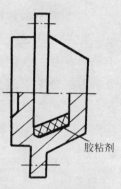

胶粘剂

图 6-12 电动葫芦制动圈粘接

[例 A032] 浮动镗刀粘接

1. 粘接部位：浮动镗刀刀片与刀体粘接。

2. 胶粘剂的选择：SL-5 胶膜（上海橡胶制品研究所生产）。

3. 粘接工艺：① 清洗：用丙酮清洗两粘接结合面，并进行喷砂处理。② 涂胶：将胶膜按粘接面大小直接敷贴于被粘部位，并加压 0.2 MPa。③ 固化：175℃保持 2 h。

[例 A033] 车头箱主轴承孔松动修复

1. 修复部位：轴承外径与箱体内孔松动部位。

2. 胶粘剂的选择：铁锚 351 厌氧密封胶粘剂（上海新光化工有限公司生产）。

3. 粘接工艺：① 清洗：用丙酮清洗轴承外径和箱体内孔，去除油污。② 涂胶：将胶液涂在轴承外径和箱体内孔的磨损两面上，装配后校正定位。③ 固化：25℃时 30 min 可定位牢固，3 h 后有高的强度，24 h固化完善。

[例 A034] 硬质合金垫刀片粘接

1. 粘接部位：硬质合金刀片和刀板长槽粘接。

2. 胶粘剂的选择：SE-7 单组分环氧胶粘剂(上海材料研究所生产)。

3. 粘接工艺：① 清洗：先将硬质合金垫刀片和刀板长槽粘接面中的油污用丙酮清洗干净，晾干。② 涂胶：将 SE-7 胶粘剂均匀涂于刀片和刀板长槽两侧面，然后按图纸尺寸要求叠合，如图 6-13 所示。③ 固化：放入烘箱内在 180℃保持 3 h 固化，即可使用。

胶粘剂

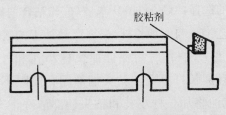

图 6-13　硬质合金垫刀片粘接

[例 A035] 模具的凸模及导柱和导套粘接

1. 粘接部位：模具的凸模及导柱和导套的粘接。

2. 胶粘剂的选择：铁锚牌 350 厌氧胶(上海新光化工有限公司生产)、GY-340 厌氧胶(大连第二有机化工厂生产)。

3. 粘接工艺：① 表面处理：用脱脂棉蘸丙酮清洗模具粘接部位。② 涂胶：用铁锚 350 双组分厌氧胶时应对模具固定板、凸模等零件先涂促进剂，待其完全挥发后再涂胶，如图 6-14 所示。③ 装配：为保证凸模与凹模间隙均匀及位置公差，可事先将凸模喷漆使其喷漆的厚度等于所需间隙的一半或将凸模装入凹模内四周塞入合适的铜皮，然后将垫铁放入凹模型孔的两端,最后将涂胶的固定板套入凸模的固定部位,与其垫块完全接触后,即完成装配。④ 固化:室温固化 24 h。

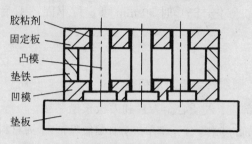

图 6-14　模具凸模及导柱和导套的粘接

[例 A036]　**小直径(小于 φ3 mm)标准钻头加长粘接**

1. 粘接部位:小直径钻头加长部位粘接。

2. 胶粘剂的选择:GY-340 厌氧胶(广州粘合剂化工厂等生产)。

3. 粘接工艺:① 自制加长杆,根据产品加工的需要,确定加长杆的直径 d 和长度 L,制作时需保证加长杆小孔和外径的同心度在 0.02 mm 以内,且加长杆小孔和钻头柄部配合间隙不能太大。② 清洗:用丙酮或汽油将加长杆小孔和钻头柄部清洗干净,晾干。③ 涂胶:在钻头柄部涂 GY-340 胶,约 5 min 后插入加长孔内来回拉两下,使孔内涂胶均匀,如图 6-15 所示。④ 定位:用小 V 形铁固定,并使钻头向加长杆孔一边靠,以使其间隙靠在一边,保证胶接后的同心度。⑤ 固化:室温固化 2~6 h。

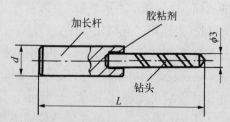

图 6-15　小直径钻头加长粘接

[例 A037]　硬质合金铰刀粘接

1. 粘接部位：硬质合金铰刀刀片与刀体粘接。

2. 胶粘剂的选择：YW-1 无机胶粘剂(昆明理工大学粘接技术研究所生产)。

3. 粘接工艺：① 接头设计,采用槽接结构。刀槽和刀片的配合间隙应控制在 0.1 mm 左右,刀槽深度比标准深度大 1 mm,如图 6-16 所示。② 清洗：用丙酮将刀槽和刀片清洗干净。被粘件最好预热至 30～40℃。③ 配胶：按甲组分：乙组分＝(5～5.5 g)：1 mL 配比调胶,用竹签在铜板上反复均匀调和约 1～2 min,使胶体成糊状。但调胶量不宜过多,要求一次用完。④ 涂胶：将调好的胶,迅速均匀涂于刀槽和刀片上,并进行适当的挤

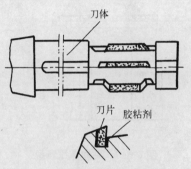

图 6-16　硬质合金铰刀粘接

压粘接。然后,再校准位置,用细铁丝将刀片捆住夹具。⑤ 固化：将工件送入烘箱,一般采用 60～70℃保温 1 h,然后再升温到120～130℃保温2～3 h 即固化。

[例 A038]　空气锤砧座燕尾断裂修复

1. 修复部位：空气锤砧座断裂部位。

2. 胶粘剂的选择：DJ 胶粘剂(广州机床研究所生产)。

3. 粘接工艺：① 钻孔、割断：在砧座断裂面上钻孔、割断,宽度视断裂位置而定,如图 6-17a 所示。然后用扁铲铲平,并在 Z32K 摇臂钻床上安装立铣刀铣削平面和垂直面,为保证加工面平行,应进行人工刮研。② 加工镶板：材料选用球墨铸铁 QT600-3,并钻铰 5 个 M20 螺孔和两个ϕ16 mm 定位销孔,如图 6-17b 所示。③ 表面处理：将镶

板与砧座相互粘接的表面进行去油污处理,然后用丙酮清洗并晾干。

④ 涂胶:将胶液均匀涂于镶板与砧座接合面,厚度为 0.10 mm 左右。

⑤ 加压:涂胶后约 3 min 即将镶板粘于砧座接合面,并加压 0.05～0.1 MPa。⑥ 固化:室温固化 24 h。⑦ 机加工:固化后钻攻 M20 螺纹,钻铰 φ16 mm 定位销孔,紧固螺栓,装定位销后刮研镶板顶平面,保证砧座顶平面一致。

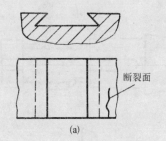

(a)

图 6-17　砧座燕尾断裂

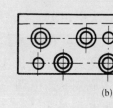

(b)

图 6-17　镶板

[例 A039]　高压水泵壳体裂缝修补

1. 修复部位:高压水泵壳体裂缝部位。

2. 胶粘剂的选择:GHJ-1 耐热快固铁胶泥(上海 4727 厂粘接技术研究所生产)。

3. 粘接工艺:① 表面处理:先在壳体裂缝尖端用手钻钻止裂孔(钻透),在裂缝两侧相距适当位置钻锔子孔,如图 6-18 所示。然后,用手砂轮在裂缝处打坡口,用砂布、锉刀把裂缝附近的油漆除净,再用丙酮清洗去除油污。② 配胶:GHJ-1 胶泥由三组分组成,按甲组分:乙组分:丙组分=6:2:1 的配比用手工揉合(戴塑胶手套),配成黑

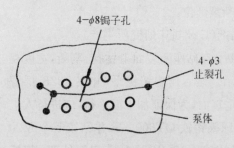

4-φ8锔子孔

4-φ3
止裂孔

泵体

图 6-18　高压水泵壳体裂缝修复

色面团状的胶料。③ 打锔子：将做好的钢锔子用手锤把裂缝锔好。④ 预热：用气焊对裂缝处及附近进行预热至 100～120℃。⑤ 粘接：将配好的胶泥均匀涂在壳体修补处，且把钢锔子全部覆盖住，然后用填料（胶泥中一部分）敷于表面，使外观光滑。⑥ 固化：室温固化4 h。

[例 A040]　**摩托车化油器外壳破裂修补**

1. 修复部位：摩托车化油器外壳破裂部位。

2. 胶粘剂的选择：配方（重量份）：E-44 环氧树脂 100 份，聚酰胺 80 份。

3. 粘接工艺：① 表面处理：用丙酮或汽油将化油器外壳破裂处擦洗干净，晾干。② 配胶：按配方规定量混合调匀。③ 涂胶：将配好的胶液均匀涂于破裂粘合面上，并对缝粘合，然后立即用夹具或绳子将其扎紧固定。④ 固化：室温24 h。⑤ 粘贴：待胶液干后，再在外层一层胶一层玻璃纤维布粘贴2～3层玻璃纤维布，并涂上一层胶液，晾置2 d后使用。

[例 A041]　**叉车制动刹车带粘接**

1. 粘接部位：叉车制动刹车带粘接。

2. 胶粘剂的选择：J-04 胶粘剂（黑龙江省石油化学研究院生产）。

3. 粘接工艺：① 清洗：将制动刹车带两摩擦片用砂布打毛，并用丙酮洗净。② 涂胶：第一次先将 J-04 胶均匀涂于两粘接面上，胶层厚度为 0.2～0.3 mm，晾置 20 min，待溶剂挥发胶液变稠拉丝后，再涂第二次胶。③ 粘合：放在 80℃烘箱内预热 50 min，趁热粘合，并紧固于专用夹具（或刹车轮）上。④ 固化：在 0.3～0.5 MPa 压力下放入 160～170℃烘箱内固化 2 h。

[例 A042]　**车床走刀箱和溜板箱盖板、油窗结合面渗漏油堵补**

1. 修复部位：车床走刀箱渗漏结合面部位。

2. 胶粘剂的选择：MF - 2 液态密封胶(广州机床研究所生产)。

3. 粘接工艺：① 清洗：用丙酮或汽油清洗结合面,除去油污,晾干。② 涂胶：将胶液均匀涂于渗漏结合面处,涂胶不宜太厚,胶层 0.1~0.15 mm,然后合拢压紧。③ 连接紧固：用汽油或丙酮擦去机床外部多余的密封胶。④ 固化：室温固化 4 h 即可试车使用。

[例 A043] **机床导轨面耐磨塑料板粘接**

1. 粘接部位：机床导轨面上粘接一层耐磨塑料板。

2. 胶粘剂的选择：铁锚牌 101 胶(上海新光化工有限公司生产)或 J - 2012 导轨胶(洛阳黎明化工研究院生产)、DJ 胶粘剂(广州机床研究所生产)。

3. 粘接工艺：① 表面处理：先用砂纸清除导轨面铁锈并使表面粗化,再用丙酮擦拭干净(脱脂)。② 调胶：101 胶为双组分,按甲组分：乙组分=10：4 比例混合,要随配随用。如使用美国霞板公司"德而赛 B"软带则采用"威劳克"胶粘剂。③ 涂胶：塑料贴板与铸铁导轨的两个粘接面分别涂刷胶液,如使用 101 胶,软带可刷一遍胶,基体刷两遍胶,胶层厚度应在 0.2 mm 左右。涂胶后晾置 10 min,用手指试有拉丝现象即可粘合对位,如图 6-19 所示。④ 粘合加压：粘合后将溜板箱放在床身导轨上,靠自身重量加压固定 36 h。⑤ 固化：使用 101 胶室温固化 3 d,130℃为 1 h。⑥ 修整：卸压后清除胶瘤修整倒角,软带在长宽方向上应比基体略小 1~2 mm,最后从软带上往基体钻油眼孔,以达到机床的技术要求。

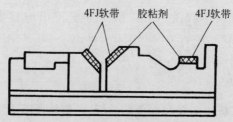

图 6-19 机床导轨面与塑料板粘接

[例 A044] **轿车挡风窗玻璃的粘接**

1. 粘接部位：轿车窗框与挡风玻璃的粘接。

2. 胶粘剂的选择：JLC - 15 汽车用聚硫胶粘剂（锦西化工研究院生产）。

3. 粘接工艺：① 清洗：对窗框、挡风玻璃进行表面处理，去除油污等脏物。② 配胶：JN - 4 密封胶按甲组分∶乙组分∶丙组分＝100∶11∶11 的配比准确称量，混合调匀。③ 涂胶：将胶液刮涂或压注于待粘接表面上，如图 6 - 20 所示。④ 固化：室温固化 24 h～7 d。

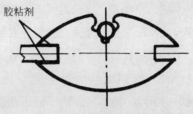

图 6 - 20 轿车挡风窗玻璃的粘接

[例 A045] **量具制造时的粘接**

1. 粘接部位：量具制造时粘接部位。

2. 胶粘剂的选择：SA - 101 室温快固丙烯酸胶粘剂（上海合成树脂研究所生产）。

3. 粘接工艺：① 清洗：用丙酮清洗量具粘合面，晾干。② 涂胶：在被粘物的一面或两面薄薄涂上一层底剂，待溶剂挥发后，再涂一层主剂，将两个面合拢固定。③ 固化：室温 24 h。

[例 A046] **汽车水箱渗漏修补**

1. 修复部位：汽车水箱渗漏处。

2. 胶粘剂的选择：HY - 911 快速固化胶粘剂（天津合成材料工业研究所生产）。

3. 粘接工艺：① 表面处理：水箱渗漏处裂纹用砂纸打磨去锈，再用丙酮等溶剂清洗，晾干。② 调胶：HY - 911 胶为双组分，按甲组分∶乙组分＝(3～9)∶1 的配比混合调匀。③ 涂胶：用刮刀将配好的胶液迅速均匀涂在裂纹处,晾干。如裂纹大,再粘贴一层涂有胶液的玻璃布、压紧。④ 固化:室温固化 3 h。

[例 A047] **摩托车油箱裂纹漏油修补**

1. 修复部位:摩托车油箱裂纹漏油部位。

2. 胶粘剂的选择:CH - 102 耐油密封腻子(重庆长江橡胶厂生产)或 M - 7 密封胶粘剂(黑龙江省化工研究院生产)。

3. 粘接工艺:① 清洗:用棉纱蘸丙酮将油箱裂纹漏油处反复擦洗干净,直到无油污为止。② 涂胶:将 CH - 102 腻子用手工制成条状,并用刮刀将条状腻子嵌入裂纹处紧固堵牢。或者使用 M - 7 密封胶按甲组分:乙组分=100:(13~16)的配比调匀后,在 1 h 内均匀涂于油箱裂纹部位。③ 固化:常温 48 h。

[例 A048] **汽车变速箱裂纹修复**

1. 修复部位:汽车变速箱裂纹部位。

2. 胶粘剂的选择:环氧胶粘剂(湖南神力实业有限公司等生产)、无机胶粘剂(南京无机化工厂等生产)、铁锚牌 300 系列厌氧密封胶粘剂(上海新光化工有限公司生产)。

3. 粘接工艺:① 准备:在裂纹末端打止裂孔,在接合面上跨裂纹处挖出一块 40 mm×15 mm×3 mm 的槽,取相应尺寸的 2 mm 厚不锈钢片配制在其中,并在两端打 ϕ4 mm 孔与箱体连通,深约 10 mm,并配制销钉(留间隙约 0.2 mm),沿裂纹开 V 形槽,在裂纹线上制作两个跨缝波形键,如图 6 - 21 所示。② 清洗:用丙酮清洗待粘接部位,晾干。③ 涂胶:在不锈钢片与挖出的槽上,涂环氧胶粘剂。V 形槽涂底胶(环氧胶粘剂)后再用加铁粉填料的环氧胶粘剂填充。用无机胶粘剂将不锈钢与销钉粘接到箱体上。裂纹的两个波形键和止裂孔的堵塞粘接也用无机胶粘剂。全长的缝隙,从箱体的内表面涂厌氧胶粘剂,利用其稀薄流动性好的特点注入细微的裂纹中,然后再涂一层环氧胶粘剂,贴一层玻璃布,在布面上再涂一层环氧胶粘剂。④ 固化:室温固化24 h。

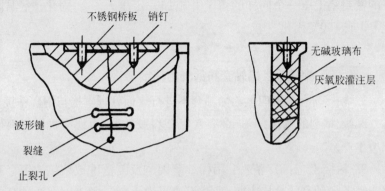

图 6-21 汽车变速箱粘接

[例 A049] **汽车车身覆盖件的焊缝处密封粘接**

1. 粘接部位:汽车车身覆盖件焊缝处部位。

2. 胶粘剂的选择:JLC-1聚硫密封胶(辽宁省锦西化工研究院生产)。

3. 粘接工艺:① 表面处理:车身表面先打磨除锈,再用丙酮清洗去除油污。② 配胶:JLC-1聚硫密封胶按甲组分∶乙组分∶丙组分=100∶(9~10)∶(0.1~1.0)的配比混合调匀。③ 涂胶:采用刮涂法将胶液均匀涂于覆盖件连接的焊缝处,在垂直面上胶层厚度不得超过4 mm。④ 固化:室温固化 24 h。⑤ 修整:粘接表面固化后用气动砂轮打磨修整有凹陷不平处可再填补胶液,然后进行喷漆。

[例 A050] **电动机观察孔盖与毛毡密封垫粘接**

1. 粘接部位:电动机观察孔盖与毛毡密封垫粘接部位。

2. 胶粘剂的选择:铁锚牌101胶粘剂(上海新光化工有限公司生产)。

3. 粘接工艺:① 表面处理:按需要进行机械或化学处理。② 配胶：铁锚 101 胶按甲组分∶乙组分＝2∶1 称取混合调匀。③ 涂胶：用毛刷把胶液均匀刷涂在观察孔盖的粘接处并粘上密封垫，然后在粘好的密封垫上压一个同样的盖子并施加一定压力。④ 固化：室温固化 5 d 或 100℃固化 3 h。

[例 A051] **聚四氟乙烯轴套和钢套的粘接**

1. 粘接部位：聚四氟乙烯轴套不进行表面处理直接与钢套粘接。

2. 胶粘剂的选择：FS - 203 A 氟塑料胶粘剂（上海有机氟材料研究所生产）。

3. 粘接工艺：① 清洗：用棉纱蘸丙酮反复清洗被粘接的钢套和聚四氟乙烯轴套的粘接表面，直至无油污为止。② 涂胶：在两轴套的粘接面上均匀地涂上一层 FS - 203 A 胶粘剂，约 5 min 后再涂一层，待胶稍干时即可将聚四氟乙烯轴套用力推压钢套内。③ 固化：室温24 h 即可使用。

[例 A052] **龙门刨床导轨研伤修复**

1. 修复部位：龙门刨床导轨研伤部位。

2. 胶粘剂的选择：TZ - 02 耐磨胶粘剂（江苏泰兴胶粘剂厂生产）。

3. 粘接工艺：① 表面处理：将研伤处用干油围成油池，然后将汽油（80 号）放入油池中，如图 6 - 22 所示。约 3～4 h 后将干油等杂物清除掉，用丙酮刷洗研伤处及周围表面，过 1 h 后用棉布沾丙酮擦拭研伤表面 3～4 遍，晾干。② 配胶：TZ - 02 耐磨胶粘剂为双组分，按甲组分∶乙组分＝1∶1 调匀。③ 涂胶：将配好的胶液从一端开始均匀向另一端涂抹，涂胶高度略超过工件表面，以保证固化时足够的收缩量。④ 固化：涂胶完毕后将工件放平，加压 0.025～0.05 MPa，室

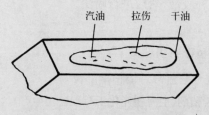

汽油　拉伤　干油

图 6 - 22　龙门刨床导轨研伤修复

温固化20 h。⑤ 精加工：胶液固化后，对导轨表面进行刮削或磨削加工。

[例 A053]　铸铝体镶钢导轨粘接

1. 粘接部位：铸铝体导轨与镶钢条粘接。

2. 胶粘剂的选择：JW‑1 修补胶粘剂（上海合成树脂研究所生产）。

3. 粘接工艺：① 清洗：用棉花蘸丙酮反复清洗被粘接的导轨面。② 配胶：JW‑1 修补胶为双组分，按甲组分：乙组分＝2：1 混合调匀。③ 涂胶：在镶钢导轨上涂胶，晾置。④ 固化：定位粘接后加压，80℃固化 2 h。

[例 A054]　轴瓦尺寸磨损超差修复

1. 修复部位：轴瓦尺寸磨损超差部位。

2. 胶粘剂的选择：420 胶膜（哈尔滨工业大学、哈尔滨市香坊粘合剂厂生产）。

3. 粘接工艺：① 表面处理：轴瓦加工面用汽油或丙酮清洗及机械处理（喷砂）。② 预热：轴瓦在 210～220℃下保持 30 min。③ 贴膜：将裁剪好的胶膜趁热贴于轴瓦内表面，并用压辊将气泡排出。④ 固化：压力 0.1～0.2 MPa、170℃～180℃下 3 h。冷却后按尺寸加工。

[例 A055]　卸料机机身裂纹修复

1. 修复部位：卸料机机身裂纹部位。

2. 胶粘剂的选择：无机胶粘剂（南京无机化工厂等生产）。

3. 粘接工艺：① 清洗：用丙酮清洗机身裂缝面，并在裂缝处扣入波形键及在裂口处加固一副加强块，如图 6‑23 所示。② 配胶：无机胶粘剂为双组分，按甲组分：乙组分＝（3～5 g）：1 mL 的配比调匀。

③ 涂胶：用配好的胶液在裂缝处均匀涂覆。④ 固化：40℃ 1 h,然后100℃ 2 h。

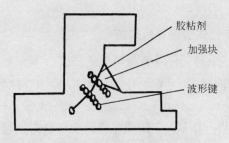

图 6 - 23　卸料机机身裂缝粘接

[例 A056]　汽车内燃机缸体裂纹粘补

1. 修复部位：汽车内燃机缸体裂纹部位。

2. 胶粘剂的选择：堵漏剂(中科院长春应用化学研究所生产)。

3. 粘接工艺：① 清洗：先用纯碱水溶液(80℃以下)在热循环下把缸体内壁和裂缝表面清洗 3 次,纯碱水溶液的用量约为缸体和水箱总容量的 2%,洗后放掉。② 将缸体上部导管(即气缸盖与水箱连接部分)打开,取下节温器,注入约 1/3 容量加入堵漏剂的冷水。堵漏剂用量可取缸体水箱中水的总容的 1/20。接好导管,注满清水,留出约半升容量,以免因体积膨胀而导致堵漏剂溶液从水箱口喷出。上述方法用于砂眼孔<0.3 mm,裂缝长度<50 mm 的堵漏。如缸体裂纹长度超过 50 mm,要用 ϕ3~4 mm 的钻头在裂缝两端和中间间隔约 40~50 mm 处钻孔(不要钻通),然后套丝上螺钉或点焊,以固定裂缝,防止裂缝延伸,然后再修补。

[例 A057]　拖拉机离合器与钢片粘接

1. 粘接部位：拖拉机离合器与钢片粘接部位。

2. 胶粘剂的选择：J - 04 酚醛丁腈型胶粘剂(黑龙江省石油化学

研究院生产)。

　　3. 粘接工艺：① 清洗：清除待粘表面的油污,并用砂布打磨出新的金属表面。② 涂胶：待粘表面用有机溶剂清洗后,用毛刷将稀释好的 J-04 胶液均匀地涂刷第一层,室温晾置 10 min 后,再均匀地涂刷第二层,晾置 10 min。③ 固化：放在恒温箱内加热至 80℃,保持 1 h 后取出,趁热在专用夹具上合拢,并施加 0.3 MPa 压力,再放入恒温箱内加热至 150~160℃,保温 2 h,缓冷取出。

[例 A058]　齿轮箱箱体微孔渗漏修复

　　1. 修复部位：齿轮箱箱体微孔渗漏部位。

　　2. 胶粘剂的选择：GY-280 厌氧胶(广州市坚红化工厂、大连胶粘剂研制开发中心生产)。

　　3. 粘接工艺：① 清洗：用汽油或丙酮将箱体微孔渗漏部分清除干净,晾干。② 涂胶：将 GY-280 厌氧胶涂在裂纹或砂眼、气孔位置,让其自行浸渗进去。③ 固化：室温 2 h 后即固化。

[例 A059]　柴油机机体裂纹漏水修复

　　1. 修复部位：柴油机机体裂纹漏水部位。

　　2. 胶粘剂的选择：乐泰 290 厌氧胶(烟台乐泰(中国)有限公司生产)。

　　3. 粘接工艺：① 清洗：用丙酮将裂纹处擦洗干净。② 钻止裂孔：在裂纹两端分别打 ϕ2 mm 的止裂孔。③ 预热：用气焊将裂纹处预热至 200~300℃。④ 渗胶：当机体温度降至 70~100℃时,将乐泰 290 胶渗入。⑤ 擦洗：用脱脂棉将表面的 290 胶擦干净。⑥ 加固：在裂纹表面用环氧玻璃钢粘贴三层加固。

[例 A060]　制氧机超低温(−180℃)管路漏气修复

　　1. 修复部位：制氧机超低温管路漏气部位。

2. 胶粘剂的选择："车家宝"01 号耐温胶(耐温 $-200\sim900℃$)(山东省特种粘接技术研究所生产)。

3. 粘接工艺：① 清洗：将管路漏气处用丙酮清洗油污,晾干。② 配胶：01 号耐温胶按甲组分：乙组分 $=4：1$ 配比调匀,用调胶刀如能剔拉成 1 cm 左右长的丝条即可使用。③ 涂胶：将配好的胶液均匀涂在管路漏气部位表面及其周围。④ 固化：用电吹风加热,35℃恒温烘烤 1 h 后再逐渐升温至 90℃左右保温 2 h。

[例 A061] 冷冻机轴承盖破裂修复

1. 修复部位：冷冻机轴承盖破裂部位。

2. 胶粘剂的选择：农机二号胶(大连第二有机化工厂等生产)。

3. 粘接工艺：① 清洗：用丙酮清洗断裂面,去除油污。② 钻止裂孔：在垂直于裂纹方向钻 3 个 $\phi3.5$ mm 止裂孔,孔的深度超过裂缝面 15 mm,配销钉。③ 配胶：农机二号胶粘剂为双组分。按甲组分：乙组分 $=8：1$ 的配比搅拌均匀后,掺入适量还原铁粉调成稀糊状。④ 涂胶：将胶液均匀涂抹在断裂面、销钉及孔内,插入销钉,用平板夹持平稳。⑤ 固化：室温 24 h 固化。

[例 A062] 镗铣床导轨拉伤修复

1. 修复部位：镗铣床导轨拉伤部位。

2. 胶粘剂的选择：AR-5 耐磨胶(湖北回天胶业股份有限公司生产)。

3. 粘接工艺：① 清洗：用脱脂棉蘸上汽油或丙酮擦洗研伤的表面,用废锯条或刮刀刮研伤的沟槽,并用脱脂棉蘸上丙酮对沟槽进行擦洗。② 配胶：AR-5 胶为双组分,按甲组分：乙组分 $=1：1$ (体积比)的配比调匀。③ 涂胶：将调好的胶立刻均匀涂到沟槽和研伤表面上,再将大量胶填补到沟槽中,最后用金属腻子刀将胶刮平。④ 固化：室温 24 h 固化。⑤ 修刮：与刮削机床导轨相同,刮削方向不允许与沟槽方向平行。

[例 A063]　汽车车门橡胶密封条粘接

1. 粘接部位：汽车车门嵌条槽与橡胶密封条粘接。

2. 胶粘剂的选择：FN-303 胶、XY-401 胶(沈阳橡胶四厂、山东化工厂等生产)、JX-15-1 胶、JN-101 汽车车身填补密封胶(上海橡胶制品研究所生产)。

3. 粘接工艺：① 表面处理：用溶剂洗净密封条表面,去除残留在橡胶密封条表面的滑石粉一类的脱模剂或软化剂,并用砂布打磨橡胶密封条表面。② 涂胶：将胶液均匀涂于车门嵌条槽橡胶密封条表面,第一次涂胶后挥发 3～4 min,使溶剂挥发,再涂一遍;第二次涂胶后挥发 5～6 min,使胶层呈弹性状胶膜。③ 粘合：待溶剂挥发后,将两被粘件合拢。

[例 A064]　大型油压机上下台面用钢板粘接

1. 粘接部位：油压机上下台面钢板叠合粘接部位。

2. 胶粘剂的选择：配方(重量份)：E-44 环氧树脂 100 份,聚硫橡胶(JLY-121)10 份,203# 聚酰胺 250 份,203# 固化剂 10 份,铁粉(粒度 71 μm、200 目)150 份。

3. 粘接工艺：① 表面处理：将经过刨削加工的钢板喷砂、脱脂、预热至 25～35℃。② 配胶：按量称取胶料,每次配胶 1 kg,混合搅匀。③ 涂胶：将配好的胶液均匀涂于两个被粘接面上,然后将钢板叠合后反复搓动 1～2 次,保证胶层无气泡。④ 固化：60～80℃ 2 h,再升温 80～100℃保温 2 h 自然冷却。

[例 A065]　皮带轮砂眼穿孔的修补

1. 修复部位：皮带轮的砂眼穿孔部位。

2. 胶粘剂的选择：YW-1无机胶(昆明理工大学粘接技术研究所生产)。

3. 粘接工艺：① 清洗：用丙酮擦洗皮带轮砂眼穿孔处,去除油污。② 调胶粘补：将 YW-1 无机胶加 10%铁砂及短纤维揉成软团状塞入皮带轮凹坑中,如图 6-24 所示。③ 固化：室温 24 h 固化后打磨。

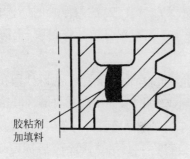

图 6-24　皮带轮砂眼穿孔修堵　　图 6-25　硬质合金铰刀的粘接

[例 A066]　硬质合金铰刀的粘接

1. 粘接部位：硬质合金刀片与刀片槽的粘接部位。

2. 胶粘剂的选择：配方(重量份)：E-44 或 E-51 环氧树脂 100 份,H-4 环氧漆固化剂 70~80 份,201-1 聚硫橡胶 15~25 份。

3. 粘接工艺：① 清洗：刀片和刀体先用无水乙醇,再用丙酮洗净,去除污物和氧化物。② 配胶：按配方规定量混合调匀。③ 涂胶：将胶液均匀涂于刀片被粘部位和刀片槽,然后把刀片装入刀片槽中并加压 0.1~0.2 MPa,如图 6-25 所示。④ 固化：室温固化 24 h,再放入烘箱在 60~80℃保持 4~6 h,取出自然冷却。

[例 A067]　拖拉机机体裂纹粘接修复

1. 修复部位：拖拉机机体裂纹部位。

2. 胶粘剂的选择：铁锚牌 101 胶粘剂(上海新光化工有限公司

生产）。

3. 粘接工艺：① 清洗：用汽油和钢丝刷清除裂纹周围的油污。② 钻止裂孔、开槽：在裂纹两端钻两个 $\phi 3\ mm$ 止裂孔并用凿子沿裂纹线开出 $60\sim 70\ mm$ 长的"V"形槽至止裂孔为止，槽深为机体厚度的 2/5 为宜。③ 清洗：先用棉纱蘸酒精粗擦洗粘接面，沿"V"形槽的四周约 30 mm 左右擦拭 2～3 次，然后用脱脂棉蘸丙酮擦洗粘接面，直至彻底干净为止。④ 配胶：铁锚 101 胶按甲组分：乙组分＝2：1 的配比混合均匀。⑤ 涂胶：将配好的胶液沿"V"形槽填满，略高出机体表面，用刮刀刮平，压实。⑥ 固化：用红外灯加热或用电热吹风加热，100℃下 2 h 固化。⑦ 修整：用锉刀和砂纸将高出机体表面的胶层锉除磨平。

[例 A068]　微型汽车制动蹄片粘接

1. 粘接部位：微型汽车制动蹄片与摩擦片粘接部位。

2. 胶粘剂的选择：铁锚牌 204 胶粘剂（上海新光化工有限公司生产）。

3. 粘接工艺：① 表面处理：将制动蹄片表面用喷砂打毛，去除锈蚀，并将摩擦片表面的蜡质磨掉。② 清洗：用丙酮擦洗制动蹄片焊接件及打磨好的摩擦片粘接表面，晾干。③ 涂胶：将胶液均匀涂于制动蹄片焊接件整个表面，并在 120～140℃下保温 30 min，出炉待用。然后将胶液均匀涂刷在制动蹄片焊接件及制动摩擦片的粘接表面，晾置 10～15 min，再涂一次胶后晾置 10～15 min。④ 固定：粘接后用专用夹具将两粘接件加压夹紧，夹紧螺母的扭矩为 20 N・m，在室温下固定 1 h。⑤ 固化：将粘接件连同专用夹具放入烘箱，在 140～160℃固化 2 h，自然冷却至常温，然后松开夹具取下工件。

[例 A069]　减速器箱盖断裂粘接修复

1. 修复部位：减速器箱盖断裂部位。

2. 胶粘剂的选择：SW-2胶粘剂（上海合成树脂研究所生产）。

3. 粘接工艺：① 表面处理：将箱盖断裂面用锉刀锉至无尖状粒子，并用砂纸去除断面中的磨粒，然后用20#机油将各断裂面上的油垢洗净，烘干，再用丙酮刷洗两遍，晾干。② 配胶：SW-2胶按甲组分：乙组分＝2.5：1的配比混合均匀。③ 涂胶：将配好的胶液均匀涂于箱盖断裂面，并进行对合定位后粘接。④ 固化：25℃固化24 h。⑤ 修整：用锉刀修复箱盖结合面至密合。

[例 A070] 铣床变速箱断裂粘接修复

1. 修复部位：铣床变速箱断裂部位。

2. 胶粘剂的选择：YW-1型无机胶（昆明理工大学粘接技术研究所生产）。

3. 粘接工艺：① 清洗：用棉纱蘸丙酮对断裂面进行清洗，去除油污，晾干。② 配胶：YW-1无机胶按甲组分：乙组分＝(5～5.5 g)：1 mL配比在铜板上将胶均匀调和成糊状。③ 涂胶：将调好的胶迅速均匀涂于变速箱断裂结合面，要定好位然后对合。④ 固化：用多块1 kW远红外加热板对钢板进行烘烤1 h固化。⑤ 修整：将箱体置于镗床上，按原工艺基准镗孔安装使用。

[例 A071] 压床离合器刹车片粘接

1. 粘接部位：压床离合器中石棉摩擦片与刹车鼓的钢片粘接部位。

2. 胶粘剂的选择：J-04高温结构胶（黑龙江省石油化学研究院生产）。

3. 粘接工艺：① 表面处理：用砂纸打磨摩擦片，钢片进行喷砂处理并用丙酮清洗，晾干。② 调胶：J-04胶为单组分，可按需要量取胶，用乙酸乙酯调匀。③ 涂胶：将胶液均匀涂刷在钢片和石棉摩擦片粘接面部位,晾置 15～30 min 后,再次涂胶,再晾置 15～30 min,胶层厚度控制在 0.1～0.15 mm 之间为宜。④ 粘合:将石棉摩擦片粘合在钢片上,要求与钢片同心,然后轻压。⑤ 加压:用夹具将粘合后的摩擦片夹紧,压力为 0.2 MPa。⑥ 固化:将摩擦片放入烘箱,在 160℃固化 3 h 后自然降至室温即可。

[例 A072]　铝铸件微孔(0.1～0.2 mm)缺陷修补

1. 修复部位:铝铸件微孔修补部位。

2. 胶粘剂的选择:302 厌氧密封胶(上海新光化工有限公司生产)、TS121 渗透修补剂(北京市天山新材料技术公司生产)等。

3. 粘接工艺:① 清洗:用丙酮清除铝铸件微孔处周围的油污,晾干。② 预热:将铝铸件加热到 100℃保温 1 h 后再冷却至 80℃。③ 涂胶:将胶液用毛笔蘸涂在微孔表面上渗透进去。④ 固化:室温 24 h固化。

[例 A073]　电机定子中磁钢与纯铁粘接

1. 粘接部位:电机定子中磁钢与纯铁粘接部位。

2. 胶粘剂的选择:力矩马达高温胶粘剂(天津合成材料工业研究所生产)。

3. 粘接工艺:① 表面处理:用细砂布对粘接面进行打磨除锈,然后以丙酮清洗,晾干。② 配胶:力矩马达高温胶粘剂为双组分,按甲组分:乙组分＝20:1 配比调匀。③ 涂胶:将配好的胶液用不锈钢扁铲刮涂于磁钢的粘接面上,然后嵌入呈凹形的纯铁中,擦去多余的溢胶,固定螺栓。④ 固化:100℃ 3 h。

[例 A074]　铸钢件砂眼、疏松等缺陷粘接修补

1. 修复部位:铸钢件砂眼、疏松等缺陷部位。

2. 胶粘剂的选择：J-50 快干型胶粘剂(黑龙江省石油化学研究院生产)。

3. 粘接工艺：① 表面处理：用钢丝刷在铸钢件砂眼、疏松等缺陷部位反复擦磨,去除锈迹油污。然后用丙酮清洗数遍,晾干。② 配胶：J-50 胶粘剂为双组分,按甲组分：乙组分=1：1 的配比调匀并在胶中加入适量的铁粉。③ 涂胶：将胶液均匀填补于铸钢件气孔、砂眼、疏松孔内。④ 固化：数分钟内胶即凝固,6 h 完全固化,然后用细砂纸打磨,修整表面。

[例 A075] 液压机立柱拉伤粘接

1. 粘接部位：液压机立柱拉伤部位。

2. 胶粘剂的选择：AR-5 耐磨胶(湖北回天胶业股份有限公司生产)。

3. 粘接工艺：① 清洗：用丙酮清洗立柱拉伤处的油污,晾干。② 预热：用红外线加热器使修补部位温度控制在 25℃ 左右。③ 配胶：AR-5 耐磨胶为双组分按甲组分：乙组分=1：1 的配比调匀,再加入 10% 的氧化铁粉,迅速调和拌匀。④ 涂胶：将调均匀的胶尽快涂抹在立柱拉伤的部位,反复涂抹,涂层厚度应高出立柱表面 0.5~1.5 mm。⑤ 固化：常温 25℃ 下 24 h。⑥ 修整：铲刮修整胶层表面,先从中间铲起,逐步往两边铲,防止胶层崩裂。

[例 A076] 花键轴损坏粘接修复

1. 修复部位：花键轴损坏部位。

2. 胶粘剂的选择：无机胶粘剂(南京无机化工厂等生产)。

3. 粘接工艺：① 花键轴加工：修理前将花键轴直径车小,中间车成 0.4 mm 深、螺距 1 mm 的螺纹面,再另外加工一件花键套,使轴与套间的粘接面保持 0.2~0.4 mm 间隙,然后进行粘接修复,如图6-26

所示。② 清洗：用汽油、丙酮清洗被粘接面，除去油污。③ 调胶：用氧化铜粉 8 g，磷酸铝溶液 2 g 在铜板上搅拌均匀，调成糊状，能拉长成 1 cm 以上的丝条，即可进行粘接。④ 涂胶：将胶液涂于两被粘接表面，然后把花键套装好后，左右转几次使胶液均匀涂布，并用蘸有丙酮的擦拭材料擦去多余的胶液。⑤ 固化：将粘接件放入保温箱中，初始温度保持 35℃，2 h 后升温到 100℃，放置 2 h 取出。

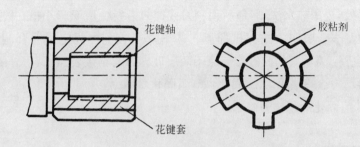

图 6 - 26　花键轴粘接修复

[例 A077] **柴油机缸头漏水粘接修补**

1. 修复部位：柴油机缸头漏水部位。

2. 胶粘剂的选择：配方（重量份）：E - 44 环氧树脂 100 份，邻苯二甲酸二丁酯 15～20 份，无水乙二胺 7～9 份，丙酮 15～20 份，铸铁粉（粒度 154～100 μm，100～150 目）适量。

3. 粘接工艺：① 缸头扩孔：将缸头夹固在钻床工作台上，用 ϕ26 mm 钻头扩孔，一般比漏水处深钻 15～20 mm。② 补套：车削加工一个修复套，外径尺寸为 ϕ26$_{-0.3}^{-0.2}$ mm，内孔为 ϕ22 mm，长度为实际需要尺寸。③ 清洗：先用汽油清洗缸头扩孔处及补套，再用丙酮清洗二遍，晾干。④ 配胶：按配方规定量混合调匀。⑤ 涂胶：将配好的胶液均匀涂于缸头扩孔处及补套外径表面并压入孔内。⑥ 固化：室温 16 h。⑦ 刮平：固化后将缸头夹持在钻床工作台上，用 ϕ30 mm 平面钻头刮平补套突出部分，并将残胶用刮刀修平。

[例 A078] 汽车蓄电池外壳破损裂纹粘补

1. 修复部位：汽车蓄电池外壳破损裂纹部位。

2. 胶粘剂的选择：配方（重量份）：E-51 环氧树脂 100 份，邻苯二甲酸二丁酯 18 份，620 聚硫橡胶 22 份，二乙烯三胺 9 份，石英粉（粒度 71 μm、200 目）45 份，石墨粉（粒度 71 μm，200 目）22.5 份。

3. 粘接工艺：① 表面处理及清洗：先用热碱水冲洗蓄电池外壳破损处，再用热水洗刷，最后用刮刀或锉刀沿裂纹开 V 形小槽，并把槽两边刮去一层用丙酮擦拭即可。② 配胶：按配方规定量混合调匀。③ 涂胶：将调好的胶液均匀涂于两层玻璃布及粘接表面，最后外层表面再均匀涂一层胶。④ 固化：室温固化 24 h 后升温 80～120℃ 保持 2～3 h，固化后用锉刀修平。

[例 A079] 大型液压油缸内表面划伤修复

1. 修复部位：大型液压油缸内表面划伤部位。

2. 胶粘剂的选择：TG-301 减摩胶粘剂（北京天山新材料技术有限公司生产）。

3. 粘接工艺：① 清洗和去毛刺：用丙酮或汽油清除液压油缸内的油污、锈迹，并用旋转锉去除划伤部位毛刺。② 配胶：TG-301 胶粘剂为双组分，按甲组分∶乙组分＝5∶1 的配比调匀。③ 涂胶：将配好的胶液均匀涂敷在液压油缸内划伤部位。④ 固化：室温 24 h 固化。⑤ 后加工：采用高速砂布轮粗磨，后用成型抛光机进行精磨、抛光，达到所要求的精度。

[例 A080] 制冷压缩机机体微孔渗漏修补

1. 修复部位：压缩机机体微孔渗漏部位。

2. 胶粘剂的选择：ZY-S₁ 厌氧胶（浙江省机电设计研究院、上海海鹰粘接科技有限公司生产）。

3. 粘接工艺：① 清洗：采用加热烘干法清除机体微孔内的油、水,晾干。② 涂胶：用 ZY - S₁ 厌氧胶进行局部浸渗处理,在机体渗漏部位单面反复刷涂厌氧胶,不断增加胶的渗入量。③ 固化：室温 24 h 或加温 80℃保温 2 h 即可固化。

[例 A081]　镀铬槽贴塑层破损腐蚀修补

1. 修复部位：镀铬槽槽体腐蚀部位。

2. 胶粘剂的选择：铁锚牌 101 胶粘剂(上海新光化工有限公司生产)。

3. 粘接工艺：① 表面处理：先用铲刀除去槽壁锈蚀面,用砂轮机打磨平整,直至露出完整的基体金属面,然后用丙酮清洗除油,并用钢锯条齿面在塑料板表面反复刮擦,再用浸丙酮的脱脂棉擦拭干净。② 配胶：铁锚牌 101 胶粘剂为双组分,按甲组分：乙组分＝100：50 配比均匀调和。③ 涂胶：先在处理好的钢板和塑料板表面涂刷一遍胶,晾置 5～8 min,再涂第二遍胶,晾置 15～20 min,并以胶面不粘或微粘手为准,最后合拢对齐粘接。④ 加压固化：用模板覆盖住贴塑层,用撑木顶住模板并施加一定压力,常温下保持 48 h 即可固化。

[例 A082]　柴油发动机缸盖裂纹进水的修复

1. 修复部位：柴油机缸盖裂纹部位。

2. 胶粘剂的选择：CPS 氧化铜无机胶(湖北回天胶业股份有限公司生产)。

3. 粘接工艺：① 缸盖加工：先沿缸盖裂纹处铣出键槽,并与冷却水室相通。再在键槽中部两边钻出大半圆的通孔,使其形成一个特殊的哑铃形键槽,然后配制与键槽基本吻合,并留有约 0.1～0.2 mm 间隙的哑铃形键。② 清洗：用丙酮将键与键槽清洗干净,去除油污,晾干。③ 调胶：CPS 氧化铜无机胶按 1 mL 液相加 3.5～5.5 g 固相的比例调制,每次调胶不宜太多。④ 涂胶:将调好的胶液均匀涂抹在键和键槽内,合拢后以木槌轻击键面,使之弥合。⑤ 固化:用红外加热板对工件进行烘烤,将温度调至 80℃,烘 2 h,再以 150℃烘 2 h。⑥ 修整:在镗床上对缸内壁进行加工,使之达到配合精度要求。

[例 A083] 汽油机进气支管裂纹的粘接修复

1. 修复部位:汽油机进气支管裂纹部位。

2. 胶粘剂的选择:配方(重量份):6605 环氧树脂 100 份,邻苯二甲酸二丁酯 20 份,铝粉 25 份,二乙烯三胺适量。

3. 粘接工艺:① 清洗:用汽油或丙酮去除汽油机进气支管裂纹内及其周围的油污。② 裂纹处理:用锉刀或钢锯条沿裂纹开出"V"形坡口,深约 2~3 mm,另外从裂纹垂直面上钻 2 个 $\phi3.8$ mm 的孔,用 M4 丝锥攻丝后取 2 根 M4 螺杆作为加固销钉。③ 化学处理:先将重铬酸钠 25 g 放入盛水 170 g 的玻璃杯中,待全部溶解后再缓慢加入浓硫酸 50 g,边加边搅拌,制成处理液。用处理液浸泡后的脱脂棉盖在裂纹处,去除氧化物,待 10 min 后取下脱脂棉,用稀碱水溶液冲洗,再用水冲洗几次,烘干。④ 调胶:按上述配方均匀搅拌制成胶液。⑤ 涂胶:粘接之前,再用丙酮将待粘表面和销钉擦洗干净,然后在涂胶的表面覆一层玻璃纤维布并压实排除气体,然后再往玻璃纤维布上涂一层胶。粘固销钉时,将胶涂于销钉上慢慢旋入。⑥ 固化:室温 24 h 固化。⑦ 修整:用锉刀稍加修整粘接表面。

[例 A084] 水泵壳体有气孔或砂眼出现渗漏修补

1. 修复部位:水泵壳体表层有气孔或砂眼部位。

2. 胶粘剂的选择:TZ-03 铸工胶(江苏省泰兴市胶粘剂厂生产)。

3. 粘接工艺:① 表面处理:先用砂纸对水泵壳体气孔和砂眼部位进行打磨,并用汽油或丙酮擦洗、晾干。② 配胶:TZ-03 铸工胶为双组分,按甲组分：乙组分＝1：1 配比在平板上调和,充分搅拌到均匀,胶液中不能留有气泡。每次调胶量应控制在 250 g 以内。③ 涂胶：用刮板或胶刀将调和好的胶液均匀涂于水泵壳体修补面上,操作时要让胶液充分湿润,避免留有空隙,否则会影响粘接强度,一般涂胶层应高于修补面 1～2 mm。④ 固化：常温 25℃内 24 h 固化,或 80～100℃ 3 h 可完全固化。

[例 A085]　铝合金散热器裂缝和砂眼粘接修补

1. 修复部位：铝合金散热器裂缝和砂眼部位。

2. 胶粘剂的选择：万达牌 WD-118 铸工胶(上海康达化工新材料股份有限公司生产)。

3. 粘接工艺：① 表面处理：用砂轮或锉刀除去铝合金散热器裂纹或砂眼处的油漆和锈蚀,并用粗砂布打磨,使其表面粗化。② 清洗：用丙酮或酒精清洗待修表面,晾干。③ 配胶：万达牌 WD-118 铸工胶为双组分,按甲组分：乙组分＝1：1 的配比进行混合,并用刮刀充分搅拌均匀。④ 涂胶：将调好的胶液立即均匀涂敷于散热器的裂缝或砂眼处,用刮刀压实刮平。胶层厚度控制在 1～3 mm 为宜。⑤ 固化：室温内 12 h 固化。

[例 A086]　齿轮箱碎裂粘接修复

1. 修复部位：齿轮箱碎裂破损部位。

2. 胶粘剂的选择：J-39 室温快速胶粘剂(黑龙江省石油化学研究院生产)。

3. 粘接工艺：① 清洗：用丙酮将齿轮箱碎裂破损部位清洗干净,去除油污,晾干。② 配胶：J-39 胶为双组分,按甲组分：乙组分＝1：1的配比快速搅匀。③ 涂胶：将胶液分别涂于碎块和箱体结合面上,并合拢压紧。④ 固化：室温 30 min 即固化,然后刮去表面溢胶。

[例 A087]　轿车冷却水系统冻裂粘接修复

1. 修复部位：轿车冷却水系统冻裂部位。

2. 胶粘剂的选择：HY-914 胶粘剂（天津合成材料工业研究所生产）。

3. 粘接工艺：① 钻止裂孔：确定裂纹的终止点，钻止裂孔，并攻上 M5 螺纹孔。② 清洗：先用砂纸打磨裂纹处露出金属本色，再用丙酮清洗裂纹内污物。③ 配胶：HY-914 胶为双组分，按甲组分：乙组分＝5：1 的配比混合调匀。④ 涂胶：用刮刀将配好的胶液首先粘接 M5 止裂螺钉，并在裂纹及玻璃布上涂抹胶液，然后将玻璃布贴在裂纹上，再在其上均匀涂一层胶。⑤ 固化：室温固化 3 h。

[例 A088]　起重机司机室橡胶密封条与钢制门框的粘接

1. 粘接部位：起重机橡胶密封条与钢门框的粘接。

2. 胶粘剂选择：495 乐泰快干胶（烟台乐泰（中国）有限公司生产）。

3. 粘接工艺：① 表面处理：钢板粘接部位除锈去油，橡胶条表面打毛并用丙酮擦拭脱脂。② 涂胶：先将橡胶条位置对好，然后采取边施胶边贴合的方法，从上到下或从左到右进行（面积较大时，可采取点位施胶）。③ 固化：室温 1 h 固化。

[例 A089]　直流伺服电动机磁钢块脱落粘接修复

1. 修复部位：直流伺服电动机磁钢块脱落部位。

2. 胶粘剂的选择：配方（重量份）：E-51 环氧树脂 100 份，600 稀释剂 5～10 份，液体丁腈橡胶 8～10 份，改性胺固化剂（由苯酚、甲醛、三乙撑四胺缩合）30～40 份，硅烷偶联剂 2～3 份。

3. 粘接工艺：① 表面处理：先用刀片刮去原胶接部位的胶层，用软布浸溶剂擦净，再用细砂纸轻轻打磨两被粘面，最后用丙酮擦洗干净,晾干。② 配胶:按上述配比将胶粘剂调配均匀。③ 涂胶:将胶液均匀涂在两个被粘面上,贴合压紧上下搓动 1～2 min,尽可能挤出余胶,并清除。④ 定位:要求粘接时磁钢块准确定位,可使用硬质泡沫塑料块将磁钢左右两边对准后卡紧,然后将磁钢向下推紧,直到磁钢块准确定位后,再将磁钢块完全卡死。⑤ 固化:室温 24 h 固化。

[例 A090]　**进口镗床空心主轴内孔镶套粘接修复**

1. 修复部位:镗床空心主轴内孔镶套修复部位。

2. 胶粘剂的选择:乐泰 609 厌氧胶(烟台乐泰(中国)有限公司生产)。

3. 粘接工艺:① 加工新套:选用材质为 QSn6.5—0.1,套外径按空心主轴内腔确定配合间隙在 0.02～0.03 mm,内孔留 0.01～0.015 mm 精镗余量。② 表面处理:用乐泰 755 清洗剂或丙酮将套及空心主轴粘合面清洗干净。③ 涂胶:用适量的胶液均匀涂在晾干后的套及空心主轴粘接处,将套轻轻推入空心主轴内腔并用手将套上下左右移动,以保证粘合面均匀牢固。④ 固化:隔绝空气,室温固化。⑤ 精镗:内孔镶套固化后精镗套的内孔达到与镗杆配合间隙要求。

[例 A091]　**高压热水泵冲蚀的粘接修复**

1. 修复部位:高压热水泵出口段冲蚀部位。

2. 胶粘剂的选择:TS‑737 高温修补剂(北京天山新材料技术公司生产)。

3. 粘接工艺:① 表面处理:用电动磨光机和高速磨头对待修表面进行磨削处理,并用丙酮清洗干净。② 涂胶:先将泵体用乙炔焰均匀地加热至 30℃左右,涂层应留有加工余量,为此要大于所需恢复尺寸。③ 固化:采用阶段升温固化,然后缓慢冷却。阶梯升温为:
$$30℃ \xrightarrow{2\,h} 50℃～70℃ \xrightarrow{2\,h} 80～100℃ \xrightarrow{2\,h} 自然降温。$$

[例 A092]　机床导轨研伤的修复

1. 修复部位：机床导轨研伤部位。

2. 胶粘剂的选择：TS311 减摩修补剂(北京天山新材料技术有限责任公司生产)。

3. 粘接工艺：① 表面处理：用氧-乙炔焰烧烤机床导轨划伤表面，彻底清除表面及渗入基体组织的油污。此外，用砂轮打磨划伤处，打磨深度 1 mm 以上，并沿导轨打磨出沟槽。② 清洗：用脱脂棉蘸天山清洁剂或丙酮清洗划伤表面。③ 涂胶：将调好的 T5311 减摩修补剂涂敷于打磨好的表面，抹平压实，略高基体 1 mm。④ 固化：室温8～12 h。⑤ 修整：用刮刀修磨至要求精度。

[例 A093]　内燃机车主变速器箱体破裂的修复

1. 修复部位：内燃机车主变速器箱体破裂部位。

2. 胶粘剂的选择：乐泰结构胶 326(烟台乐泰(中国)有限公司生产)。

3. 粘接工艺：① 探伤：对裂纹区进行着色探伤，查清裂纹分布情况。② 钻止裂孔：在裂纹处钻 ϕ6 mm 止裂孔并加工配合间隙为0.05～0.08 mm的止裂孔销。③ 表面处理：打磨箱体内外加固表面并制作内外加强板钻夹紧螺孔，外板焊制箱体固定支耳。④ 清洗：用乐泰755 对裂纹区清洗，对箱体加固区内外表面喷乐泰促进剂 7649。⑤ 涂胶：对裂纹、止裂孔涂施乐泰 290 装入止裂销，在加强板上涂施乐泰结构胶 326。⑥ 安装：装配加强板，上紧固定螺栓(预先涂螺纹锁固胶 262)。

[例 A094]　内燃吊车柴油机曲轴键槽损坏修补

1. 修复部位：内燃吊车柴油机曲轴键槽损坏部位。

2. 胶粘剂的选择：乐泰冷焊胶(烟台乐泰(中国)有限公司生产)。

3. 粘接工艺：① 表面处理及加工键：先测绘出曲轴损坏部位尺寸，按技术要求加工键，并用砂纸或锉刀将需胶粘处打毛，再用铣子在损坏的表面打数个麻点。② 清洗：用汽油或丙酮反复清洗粘接表面。
③ 配胶：乐泰冷焊胶为双组分，按甲组分：乙组分＝1∶1 的配比调和
均匀。④ 涂胶：将胶液均匀涂敷在键槽缺损处和键的粘接面上，并将
新加工的键安装在键槽上，用小锤摆正敲实，简单清除余胶，使胶层高
于轴表面 1～2 mm。⑤ 固化：室温 24 h 可完全固化。⑥ 修整：用锉
刀将轴及键上的余胶清除干净，并锉刮修整表面，然后用油石打磨，使
其符合技术要求。

［例 A095］ 车床导轨严重咬伤时镶贴锌铝合金导板

1. 粘接部位：车床导轨与锌铝合金导板粘接部位。

2. 胶粘剂的选择：SW - 3(E - 12)胶粘剂(上海合成树脂研究所
生产)。

3. 粘接工艺：① 导板加工：将铸造 5～25 mm 厚锌铝合金板材料
(牌号 ZnAl 10 - 5)刨削至 5 mm 厚，并把床身与大拖板导轨咬伤部位全
部刨出约 4 mm 左右。然后把锌铝合金导板与拖板导轨配钻 M5 螺孔。
② 配胶：SW - 3 胶粘剂为双组分，按甲组分：乙组分＝2.5∶1 的配比
调匀。③ 涂胶：用刮刀或玻璃棒将配好的胶液涂于粘接面，并用埋头铜
质螺钉紧固。④ 固化：接触压力下室温 24 h 固化。⑤ 精加工：胶液固
化后，精创大拖板导轨与床身导轨相吻合，最后刮至精度要求。

［例 A096］ 车床尾座底板磨损的修复

1. 修复部位：车床尾座底板磨损部位。

2. 胶粘剂的选择：502 胶粘剂(浙江金鹏化工股份有限公司、北京
北化精细化学品有限责任公司等生产)。

3. 粘接工艺：① 预加工：先将尾座底板与机床导轨接触面刮好，
测出中心高度，与车头中心高比较，算出需加厚尺寸。② 备料清洗：
将厚度合适的玻璃纤维层压板按形状剪好，用丙酮清洗。并将尾座底

板先用砂布打光,再用丙酮清洗并擦洗干净。③ 涂胶:操作时,将胶液稍加蠕动、研磨,使胶液分布均匀(胶层厚度应在 0.1 mm 以下),然后立即将纤维板贴合上面加压,待数分钟即可固化。④ 修整:固化后可进行刮削粘接部件至精度要求。

[例 A097] 水泵电动机轴颈磨损的修复

1. 修复部位:水泵电动机轴颈严重磨损部位。

2. 胶粘剂的选择:GY-350 厌氧胶(中国科学院广州化学研究所、广州坚红化工厂、辽宁大连第二有机化工厂等生产)。

3. 粘接工艺:① 镶套加工:取一节 45# 钢的无缝钢管,长度与轴承高度相等,进行车削加工,铁套的壁厚为 2 mm,外径、内径与轴承内环和轴颈部位的间隙应控制在 0.1 mm 以内。② 表面处理:先用棉纱蘸汽油粗擦新轴承、轴颈部位及铁套里外的粘接面,再用棉纱蘸丙酮精擦,去除油污,晾干。③ 涂胶:将 GY-350 型胶液搅拌均匀后用毛笔蘸少许胶液两面涂刷 2~3 次,厚度应在 0.08 mm 左右,再把铁套、新轴承装配在轴颈上。④ 固化:工件加热在 45℃左右固化 2 h 即可。

[例 A098] 电动机风扇叶片断裂修复

1. 修复部位:风扇叶片断裂部位。

2. 胶粘剂的选择:聚酯环氧胶粘剂(天津市合成材料工业研究所等生产)。

3. 粘接工艺:① 清洗:用丙酮清洗断裂面,并在裂纹两端各打直径 $\phi2.4$ mm 的止裂孔。② 涂胶:用 $\phi2$ mm 钢丝涂上无机胶插入定位,并在断裂周围涂上聚酯环氧胶和敷贴玻璃纤维布两层。③ 固化:160℃保温 2 h。

[例 A099] 龙门刨床导轨面严重拉伤的修复

1. 修复部位:龙门刨床导轨面严重拉伤部位。

2. 胶粘剂的选择：AR-5 耐磨胶和 XH-11 结构胶（湖北回天胶业股份有限公司生产）。

3. 粘接工艺：① 表面处理：先用汽油将导轨面清洗一遍，待汽油挥发完，用氧焊将焊枪火焰调红在导轨面上往返加热至 60～70℃，然后用锉刀及油石去掉沟槽边的毛刺，再用丙酮将导轨清洗多遍，去除油污，晾干。② 涂胶：用远红外辐射加热器放在导轨面上加热至 50℃ 左右，先将 XH-11 结构胶调匀，薄薄地涂在导轨拉伤处，10 min 后将微加热调匀的 AR-5 耐磨胶涂在拉伤处，使胶填满沟槽并略高于导轨基准面。③ 固化：室温 24 h 固化。④ 后加工：工件固化后，先用粗砂布在胶面上打磨，再用细砂布打磨至比导轨基准面高十几丝处，用油石打磨至基准面平齐。

[例 A100]　摇臂钻床立柱和摇臂拉伤的修复

1. 修复部位：摇臂钻床立柱和摇臂拉伤部位。

2. 胶粘剂的选择：配方（重量份）：E-44 环氧树脂 200 g 和 761 聚酰胺 150 g 搅拌均匀。

3. 粘接工艺：① 修理前先加工两个铸铁套并粗镗摇臂孔。② 清洗：先用砂布除去粘接面上的毛刺，再用丙酮清洗粘接面，去除污物。③ 涂胶：松开摇臂孔上的螺钉，把胶粘剂均匀涂于粘接面上，再将铸铁套装入孔内并使其转动数次，以使粘接面充分接触胶粘剂。④ 固化：用扳手将 M20 的螺帽拧紧，即可对粘合面加压。夹紧后，清除掉多余的胶粘剂，以保持清洁，在常温下固化 24 h。⑤ 整修：粘套的摇臂固化后，按图纸要求精镗内孔，达到图纸要求，如图 6-27 所示。

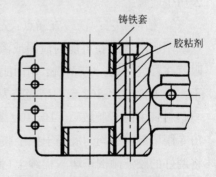

图 6-27　摇臂钻床立柱修复

[例 A101]　进口自卸货车液压缸漏油修复

1. 修复部位：进口自卸货车液压缸漏油部位。

2. 胶粘剂的选择：TG205 胶粘剂（北京天山新材料技术公司生产）。

3. 粘接工艺：① 车削挡套：在车床上将液压缸内已损坏的旧挡套切削干净，并用丙酮去除油污。② 配制新挡套：用聚苯乙烯材料，按照旧挡套的形式和宽度在车床上加工新挡套内、外圆，其外径比下液压缸筒切削后的光面直径小 0.06～0.10 mm，其内径比上液压缸外径小 2～4 mm。③ 配胶：TG205 胶粘剂为双组分，按甲组分：乙组分＝1：1 比例充分混合调匀。④ 涂胶：粘接前，先用丙酮将液压缸内粘接面和新挡套清洗干净，然后在粘接面上涂一层薄薄粘接剂，将新挡套嵌入并粘好。⑤ 加压固化：用扩张卡具紧压在挡套内壁上，保压固化 24 h。⑥ 车削成型：在车床上，将粘好的聚苯乙烯挡套内径加工至上液压缸筒外径大 0.06～0.10 mm 即可。

[例 A102]　工程机械应急抢修快速堵漏

1. 修复部位：工程机械泄漏、渗漏部位。

2. 胶粘剂的选择：ZG102 型瞬间堵漏胶（成都正光实业股份有限公司生产）。

3. 粘接工艺：① 检查漏点：先将泄漏处的油污去掉，然后找出漏点或用肥皂液涂在可能的泄漏或渗漏处，若出现气泡则泄漏孔或渗漏眼就在冒气泡处。② 清洗：用丙酮将漏点周围油污锈迹清洗干净，晾干。③ 配胶：ZG102 瞬间堵漏胶为双组分，操作时将金属管中的 A 胶与塑料管中的 B 胶按 A：B＝10：1 进行混合，充分调匀。④ 涂胶：取出专用堵漏棉纱均匀展开于护手膜上（也可铺于一般塑料膜上），然后将调好的胶液倾倒于堵漏棉纱上（操作时注意：若使用调胶签或其他工具刮胶时，该工具不可与堵漏棉纱接触）迅速按在漏处。操作时，可用手指边按边揉薄膜。堵滴漏或喷漏时,待手感到胶层发热时才开始揉动,待胶层变硬后撕下薄膜。若遇深孔或沟、缝处泄漏,可先将调好的胶液灌入孔、沟、缝,然后将堵漏棉纱塞入孔、缝内。⑤ 堵漏后加固:取出加强胶,按 A∶B=10∶(1~0.5)的比例调匀,然后将调好的胶液涂于第一次堵漏的胶层表面上,覆盖的面积应大于第一层,也可用棉布浸胶后贴于第一层胶上。操作时应掌握好时间,一般应在 3 s 内立即按于漏处。

[例 A103]　汽车发动机缸体和缸盖裂纹修复

1. 修复部位:汽车发动机缸体和缸盖铝铸件裂纹部位。

2. 胶粘剂的选择:Devcon 铝质修补剂(美国 ITW 集团 Devcon 公司生产)。

3. 粘接工艺:① 钻止裂孔:在裂纹的三个端点及两条直线形裂纹的端点,分别钻一个 3 mm 直径的止裂孔,然后沿裂纹钻一排 2 mm 的孔。② 铣槽:用 2.5 mm 铣刀将排孔铣成 2.5 mm 的槽。③ 清洗:用丙酮将待粘表面清洗干净。④ 涂胶:按 Devcon 铝质修补剂产品说明书要求进行涂胶修补。⑤ 固化:室温 24 h 固化,即可使用。

[例 A104]　机动车转向摩擦片与主离合器片粘接

1. 粘接部位:摩擦片与主离合器粘接面。

2. 胶粘剂的选择:J-04 胶(黑龙江省石油化学研究院生产)。

3. 粘接工艺:① 表面处理:用喷砂或砂布打磨法除去金属表面油污。② 涂胶:用毛刷在粘接件表面上均匀涂一层胶液,胶层厚度为 0.2~0.3 mm,晾置 20 min 再涂第二次,同样晾置 20 min,然后放入恒温设备中于 60℃下预热 50~60 min,使溶剂充分挥发后,趁热合拢粘接。③ 固化:将合拢好的部件在专用夹具上加热加压固化,即在压力 0.3~0.5 MPa、160~170℃下固化 3 h,将固化后的部件缓慢冷至室温即可使用。

[例 A105]　**轧光机羊毛纸辊损坏修复**

1. 粘接部位：轧光机羊毛纸辊损坏部位。

2. 胶粘剂的选择：配方(质量份)：E-44 环氧树脂　100,邻苯二甲酸二丁酯　15,多乙烯多胺　15,丙酮适量,羊毛纸辊粉末(200 目)适量。

3. 粘接工艺：① 清洗：用丙酮将羊毛纸辊损坏部位清洗干净。② 配胶：按配方规定量混合调匀。③ 涂胶：将配好的胶液均匀涂于损坏表面的凹坑中,使涂胶层高于使用平面,为防止胶液流淌,可先用腻子搭个"围墙"。④ 固化：室温 24 h。⑤ 修整：固化后将表面用刮刀修平。

[例 A106]　**箱体裂纹的修复**

1. 修复部位：箱体裂纹部位。

2. 胶粘剂的选择：Devcon 钛合金修补剂(美国 ITW 集团 Devcon 公司生产)。

3. 粘接工艺：① 表面处理：用清洁剂 300 反复对粘接表面进行清洗除去油脂,并用 60 目粗砂轮打磨待修补表面,使金属表面粗糙,然后立即在金属表面涂覆 FL-10 首涂层,可阻止生锈。② 机械加工：在裂纹两端钻止裂孔,孔的直径需比裂纹的宽度大 3.2 mm,如果裂纹较长则需在裂纹上多钻几个孔,并沿裂纹部位开 V 形槽,槽深一般为壁厚的 1/2~2/3。③ 清洗：用清洁剂 300 对整个需修补区域进行去油脂处理。④ 配胶：Devcon 钛合金修补剂为双组分,按甲组分：乙组分=3:1(重量比)配比混合,搅拌均匀。⑤ 涂胶：将配好的胶液用抹刀均匀涂于裂纹周围,完全填充"V"槽,并且覆盖需要超出周边 25 mm,再粘贴一层脱脂处理过的玻璃纤维布,最后在加强玻璃布上涂抹一层厚约 1.6~6.4 mm 的环氧修补剂,并使其表面光滑。⑥ 固化:室温固化 16 h。

［例 A107］ 输送带快速修补

1. 修复部位:输送带磨损开裂部位。

2. 胶粘剂的选择:WD8331 快速橡胶修补剂(上海康达化工新材料股份有限公司生产)。

2. 粘接工艺:① 输送带打磨:采用角向磨光机配纱布轮片或钨钢碟片打磨,增加橡胶表面粗糙度。② 清洁表面:用压缩空气或热风枪等工具边刷边清理输送带修补部位,保证表面清洁无粉尘、无油污。切忌用化学清洗剂和水清洗,会造成修补层鼓泡。③ 烘干:用碘钨灯或热风枪高温烘烤修补面至灰白色,确保表面干燥。④ 配胶:快速橡胶修补剂为双组分,按体积比 1∶1 快速搅拌 2 min,一次调胶总量不宜超过 500 mL,等搅拌均匀出现拉丝时即可涂敷。⑤ 涂胶:用调好的快速橡胶修补剂灌注裂缝表面,涂胶厚度 2 mm 以上,可以逐层涂敷,宽度以裂缝周边各 40~100 mm 左右为宜。⑥ 固化:常温 24 h,加热70℃ 2 h 固化。

［例 A108］ 拖拉机壳体破损修复

1. 修复部位:拖拉机外壳裂纹破损部位。

2. 胶粘剂的选择:JW-1 环氧型胶粘剂(上海市合成树脂研究所生产)。

3. 粘接工艺:① 机械加工:裂纹两端钻止裂孔,沿裂纹开 V 形槽,槽深一般为壁厚的 1/2~2/3。② 清洗:用丙酮清洗破裂部位。③ 配胶:JW-1 环氧型胶粘剂为双组分,按甲组分∶乙组分＝2∶1 配比,加填料如铁粉(铸铁件)、铝粉(铸铝件)等混合、搅拌均匀。④ 涂胶:将配好的胶液均匀涂于裂纹周围并粘贴脱脂处理过的玻璃布,一般可贴 2～3 层。⑤ 固化：将粘合部位夹紧，在 80℃固化 2 h。

[例 A109]　机动车转向摩擦片与主离合器片粘接

1. 粘接部位：摩擦片和离合器片粘接。

2. 胶粘剂的选择：J‐04 刹车片胶粘剂（黑龙江省石油化学研究院生产）。

3. 粘接工艺：① 表面处理：用喷砂或砂布打磨法除去金属表面油污。② 涂胶：用毛刷在粘接件表面上均匀涂一层胶液，胶层厚度为 0.2～0.3 mm，晾置 15 min 后再涂第二次，同样晾置 15 min，然后放入恒温设备中于 80℃中预热 50 min 后趁热合拢粘接。③ 固化：将合拢好的部件在专用夹具上加热加压固化，即在压力 0.3～0.5 MPa，160℃固化 3 h。

[例 A110]　汽车挡风玻璃与窗框粘接

1. 粘接部位：挡风玻璃与窗框粘接。

2. 胶粘剂的选择：JN‐8 挡风玻璃密封胶（上海橡胶制品研究所生产），或 JLC‐15 汽车用聚硫胶粘剂（锦西化工研究院生产）。

3. 粘接工艺：① 清洗：注胶前先对窗框、挡风玻璃进行表面处理，去除油污等脏物。② 注胶：用手提式空气挤压枪将 JN‐8 胶液注入窗框内，然后将挡风玻璃紧压，施加压力 0.3 MPa 以上即可粘牢，胶液不流淌，保持韧性。

[例 A111]　牵引车刹车空气过滤器破裂漏气修补

1. 修复部位：空气过滤器破裂漏气部位。

2. 胶粘剂的选择：配方（质量份）：E‐51 环氧树脂　100 份，408 低分子聚酰胺树脂　100 份，二氧化硅粉（250 目以下）　50 份。

3. 粘接工艺：① 表面处理：用 2 号砂布处理刹车空气过滤器基体表面，然后用丙酮清洗干净，晾干。② 配胶：按配方规定量混合调匀,备用,但静置时间不得超过 30 min。③ 涂胶:先把调好的胶涂于部件开裂处,室温固化 24 h。再将预处理的玻璃布带(宽 30 mm,在 350℃处理 10 min)用手涂胶方式以拉紧张力搭接 1/3 螺旋缠绕到刹车空气过滤器外表面,在缠第二层玻璃布带之前,必须把第一层多余的胶及残留气泡赶掉,连续缠绕的厚度以 2 mm 较适宜。④ 固化:室温 12 h 后用锉刀、砂布及脱脂棉蘸丙酮清理表面,晾干。

[例 A112]　进口汽车发动机缸体渗漏机油修复

1. 修复部位:发动机缸体渗漏部位。

2. 胶粘剂的选择:HJ - 101 胶粘剂(衡阳市粘合剂厂生产)。

3. 粘接工艺:① 清洗:缸体机油主油道上方渗漏处用砂布磨光,然后用丙酮或汽油除去油污。② 配胶:HV - 101 胶为双组分按甲组分:乙组分=1:1 混合调匀。③ 涂胶:将胶液均匀涂敷于渗漏处。④ 固化:室温 24 h 或 100～120℃固化 1～3 h。

[例 A113]　插齿机主轴套损坏修复

1. 修复部位:主轴套损坏部位。

2. 胶粘剂的选择:无机胶粘剂(南京无机化工厂等生产)。

3. 粘接工艺:选用综合式接头结构,先在轴套上开出燕尾槽并配制修补块,同时在其中打三个圆柱销孔,然后将无机胶粘剂按配方规定量混合调匀。先粘燕尾槽,然后再粘三个销子。待自然固化后,接着再用灯泡加温固化。最后进行机械加工,恢复轴套所需尺寸及精度。

[例 A114]　Z35 摇臂钻床升降机构壳体裂缝修复

1. 修复部位:壳体裂缝部位。

2. 胶粘剂的选择:南大 551 胶粘剂(南京大学化工厂生产)。

3. 粘接工艺:① 钻止裂孔:在裂缝两端分别钻一个 φ3 mm 止裂

孔,并沿裂缝长度方向均匀钻 10 个 M5 螺孔,并用螺钉定位连接裂开部位。② 铣波形键孔:沿裂缝长度方向铣 10 个波形键孔,配作 10 个波形键。③ 清洗:用丙酮清洗裂缝处,晾干。④ 第一次涂胶:将调好的南大 551 胶粘接键与壳体。⑤ 固化:室温固化 24 h。⑥ 修正及加固补强圈:用锉刀修铣壳体裂缝外围,用壁厚 2.5 mm 的 Q235A 钢板制作补强圈。⑦ 第二次涂胶:用南大 551 胶涂于壳体裂缝外围。⑧ 固化:室温固化 24 h。

[例 A115]　机床主轴箱体轴承孔松动修复

1. 修复部位:轴承与箱体孔松动部位。

2. 胶粘剂的选择:WD5554 厌氧型轴-孔配合零件固持胶(上海康达化工新材料股份有限公司生产)。

3. 粘接工艺:① 清洗:用 WD7755 高效油污清洗剂清洗轴承外径与箱体孔,晾干。② 涂胶:将胶液均匀涂于箱体孔和轴承配合部,然后将轴承装入箱体孔内旋转两圈,装配时要求保持轴承对箱体孔的同心度。③ 固化:室温固化 24 h。

[例 A116]　汽车发动机气缸体开裂漏水修补

1. 修补部位:气缸体开裂漏水部位。

2. 胶粘剂的选择:TZ-03 铸工胶(江苏泰兴县胶粘剂厂生产)。

3. 粘接工艺:① 表面处理:刮净缸体开裂处油污,然后用丙酮或汽油清洗裂缝处。② 配胶:TZ-03 胶粘剂为双组分,按甲组分:乙组分=1:1 的配比调匀。③ 涂胶:用配好的胶液均匀涂于裂纹处,过 0.5 h 后再涂第二遍。④ 固化:室温固化 24 h。⑤ 试验:按标准作水压试验。

[例 A117]　机床床身导轨与 TSF 软带粘接

1. 粘接部位:机床导轨与软带粘贴面。

2. 胶粘剂的选择：DJ 胶粘剂(广州机床研究所生产)。

3. 粘接工艺：① 清洗：机床导轨面用丙酮或汽油擦洗干净,去除油污。② 截料：TSF 软带按机床导轨粘贴面尺寸下料,可用刀片裁或剪刀剪。③ 清洗：粘接前,用丙酮将软带表面清洗干净,不允许用砂布打磨,以免表面遭到破坏。④ 配胶：将 DJ 胶粘剂配制调匀。⑤ 涂胶：将胶液均匀涂至被贴导轨表面及软带表面,然后将软带贴入导轨面或槽内,排除气泡,拉紧压服。⑥ 加压：可将工作台或滑座翻放在涂有脱模剂(硅油或机油)的床身配对导轨面上,均匀加一定的负载(一般＞0.1 MPa)。⑦ 固化：室温 24 h。⑧ 开油槽：按图纸要求,用自改变头刀片开出油槽。⑨ 配刮：按图纸要求配磨或配刮塑料导轨面,使之达到精度要求。

[例 A118] 龙门吊变速箱壳体损坏修补

1. 修补部位：变速箱壳体损坏部位。

2. 胶粘剂的选择：铸铁修补剂(湖北回天胶业股份有限公司生产)。

3. 粘接工艺：① 表面处理：用丙酮清洗壳体损坏部位,并用砂轮及砂布打磨,使表面露出金属光泽。② 配胶：铸铁修补剂为双组分,按甲组分：乙组分＝2：1 的配比调匀。③ 涂胶：将胶液涂刷于开裂处,使其渗漏裂缝。④ 固化：室温 24 h。⑤ 粘贴：如壳体损坏较多,可在涂胶表面再粘贴两层玻璃布。施工时可用电热吹风机加热胶层,使玻璃布易于浸润并便于气泡的排除。

[例 A119] 汽车油水箱渗漏快速修补

1. 修补部位：汽车油水箱渗漏部位。

2. 胶粘剂的选择：NSH 汽车油水箱堵漏胶(四川省正光实业股份公司生产)。

3. 粘接工艺：① 清洗：用丙酮将汽车油水箱渗漏部位去污,晾干。② 配胶：NSH 胶为双组分,按 A：B＝10：2 配胶、调匀。③ 涂胶：将胶液均匀涂于渗漏表面,然后用布条浸于胶液后粘贴表面。④ 固化：室温 30～50 min 固化。

[例 A120]　机械磁性过滤装置导磁套粘接

1. 粘接部位：导磁套钢环和钢环的粘接。

2. 胶粘剂的选择：7 - 2312 单组分环氧胶粘剂(上海 4724 厂粘接技术研究所生产)。

3. 粘接工艺：① 清洗：用丙酮清洗导磁套,去除油污,晾干。② 涂胶：将胶液均匀涂于导磁套中钢环和钢环粘接处,合拢压紧。③ 固化：180℃固化 0.5 h 或 160℃固化 1 h。

[例 A121]　轧钢机轧辊断裂修复

1. 修复部位：轧辊与花槽轴接头表面。

2. 胶粘剂的选择：C - 3 耐高温无机胶(湖北回天胶业股份有限公司生产)。

3. 粘接工艺：① 清洗：把轧辊吊起,将不需粘接的一端放入已准备好的地下坑道内,要粘接的一端露出地面 1 m 左右,用丙酮洗净粘接面及已车好的花槽轴头粘接面。② 配胶：按固相 1.6～2.5 g,液相为 1 mL 调成均匀糊状,能拉长成 1 cm 以上的丝条,即可进行粘接。③ 涂胶：将配制好的胶粘剂均匀涂于轧辊与花槽轴接头的粘接面上。④ 合拢：用吊车将花槽轴接头吊起缓慢地插入轧辊孔内准确地合拢到一起。⑤ 固化：用 200 W 红外线灯和 1 000 W 碘钨灯各六个,环绕粘接面一周进行升温,周围用石棉布盖住保温,温度计插入排气孔内,升温到 150℃保温 2 h 停止加温,然后缓慢地冷却至常温。⑥ 定位加固：钻固定销孔并清洗干净,然后将事先准备好的定位销涂胶液插入固定销孔内,并使之固化。⑦ 探伤:用超声波探伤,检查胶粘剂是否填满所有的间隙,如检查出有胶液流失现象必须补充胶液。⑧ 整形:在车床上车削接头部位加工到所需要的尺寸,切去轴端吊环。

[例 A122] 机床床身部位渗漏修复

1. 修复部位:床身微孔渗漏部位。

2. 胶粘剂的选择:微孔总深度在 0.3 mm 以上裂纹出现渗漏,可用 GY-280 厌氧胶(大连胶粘剂研制开发中心等生产),如果裂纹总深度在 0.3 mm 以下出现渗漏,可用 TS 518 紧急修补剂(北京市天山新材料技术公司生产)。

3. 粘接工艺:① 清洗:先将被粘面打磨,将尘、砂全部除掉,然后用汽油、丙酮等溶剂清洗,将油污除去。② 配胶:TS 518 紧急修补剂为双组分,按 A:B=1:1(质量比)称重并混合均匀进行施工。③ 涂胶:用刷子将胶涂于被粘部位,填补压实并修理平整,使表面光滑。④ 固化:室温 10 min 快速固化。⑤ 试压:粘接修补后进行灌水试漏。

[例 A123] 磁粉探伤设备螺栓松动锁固

1. 粘接部位:螺栓松动部位。

2. 胶粘剂的选择:MF-4277 螺纹锁固厌氧胶(广州机床研究所密封分所生产)。

3. 粘接工艺:① 清洗:用丙酮除去螺栓、螺帽及母体孔内的油污及杂质,晾干。② 涂胶:将厌氧胶液填满螺纹啮合处的全部缝隙。螺栓穿入母体孔中后,要将螺栓与母体的空隙处全部填满胶液。③ 固化:螺栓收紧时挤出间隙处全部空气而绝氧固化。在室温下涂胶后24 h即可使用。

[例 A124] 巴氏合金轴瓦破损修复

1. 修复部位:轴瓦破损部位。

2. 胶粘剂的选择：配方(质量份)：E-44 环氧树脂 100 份,651 聚酰胺树脂 40 份,巴氏合金粉末 50 份,二硫化钼 适量。

3. 粘接工艺：① 表面处理：用丙酮清洗,去除破损处油污,晾干。② 配胶：按配方规定量混合调匀。③ 涂胶：将胶液涂于修补处,使粘补面略高于巴氏合金面,然后在其上部覆盖一张复合聚酯薄膜。④ 加压：涂胶后用手压实,再用圆棒滚动压实。⑤ 固化：室温固化 24 h。⑥ 刮瓦：粘补处固化后,揭去聚乙烯薄膜进行刮瓦,7 d 后即可使用。

[例 A125] 汽车铝合金油底壳裂缝修补

1. 修复部位：油底壳裂缝部位。

2. 胶粘剂的选择：SW-2 胶粘剂(上海市合成树脂研究所生产)。

3. 粘接工艺：① 清洗：先将油底壳裂缝表面打毛,然后用丙酮将表面清洗干净,再将玻璃布脱脂晾干。② 配胶：SW-2 胶粘剂为双组分,按甲组分：乙组分=2.5：1 调匀。③ 涂胶：将 SW-2 胶液涂刷于油底壳表面,接着贴一层玻璃布,再涂一层胶液,再贴一层玻璃布,用手抹平,使中间无气孔出现。④ 固化：室温固化 24 h。

[例 A126] 摩托车油管破裂粘接

1. 粘接部位：油管破裂部位。

2. 胶粘剂的选择：2# 农机胶(大连胶粘剂研制开发中心生产)。

3. 粘接工艺：① 清洗：用丙酮将裂纹处的油污擦洗干净,晾干。② 配胶：2# 农机胶为双组分,按甲组分：乙组分=7：1 的质量比搅拌均匀。③ 涂胶：将配好的胶液均匀涂于裂缝处的管径上,然后粘贴一层玻璃纤维布,将油管破裂处包缠住,包缠一圈再用线绳将玻璃纤维布缠紧,特别是两头要扎紧,然后在包缠上的玻璃纤维布上涂胶,再包缠粘贴一层玻璃纤维布,反复三次。④ 固化：室温 5 h,加热 60℃ 1 h。

[例 A127]　龙门铣床油池漏油修复

1. 修复部位：油池泄漏部位。

2. 胶粘剂的选择：铁锚牌 609 密封胶(上海新光化工有限公司生产)。

3. 粘接工艺：① 清洗：用丙酮清洗漏油部位。② 涂胶：将 609 密封胶均匀涂在结合面上,并用聚四氟乙烯生料带在压力下填充油池泄漏处的间隙。③ 固化：室温 1 h。

[例 A128]　柴油机气缸套密封

1. 粘接部位：气缸体和水套装配部位。

2. 胶粘剂的选择：Y-150 厌氧胶(大连胶粘剂研制开发中心生产)。

3. 粘接工艺：① 清洗：将气缸体与水套的密封面用丙酮清洗去除油污。② 涂胶：将 C-2 促进剂涂于密封面的一面,待溶剂挥发后将胶液涂于被粘面。③ 固化：将涂好胶液的水套压入气缸体,并拧紧连接螺栓,放置 4 h 即可做水压试验。

[例 A129]　光学仪器上透镜与支架粘接

1. 粘接部位：透镜与支架装配部位。

2. 胶粘剂的选择：JLC-2 聚硫密封胶粘剂(锦西化工研究院生产)。

3. 粘接工艺：① 清洗：将透镜和支架用无水乙醇清洗,晾干。② 配胶：按 A∶B∶促进剂 D＝100∶11.6∶(0.3~0.5),将三组分调配搅匀。③ 涂胶：将配好的胶液均匀涂于粘接面上,使透镜和支架贴紧并加压固定。④ 固化：室温固化 24 h。

[例 A130]　飞机刹车轮壳表面腐蚀修复

1. 修复部位：飞机刹车轮壳表面腐蚀部位。

2. 胶粘剂的选择：SK-63室温快速固化环氧胶粘剂（上海4724厂粘接技术研究所生产）。

3. 粘接工艺：① 清洗：用丙酮清洗刹车轮壳表面锈蚀部位。② 配胶：SK-63胶粘剂为双组分，按甲组分∶乙组分＝6∶1的配比混合调匀。③ 涂胶：将胶液均匀涂于轮壳表面。④ 固化：室温1h。

[例 A131] 飞机发动机支架裂纹修复

1. 修复部位：飞机发动机支架裂纹部位。

2. 胶粘剂的选择：7-2312单组分环氧胶粘剂（上海海鹰粘接科技有限公司生产）。

3. 粘接工艺：① 清洗：用丙酮清洗铝镁合金材料制成的支架裂纹处，去除油污。② 涂胶：将胶液均匀涂于支架裂纹面。③ 固化：用机械夹固装置将涂胶后的支架加压固定，加热至120℃ 1h固化。

[例 A132] 传动箱箱体轴承座断裂修复

1. 修复部位：箱体轴承座断裂部位。

2. 胶粘剂的选择：TS802和TS811高强度结构胶（北京市天山新材料技术公司生产）。CD-242螺纹锁固胶（泉州昌德化工有限公司生产）。

3. 粘接工艺：① 清洗：用汽油和丙酮对断裂轴承座周围的油脂污垢进行清洗，晾干。② 配胶：TS802胶按A∶B＝1∶1（质量比）混合均匀。再将TS811胶按A∶B＝4∶1（质量比）混合均匀。并在45min内用完。③ 涂胶：在断开的两端面均匀地涂敷一层TS802胶，胶层在0.1mm，合成后将两根涂有CD-242螺纹锁固胶的M10×40的内六角螺栓装入事先加工好的螺孔中拧紧。再将TS811胶涂于断裂四周，涂层宽度约8mm，厚度不得小于2mm。④ 加固：按轴承座外园弧度大小制作一个厚5mm宽12mm的钢带，两端焊M10×60螺栓,在传动箱体外壁相应钻 2 个 φ12 的通孔,并将钢带内弧面与轴承座外弧面上分别涂 TS811 胶,合拢后用螺帽紧固。⑤ 固化:室温 3 d。

[例 A133]　重油罐主输泵泄漏修补

1. 修补部位:主输油泵砂眼渗漏部位。

2. 胶粘剂的选择:T-14 特种堵漏胶棒(上海海鹰粘接科技有限公司生产)、万达牌 WD1206 丙烯酸酯结构胶(上海康达化工新材料股份有限公司生产)、XH-13 结构胶(湖北回天胶业股份有限公司)。

3. 粘接工艺:① 清洗和止漏:用煤油擦去泄漏部位的油污并将予先准备好的木楔钉入漏孔。② 涂胶:将 T-14 堵漏胶棒嵌入缝隙进行密封,然后用 WD1206 丙烯酸酯结构胶涂于漏孔部位,并用磁铁将一块 50 mm×40 mm 的铝片压在其上排出气泡。③ 固化:室温24 h达到最高强度。④ 涂胶:用 XH-13 结构胶调铁粉后涂敷在修复面上即可在 24 h 后使用。

[例 A134]　冲床导轨严重拉伤修复

1. 修复部位:导轨严重拉伤部位。

2. 胶粘剂的选择:美国得复康修补剂。

3. 粘接工艺:① 表面处理:采用火焰喷射烧烤法除油。先用 CCl_4 清洗三次,晾干 20 min 后开启气焊枪喷火烧烤 3 min,待微孔中油污渗出后再喷射烧烤一次,共循环烧烤三次。② 配胶:按规定比例调配均匀,要在 5 min 内用完。③ 涂胶:将修补处用 200 W 红外灯泡预热 5~10 min,在温热的表面涂胶有利于表面浸润。④ 固化:将工件在 80℃烘房固化 2 h。⑤ 整修:粗磨、精磨、刮研至原有精度。

[例 A135]　变脱塔大面积腐蚀坑修补

1. 修补部位:变脱塔腐蚀坑部位。

2. 胶粘剂的选择：TS416 耐腐蚀工业修补剂（北京市天山材料技术公司生产）。

3. 粘接工艺：① 表面处理：用工具清理腐蚀坑内杂质，并用 1755 清洗剂清洗打磨过的腐蚀坑表面及边缘，去除油污。② 配胶：按甲组分：乙组分＝1：4 混合搅拌均匀，每次修补混合剂量不宜过多，一般控制在 500 g 左右，并要求在 30 min 内用完。③ 涂胶：用刮刀将修补剂涂于腐蚀坑及边缘。可先根据腐蚀坑大小制作一个不锈钢网作为支架待用。待第 1 层涂敷后再放上不锈钢网涂敷第 2 层修补剂，用刮刀反复按压，使修补剂与不锈钢充分润湿并和每一层修补剂充分接触。待第 2 层固化后再涂第 3 层。每次涂敷不应超过 3 cm 长，最后涂敷层应高于壳体面 2 mm 且和壳体金属作好过渡面，以防凹凸不平引起胶层破裂。④ 固化：室温 24 h 固化，在 100℃ 加热后 3 h 完全固化。⑤ 后处理：待修补面完全固化后用砂轮机进行修整，并在整个修补面和内壁涂装环氧树脂漆防腐。

［例 A136］ 汽车防眩目车灯粘接

1. 粘接部位：车灯的反光镜与散光镜两粘接面。

2. 胶粘剂的选择：SE－9 单组分环氧胶粘剂（上海材料研究所生产）。

3. 粘接工艺：① 清洗：用丙酮清洗车灯粘接部位。② 涂胶：将胶液均匀涂于车灯的反光镜与散光镜两粘接面。③ 固化：110℃ 2 h。

［例 A137］ 抽油机减速器内齿轮与轴松动修复

1. 修复部位：减速器内齿轮与轴松动部位。

2. 胶粘剂的选择：乐泰厌氧胶（烟台乐泰（中国）有限公司生产）。

3. 粘接工艺：① 清洗：将粘接的结合处用砂布或锉刀修整光滑后用丙酮或乐泰 755 超级安全清洗剂清洗干净。② 涂胶：将胶液涂于两个粘接部件的粘合面。不同牌号的乐泰厌氧胶应根据轴与孔磨损间隙大小进行选择。径向间隙小于 0.35 mm 时选用 680 号乐泰厌氧胶；间隙 0.35～0.50 mm 时选用 660 号乐泰厌氧胶；间隙大于 0.5 mm 时不宜选用该胶。③ 粘接：涂胶后晾干 2～3 min 后即进行两个部件粘合，按要求装配。④ 固化：室温固化 6 h。

［例 A138］　各种金属铆接缝、螺钉缝密封

1. 密封部位：金属铆接、螺钉和其他结构件的缝隙密封部位。

2. 胶粘剂的选择：CH - 107 密封胶（重庆长江橡胶厂生产）。

3. 粘接工艺：① 表面处理：用丙酮清洗被粘接面，晾干。② 配胶：按甲组分：乙组分＝12：1 调配混合搅匀。③ 涂胶：用毛刷蘸取胶液均匀地刷于密封部位。待溶剂挥发后再刷一次。④ 固化：涂胶完后常温需 10 d 或 70℃时 24 h 可达到良好的密封。

［例 A139］　天车中电机轴与滚动轴承松动修复

1. 修复部位：电机轴与轴承松动部位。

2. 胶粘剂的选择：万达牌 WD5050 通用型固持厌氧胶（上海康达化工有限公司生产）。或乐泰 609 固持厌氧胶（烟台乐泰（中国）有限公司生产）。

3. 粘接工艺：① 清洗：用棉花蘸丙酮清洗电机轴和轴承圈，去除油污。② 注胶：将轴承装在电机轴上，在磨损间隙处注入 WD5050 固持厌氧胶，约 10 min 后将轴装入电机。或用乐泰 609 胶液注入粘接面上也可以。③ 固化：WD5050 通用型固持厌氧胶需室温 24 h 后达到最大粘接强度。乐泰 609 胶室温 5 h 固化。

［例 A140］　水暖零件浮筒粘接

1. 粘接部位：浮筒盖与浮体结合面。

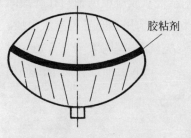

胶粘剂

图6-28 水暖零件浮筒粘接

2. 胶粘剂的选择：SE-8单组分环氧胶粘剂（上海材料研究所生产）。

3. 粘接工艺：① 清洗：用丙酮清洗浮筒接合面，去除油污。② 涂胶：将胶液均匀涂于浮筒盖与浮体两结合面，合拢压紧。③ 固化：160℃ 1 h。如图6-28所示。

[例A141] 印刷机气泵缸套磨损修复

1. 修复部位：气泵缸套磨损部位。

2. 胶粘剂的选择：CH-31胶粘剂（重庆长江橡胶厂等生产）。

3. 粘接工艺：① 清洗：用丙酮清洗缸体与缸套，并在缸孔表面用三角锉或錾子锉錾几条均匀的直槽，深度为0.3~0.5 mm。② 预热：将粘接的零件用电炉预热至40~50℃。③ 调胶：将CH-31胶甲、乙组分等量搅拌均匀后再加入适当的铝粉加热搅拌，以提高胶层耐热性能。④ 涂胶：在粘接两表面涂上胶层，厚约0.5~0.7 mm左右，把涂好胶的缸套放入孔中，然后上下移动，左右旋转，待多余的胶冒出即可。⑤ 固化：把工件加热到90~100℃ 2 h后，再室温固化8 h。

[例A142] 三面刃铣刀与刀槽粘接

1. 粘接部位：铣刀片与刀槽粘接。

2. 胶粘剂的选择：无机胶粘剂（湖北回天胶业股份有限公司、南京无机化工厂等生产）。

3. 粘接工艺：① 表面处理：将铣刀片和刀槽先进行喷砂，再用丙酮清洗、晾干。② 配胶：无机胶粘剂为双组分，按甲组分：乙组分=(3~5)g：1 mL的配比调匀。③ 涂胶：将胶均匀涂于刀槽和刀片粘接部位,然后在刀体凸缘端面垫一些垫片,使刀片均匀地与平板接触,用细铁丝将刀片捆紧。④ 固化:40℃ 1 h,然后 100℃ 2 h。如图 6-29所示。

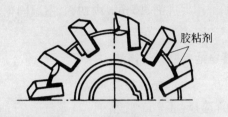

图 6-29　三面刃铣刀粘接

[例 A143]　内燃机止推轴瓦粘接

1. 粘接部位:止推环与轴瓦粘接。

2. 胶粘剂的选择:SK-63 室温快速固化环氧胶粘剂(上海海鹰粘接科技有限公司生产)。

3. 粘接工艺:① 接头设计:形式如图 6-30 所示。② 表面处理:止推环与轴瓦套粘接面酸洗后用丙酮擦洗,晾干。③ 配胶:SK-63 胶为双组分,按 A:B=100:(11~22)质量比称量配胶,搅拌均匀。④ 涂胶:将胶均匀涂于止推环和轴瓦套粘接面。⑤ 固化:室温 24 h。

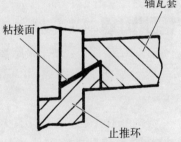

图 6-30　内燃机止推轴瓦粘接

[例 A144]　机床主轴箱体轴承孔松动 0.1 mm 修复

1. 修复部位:主轴箱体孔与轴承外径松动部位。

2. 胶粘剂的选择:Y-150 厌氧胶(大连胶粘剂研制开发中心生产)。

3. 粘接工艺：① 清洗：用丙酮将轴承与箱体孔清洗干净，晾干。② 涂胶：将胶液均匀涂于轴承外径和箱体孔内，然后将轴承装入箱体孔内旋转两圈，装配时要求保持轴承对箱体孔的同心度。③ 固化：室温固化 24 h。如配用促进剂，10 min 内初固，室温固化 1 h。

[例 A145]　蓄电池壳壁裂纹修复

1. 修复部位：蓄电池壳壁裂纹部位。

2. 胶粘剂的选择：J‑11 胶粘剂（黑龙江省石油化学研究院生产），加入少量的石墨粉。

3. 粘接工艺：① 清洗：将壳壁沥青刮除干净，并用氢氧化钠水溶液（5 g/L）洗破裂处，然后用热水冲净并晾干。② 开槽：在裂纹处开出 V 形坡口。③ 涂胶：将胶液均匀涂于壳壁裂纹处表面并贴加一层玻璃纤维布。④ 固化：室温 24 h。

[例 A146]　叉车制动刹车带铸件与酚醛石棉摩擦片粘接

1. 粘接部位：刹车带摩擦片的粘接。

2. 胶粘剂的选择：J‑04 胶粘剂（黑龙江省石油化学研究院生产）。

3. 粘接工艺：① 清洗：用丙酮洗净粘接面，用砂布或锉刀打磨除去残痕，并用砂布将新摩擦片打毛。② 涂胶：在两粘接面上均匀涂 0.2～0.3 mm胶层，晾置 20 min，待溶剂挥发，胶液变稠能够拉丝，再涂第二次胶。③ 固化：放入 60℃烘箱中预热 50 min，趁热粘接，紧固于专用夹具（或刹车轮）上，在 0.3～0.5 MPa 下放入 160～170℃烘箱内固化 2 h。

[例 A147]　大型气缸裂纹漏水修补

1. 修补部位：压缩机气缸裂纹部位。

2. 胶粘剂的选择：YM-4 结构胶(中国科学院长春应用化学研究所生产)。

3. 粘接工艺：① 清洗：用丙酮将气缸裂纹处油垢清洗干净,晾干。② 涂胶：将 YM-4 胶按配比混合均匀,涂在裂纹处。③ 加压：用工具给缸施加一定压力,然后在外面垫加固板用螺母紧固。④ 固化：用 200 W 灯泡在缸内加温,温度升至 60℃时保温 12 h。⑤ 试压：固化后进行加压试验,压力为 0.3 MPa,直至不渗漏为止。

[例 A148]　**汽车发动机气缸与水道微孔漏水修补**

1. 修补部位：发动机气缸与水道间有微孔部位。

2. 胶粘剂的选择：HT161 耐热修补剂(湖北回天胶业股份有限公司生产)、CD-242 螺纹锁固胶(泉州昌德化工有限公司生产)。

3. 粘接工艺：① 钻孔：在泄漏孔相对的水道外壁钻直径 8.5 mm 的孔,攻 M10 螺纹。② 清洗：用丙酮清洗穴蚀部位,去除油污。③ 配胶：HT161 耐热修补胶为双组分,以夏季甲：乙＝4：1,冬季甲：乙＝3：1 配胶混合均匀。④ 涂胶：将胶液涂于穴蚀处,再将 M10 螺丝涂于 CD-242 螺纹锁固胶后拧入螺纹孔内,封堵工艺孔。⑤ 固化：常温 24 h 或 80℃ 2 h 固化完全。

[例 A149]　**薄壁金属管(壁厚小于 1 mm)转筒粘接**

1. 粘接部位：薄壁金属管转筒面粘接。

2. 胶粘剂的选择：SW-2 环氧型胶粘剂(上海市合成树脂研究所生产)或 KH225 胶(北京化学研究所生产)。

3. 粘接工艺：① 薄壁管粘接头的设计：以设计承受剪应力的接头为好,使所受的应力尽可能均布整个粘接面,如图 6-31 所示。② 清洗：用丙酮清洗被粘接面。③ 涂胶：将 SW-2 胶均匀涂于两被粘的薄壁之间,如有 0.05～0.10 mm 的间隙,其粘接强度为最高。④ 固化：室温 24 h。

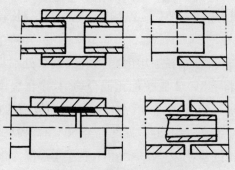

图 6 – 31　薄壁管粘接头设计

[例 A150]　**大型液压吊车水箱冻裂破损修复**

1. 修复部位：液压吊车水箱破裂部位。

2. 胶粘剂的选择：配方一：E - 44 环氧树脂用丙酮稀释后加入 T31 固化剂，再加入还原铁粉。配方二：E - 44 环氧树脂加入 T31 固化剂，再加入 320 目钢玉粉。配方三：E - 44 环氧树脂加入 T31 固化剂，再加入镍包铝粉填料。

3. 粘接工艺：① 表面处理：用喷灯反复烘烤裂缝，直至无油无水，然后用砂布将粘接部位打毛，并把灰尘擦净。② 涂胶：先按配方一配制好胶液，在粘接部位上涂布一次，并使胶液渗入到裂纹中去，然后再按配方二、三配制好胶液，再进行涂布，逐步增加面积和厚度，将破损处全部封好。③ 固化：室温固化 24 h。

[例 A151]　**柴油机端盖、凸轮轴承盖结合面渗漏修补**

1. 修补部位：柴油机端盖、凸轮轴承盖结合面密封部位。

2. 胶粘剂的选择：TS1515 厌氧型平面密封剂（北京市天山新材料技术公司生产）。

3. 粘接工艺：① 表面处理：用天山清洗剂或丙酮清洗端盖结合面密封表面，去除油垢，晾干。② 涂胶：将 TS1515 厌氧型平面密封剂均匀涂于端盖结合密封表面。③ 装配：拧紧螺钉直至两端面完全接触。④ 固化：室温 24 h 完全固化。⑤ 试漏：整机装配 24 h 后进行试车运行 200 h 试验,看有无渗漏现象。

[例 A152]　重型立车横梁断裂修复

1. 修复部位：立车横梁断裂部位。

2. 胶粘剂的选择：YW-1 型无机胶粘剂(昆明理工大学粘接技术研究所生产)。

3. 粘接工艺：① 断面接头设计：选用两断面均匀钻孔然后粘轴套接的结构,配合间隙 0.1～0.2 mm。② 清洗：用丙酮清洗断裂被粘面,去油垢,晾干。③ 配胶：YW-1 无机胶按每毫升液体加入粉剂5～5.5 g 的比例,用竹签在厚 3～4 mm 的铜板上均匀调和成糊状即可。④ 涂胶：将调好的胶均匀涂于断面和轴孔套接部位,然后进行粘接。⑤ 固化：用红外灯加热至 80℃ 1 h 后升温 120℃保温 2～3 h 即可。

[例 A153]　龙门铣床花键轴磨损修复

1. 修复部位：龙门铣床花键轴磨损部位。

2. 胶粘剂的选择：NJ-1 高强结构胶(四川省正光实业股份有限公司生产)。

3. 粘接工艺：① 修整：将磨损的花键轴重新划线铣键槽,并研配导向键,钻孔及攻丝。② 清洗：用丙酮清洗花键轴键槽及平键等部位,去除铁屑、油污,晾干。③ 配胶：NJ-1 胶按 A∶B=10∶1(质量比)混合搅拌均匀。④ 涂胶：将胶液均匀涂刷在键槽、平键及螺钉接触部位。⑤ 装配：把涂胶的平键安装在键槽里,用螺钉紧固。⑥ 固化：室温 15～60 min 定位,4 h 后完全固化。

[例 A154]　电动机端盖裂缝修复

1. 修复部位：电动机端盖裂缝部位。

2. 胶粘剂的选择：铁锚牌 101 聚氨酯胶(上海新光化工有限公司生产)。

3. 粘接工艺：① 清洗：用丙酮清洗裂缝周围的油垢。② 钻止裂孔：在裂缝的始末端各钻 $\phi 3$ mm 的止裂孔。③ 开 U 形斜面槽：用凿子沿裂缝开出 135°U 形斜面至止裂孔,深度为端盖厚度的 2/3 为宜。④ 清洗：用丙酮清洗 U 形斜面。⑤ 配胶：将该胶按甲组分：乙组分＝2∶1 配比混合调匀。⑥ 涂胶：将胶液均匀地沿着 U 形斜面涂满并用刮刀刮平压实。⑦ 固化：加热 100℃ 2 h 完全固化。⑧ 加固：在 U 型斜面上再粘贴三层玻璃布。

[例 A155] 飞机蒙皮破损修复

1. 修复部位：飞机蒙皮破损部位。

2. 胶粘剂的选择：万达牌 WD 1001 高性能丙烯酸酯结构胶(上海康达化工新材料股份有限公司生产)。

3. 粘接工艺：① 剪料：选用 LY12‑C₂ 硬铝补片修剪成圆形,补片直径比蒙皮破孔大 50 mm,厚度为 1～1.2 mm,并用木槌修整蒙皮。② 表面处理：先在裂纹尖端打止裂孔,并有砂纸打磨,然后用脱脂棉蘸丙酮清洗打磨面,晾干。③ 配胶：该胶为双组分,按 A 组分：B 组分＝1∶1 混合均匀。④ 涂胶：将胶液迅速均匀涂于蒙皮及补片上,然后把补片粘接在蒙皮外表面。⑤ 加压：在补片表面铺上一层隔离纸,用吸盘或加压工具(或砂袋)加压,压力为 0.01 MPa。⑥ 固化：室温 24 h。⑦ 修整：固化后用砂布打磨补片边缘,使之光滑平整。

[例 A156] 拖拉机制动阀弹簧套筒与连杆粘接

1. 粘接部位：制动阀弹簧套筒与连杆装配部位。

2. 胶粘剂的选择：717 聚氨酯胶粘剂(上海海文(集团)有限公司上海长城精细化工厂生产)。

3. 粘接工艺：① 表面处理：金属除锈去油，再用丙酮清洗，晾干。
② 涂胶：将该胶均匀涂布于两个粘接面上。③ 加压：涂胶后在常温
下放置 30～40 min，即可将粘接面合紧，并用重物压紧。④ 固化：室
温 2～3 d 即固化，如图 6-32 所示。

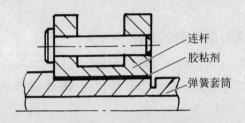

连杆
胶粘剂
弹簧套筒

图 6-32　弹簧套筒与连杆粘接

[例 A157]　**镍基金刚石刀片粘接**

1. 粘接部位：镍基金刚石刀片与铝刀
架粘接部位。

2. 胶粘剂的选择：7-2312 单组分环氧
胶粘剂(上海海鹰粘接科技有限公司生产)。

3. 粘接工艺：① 表面处理：先用砂布
打磨刀片粘接部位，然后用丙酮清洗，去除
油污。② 涂胶：将胶液均匀涂于刀片与铝
刀架结合表面，如图 6-33 所示。③ 固化：
加热 160℃ 1 h。

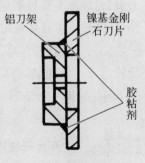

铝刀架　　镍基金刚
石刀片

胶
粘
剂

**图 6-33　镍基金刚石
刀片粘接**

[例 A158]　**风机滑动轴承漏油修复**

1. 粘接部位：风机滑动轴承上下密封面部位。

2. 胶粘剂的选择：604 不干型密封胶(上海新光化工有限公司
生产)。

3. 粘接工艺：① 表面处理：在滑动轴承密封面上刮去原密封材

料,露出金属光泽,并用塞尺检查四周结合面间隙,应小于 0.1 mm。
② 涂胶:将胶液均匀地涂敷在上、下密封面上,厚度控制在 0.10～0.20 mm 之间,然后拧紧瓦盖螺栓。③ 修正:将四周溢出的密封胶抹平,刮掉多余部分。④ 固化:室温固化 8 h。

[例 A159] 无心磨床导轮边沿打崩修复

1. 修复部位:无心磨床导轮边沿缺陷部位。

2. 胶粘剂的选择:配方(质量份):防油树脂　100,乙二胺 7～8。

3. 粘接工艺:① 修整导轮:先用金钢笔修整磨床导轮 3～4 次,清除导轮表面脏物层。用干净容器接在导轮下部,盛接干净、无水的导轮粉末。② 錾子加工:卸下导轮,置于平整处,用錾子錾去缺口表层的脏物(注意不要将缺口表面錾平整)。③ 配胶:按上述配方配制胶粘剂,然后将少量导轮粉末放入胶粘剂中充分调匀,再逐渐加入粉末,一边加入,一边调匀,直至调匀成膏脂状。④ 加固:用稍硬的布条绕导轮边沿一周扎紧,将调好后的胶粘剂补到缺口处。⑤ 固化:室温 24 h 固化后拆下布条即可使用。

[例 A160] 车床托板滑动部位与聚四氟乙烯板料粘接

1. 粘接部位:托板与聚四氟乙烯板料粘接部位。

2. 胶粘剂的选择:DG-3S 万能胶(成都有机硅研究中心生产)。

3. 粘接工艺:① 表面处理:用粗砂布将托板及已经钠-萘-四氢呋喃溶液处理的聚四氟乙烯板料涂胶面打毛并用丙酮清洗两遍。② 配胶:该胶为双组分,按甲组分:乙组分=1:1 的配比混合均匀。③ 涂胶:将配好的胶液均匀涂在两粘接面上。④ 加压:涂胶后等数分钟,使胶稍凝后粘接,然后在床身上垫薄纸,将托板扣合在床面上,并适当压重物。⑤ 固化:室温 24 h。⑥ 修整:固化后修锉毛边,并开油槽,即可使用。

［例 A161］　挖掘机齿轮泵侧板损坏修复

1. 修复部位:齿轮泵侧板损坏面部位。

2. 胶粘剂的选择:JW-1 环氧型胶粘剂(上海市合成树脂研究所生产)。

3. 粘接工艺:① 清洗:先加温除油,再用汽油清洗,最后用丙酮清洗侧板损坏面。② 配胶:该胶为双组分,按甲组分∶乙组分＝2∶1 的配比加入适量的还原铁粉混合搅匀。③ 涂胶:将配好的胶液均匀涂在侧板损坏面。④ 固化:80℃、1 h 或 60℃、2 h 即可固化。

［例 A162］　四柱万能油压机缸体内表面和活塞外表面研伤修复

1. 修复部位:油压机缸体内表面和活塞外表面研伤部位。

2. 胶粘剂的选择:J-32 高强度胶粘剂(黑龙江省石油化学研究院生产)。

3. 粘接工艺:① 表面处理:对缸体内表面进行铲冲处理,清除内表面毛刺,铲出几条有规则的沟痕;在车床上均匀地将活塞外表面车出 3 条沟槽,用丙酮清洗修复面。② 配胶:两组分按配比调匀。③ 涂胶:将胶液均匀涂于沟痕和沟槽内。④ 固化:加热 130℃下 2 h。⑤ 加工:待成型固化后重新精车活塞外表面,使其尺寸达到设计要求,最后以活塞配研缸体,即可使用。

［例 A163］　镗(铣)床专用刀具接长杆粘接

1. 粘接部位:专用刀具接长杆粘接部位。

2. 胶粘剂的选择:ZY-801 型厌氧胶(浙江省机电设计研究院生产)。

3. 粘接工艺:① 接头设计:对于直径 ϕ≤10 mm 的接长钻和各种刀具,一般采用直通式粘接结构。对于直径 ϕ≥30 mm 的接长刀具采用阶梯式结构,以增加粘接,如图 6-34 所示。② 表面处理:将机铰刀和接长杆的粘接部位表面,用1号粗砂布打毛,并用毛笔蘸丙酮液涂刷粘接表面,去除油污。配合间隙应在 0.01～0.02 mm 之间。③ 涂胶:待丙酮蒸发后,在粘接表面上涂上促进剂(底剂),待促进剂所含溶剂挥发后(约 3～5 min),在机铰刀接头的表面和接长杆的盲孔内,分别涂上 ZY-801 厌氧胶,然后将机铰刀插入孔内,先沿轴向移动几下,再转几转,待胶均匀时,将接长杆的机铰刀端垂直朝下竖放,过 5 min 后定位。④ 固化:室温 24 h。

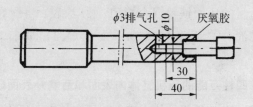

图 6-34 镗(铣)用接长杆粘接

[例 A164] ϕ800 mm 废砂轮粘接

1. 粘接部位:二片废砂轮粘接部位。

2. 胶粘剂的选择:配方(质量份):E-44 环氧树脂 50 份,650 聚酰胺 50 份。

3. 粘接工艺:① 除油:先将二片砂轮 ϕ800×(40～50) mm 需粘合面用喷灯火焰除油。② 清洗:用钢丝刷清理表面,再用丙酮清洗干净。③ 配胶:按配方规定量混合调匀并加入少量水泥作调料。④ 涂胶:将胶液均匀涂在粘接面上,然后合拢,如图 6-35 所示。⑤ 固化:室温 24 h 即可使用。

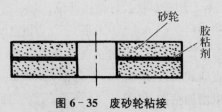

图 6-35 废砂轮粘接

[例 A165]　**齿轮箱箱体有 0.1 mm 气孔渗漏修复**

1. 修复部位：箱体有微小气孔渗漏部位。

2. 胶粘剂的选择：GY-280 厌氧胶(广州市坚红化工厂生产)。

3. 粘接工艺：① 清洗：用汽油或乙醇将要堵漏部分清洗干净,吹干(在安全条件允许的情况下,可用喷灯将裂缝、孔、砂眼内的污油、水等烘干,效果更好)。② 涂胶：将 GY-280 厌氧胶涂在裂缝或砂眼气孔位置,让其自行浸渗进去,要填充全部间隙不留空隙。③ 固化：常温 2 h 后固化,即可使用。④ 试压：用 0.05 MPa 压力试验 4 h,检查有无渗漏。

[例 A166]　**汽车气门座圈损坏粘接**

1. 粘接部位：汽车气门座圈损坏部位。

2. 胶粘剂的选择：WJZ101 高强度硅酸盐无机耐热胶粘剂(湖南省机械研究所生产)。

3. 粘接工艺：① 清洗：将座孔处积炭、油污清除干净,按座孔直径车制座圈,外径比座孔内径要小 0.05～0.15 mm,然后用丙酮或汽油将座孔、座圈洗净,晾干。② 调胶：按配方量分别将固化剂(粉末)和基料(改性水玻璃液体)置于塑料或陶瓷缸内,用搅棒调成粘稠浆状,配比 k 值为 1 mL 基料中加入固化剂的克数,取 $k=2.2～2.5$ g/mL,也可于胶中再掺入 10%～20%200 目左右的工业铁粉。③ 涂胶：调好胶后,在座孔和座圈表面均匀地涂上一层胶,然后将座圈放入座孔内。④ 固化：室温初固化后,置缸盖粘接部位于烘烤炉内,按 60℃、0.5 h,再 80℃、1.5 h,再 150℃、3 h 的升温程序加热固化。

[例 A167]　**电铲空压机(风泵)密封**

1. 粘接部位：电铲空压机各结合面部位。

2. 胶粘剂的选择：M-3 密封胶(黑龙江省石油化学研究院生产)。

3. 粘接工艺：① 清洗：用丙酮或乙醇等溶剂将各结合面上的油污清洗干净。② 涂胶：用扁刷将胶液均匀涂布在电铲空压机各结合面的表面上，厚度 0.5 mm 左右，然后合拢。紧固时要按操作规程对角拧紧螺栓。

[例 A168] 平板车轮毂轴承孔磨损修复

1. 粘接部位：车轮毂轴承装配部位。

2. 胶粘剂的选择：609 乐泰厌氧胶（乐泰（中国）厌氧密封胶有限公司生产）。

3. 粘接工艺：① 清洗：当轮毂轴承孔与轴承有 0.1 mm 左右间隙时，可先用乐泰清洗剂 755 直接清洗两接触表面，晾干。② 涂胶：用 609 乐泰厌氧胶将轴承外径表面涂上一层，胶层厚度以 0.1 mm 为宜。③ 安装：涂胶后将轴承装入轴承孔内。④ 固化：室温 10 min 表面凝固，6 h 即固化。

[例 A169] 自动绘图机直线电机导轨灌封

1. 粘接部位：导轨凹槽灌封部位。

2. 胶粘剂的选择：配方（质量份）：E-51 环氧树脂　100 份，邻苯二甲酸二丁酯　15 份，间苯二胺　15 份，硅微粉　50 份。

3. 粘接工艺：① 清洗：用丙酮把导轨清洗干净，在与凹槽垂直的两边贴上胶布，防止胶液流失。② 预热：把导轨放入烘箱中在 80℃下预热。③ 灌封：将配制好胶粘剂对预热好的导轨进行灌封。④ 固化：灌封后再放进烘箱内在 80℃下驱赶气泡，待气泡完全消失后，在室温下固化。

[例 A170] 汽车油管断裂粘接

1. 粘接部位：汽车油管断裂无法气焊的部位。

2. 胶粘剂的选择：TH1528 油面修补剂（吉林天河表面材料技术

开发有限公司生产)。

3. 粘接工艺：① 清洗：对断裂油管两边外圆作清洗处理。② 涂胶：将胶液按规定配胶后均匀涂于断裂粘接面处，并在断裂油管外套一只护套管，如图 6-36 所示。③ 固化：在 20℃工况下 3～10 min 快速固化。

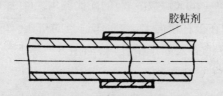

图 6-36 汽车油管断裂粘接

[例 A171] O 形密封圈粘接

1. 粘接部位：O 形密封圈尺寸大于标准规格时切开断面的部位。

2. 胶粘剂的选择：502 瞬干胶(北京化工厂精细化学品有限责任公司、浙江金鹏化工股份有限公司等生产)。

3. 粘接工艺：① 切断：将尺寸大的 O 形密封圈按标准规格尺寸切成 45°倒角，如图 6-37 所示。被切开的断面应特别平滑，不能有凸凹不平。② 涂胶：将胶液均匀地涂在切开断面上。③ 压紧：将两个 45°断面合拢，迅速压紧，并防止结合处出现错位现象，然后用专用夹具把结合处卡住压紧。④ 固化：室温 24 h 后强度达到最大值。

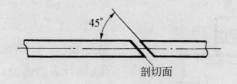

图 6-37 O 形密封圈粘接

[例 A172] 车床跟刀架底板断裂粘接

1. 粘接部位：跟刀架底板断裂部位。

2. 胶粘剂的选择：无机胶粘剂(南京无机化工厂等生产)。

3. 粘接工艺：① 接头设计：粘接件断裂处采用槽接,配合间隙 0.15～0.35 mm,并钻两个 ϕ10 mm 销孔。② 清洗：用丙酮清洗底板断裂面。③ 配胶：无机胶粘剂为双组分,按甲组分：乙组分＝(3～5 g)(氧化铜粉)：1 mL(磷酸溶液)的配比调匀。④ 涂胶：将配好的胶液分别均匀地涂在被粘接面上,然后作适当的挤压。⑤ 安装定位：将涂好胶液的定位销插入固定销孔内,如图 6-38 所示。⑥ 固化：先 40℃ 1 h,然后 100℃ 2 h 固化。

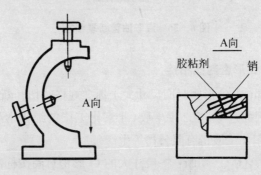

图 6-38 跟刀架断裂粘接

[例 A173] **吸排油烟机电机轴承松动粘接**

1. 粘接部位：轴承内环与轴颈松动部位。

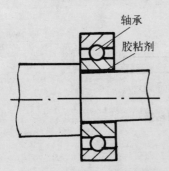

图 6-39 电机轴承松动粘接

2. 胶粘剂的选择：GY-340 厌氧胶(广州市坚红化工厂生产)。

3. 粘接工艺：① 清洗：用砂布擦净轴承内环或轴颈表面锈蚀,用丙酮清洗干净,晾干。② 涂胶：用毛笔蘸少量 GY-340 厌氧胶在轴承内环及轴颈表面涂刷 2～3次,每次厚度为 0.1 mm。③ 固定：把轴承装配在轴颈正确位置上,如图 6-39

所示。④ 固化：室温固化1h。

[例 A174] **柴油机机体与气缸盖堵片处渗漏密封**

1. 粘接部位：堵片渗漏处部位。

2. 胶粘剂的选择：609通用密封胶(江苏黑松林粘合剂厂有限公司生产)。

3. 粘接工艺：① 清洗：用丙酮将堵片与闷盖孔清洗干净,去除油污。② 涂胶：根据大小不同的堵片,在其接合面上分别涂敷609密封胶,胶层厚度可按实际需要而定。③ 压封：将碗形堵片压入闷盖孔内。④ 固化：室温固化24h。⑤ 试验：按产品要求进行0.4MPa水压试验2min。

[例 A175] **硬质合金铰刀粘接**

1. 粘接部位：硬质合金刀片和刀槽装配部位。

2. 胶粘剂的选择：无机胶粘剂(南京无机化工厂等生产)。

3. 粘接工艺：① 确定刀槽结构：刀片槽的宽度比刀片厚度大于0.1mm,其中保护墙的高低与粘接是否牢固关系极大。取 h 值过小,影响粘接强度；取 h 值过大,影响刀具排屑。结构尺寸如图6-40、表6-1所示。② 清洗：用丙酮将刀片和刀槽清洗干净,去掉油脂、锈斑和杂物。③ 配胶：按甲(特制氧化铜粉)：乙(磷酸溶液)＝(3～5 g)：1 mL调成糊状,能拉长成1 cm以上的丝条,即可进行粘接。④ 涂胶：将调好的胶在刀片和刀槽内均匀涂胶,然后将刀片沿轴向缓慢推入,再用麻绳绑扎,使刀片定位正确。粘接时,刀片不能露出铰刀端面,要与刀体的端面平行。⑤ 固化：铰刀粘好后应立即送入干燥箱烘干,先在40℃烘1h,然后

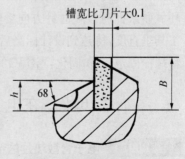

图6-40 刀槽粘接结构

升温至 100℃烘 2 h。切不可开始就置于 100℃以上温度下烘烤,以免组分气化外逸冲破粘接层。

表 6-1　刀槽结构尺寸

刀片高度尺寸 B/mm	保护墙尺寸 h/mm
3	1.8~2
3.5	2.1~2.3
4	2.4~2.7
5	3~3.3
6	3.6~4

[例 A176]　设备基础中 M100 地脚螺栓粘接

1. 粘接部位:地脚螺栓固定部位。

2. 胶粘剂的选择:环氧砂浆配方:环氧树脂 4 kg,无水乙二胺 320 mL,邻苯二甲酸二丁酯 680 mL,砂子 10 kg。

3. 粘接工艺:① 螺栓吊装:用三角撑加倒链的吊装方式挂起螺栓,使螺栓位置对中。② 配制环氧砂浆:先将环氧树脂加热,至 60~80℃时加入邻苯二甲酸二丁酯,待冷却至 30~35℃时加入无水乙二胺,接着加入砂子,拌合均匀。③ 清洗:用丙酮擦洗螺栓及孔壁,去除油污。④ 灌浆:将配制好的环氧砂浆一次全部倒入孔内,使螺栓接触环氧砂浆面时按顺时针方向旋转螺栓并加力使其缓慢下沉,并随时调正其垂直度,待达到设计标高后,拧下螺帽,用小木楔在四周按中心线将螺栓固定。⑤ 固化:室温 48 h 固化。

6.2　在电子工业中的应用

[例 B001]　电子管散热片的粘接

1. 粘接部位:电子管散热片装配部位。

2. 胶粘剂的选择：DAD-5导电胶（上海合成树脂研究所生产）。

3. 粘接工艺：① 清洗：被粘物需先经打磨、化学处理、干燥、并用丙酮脱脂。② 预热工件：在红外线灯下将工件预热至 40～50℃。③ 配胶：DAD-5导电胶由（甲）环氧树脂、（乙）咪唑固化剂和（丙）银粉组成，按甲：乙：丙=1.1：0.15：2.5 配比混合，搅成油灰状。④ 涂胶：将配好的胶液均匀涂于工件粘接面。⑤ 固化：将涂胶后的工件用夹具定位，放进烘箱升温至 100℃，固化 3 h。

[例 B002]　**热敏电阻温度计与衬套的粘接**

1. 粘接部位：热敏电阻温度计与衬套配合面。

2. 胶粘剂的选择：7-2312 环氧胶粘剂（上海海鹰粘接科技有限公司生产）。

3. 粘接工艺：① 清洗：用丙酮清洗衬套，温度计表面用硫酸清洗、头部涂硅油。② 涂胶：将 7-2312 单组分环氧胶粘剂直接均匀灌于配合面空隙中，如图 6-41 所示。③ 固化：在 120℃下固化 3 h。

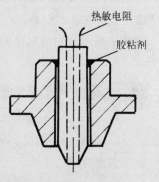

图 6-41　热敏电阻温度计与衬套粘接

[例 B003]　**电视机中偏转线圈与显像管管径粘接**

1. 粘接部位：电视机中偏转线圈与显像管配合部位。

2. 胶粘剂的选择：EVA-Ⅱ型热熔胶粘剂（山东省化学研究所、上海印刷技术研究所生产）。

3. 粘接工艺：① 清洗：用丙酮清洗粘接面，晾干。② 涂胶：将热熔胶放入容器内加热熔化，胶温控制在 180℃±5℃，用喷枪注射于线圈玻璃交界处，如图 6-42 所示。③ 固化：室温快速固化。

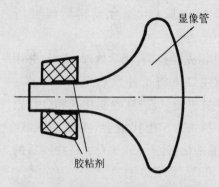

显像管

胶粘剂

图 6-42　偏转线圈与显像管管径粘接

[例 B004]　**电冰箱蒸发器铝板的粘接**

1. 粘接部位：电冰箱蒸发器铝板粘接部位。

2. 胶粘剂的选择：SK-63室温快速固化环氧胶粘剂(上海海鹰粘接科技有限公司生产)。

3. 粘接工艺：① 清洗：用丙酮清洗蒸发器铝板粘接部位。② 配胶：SK-63胶粘剂为双组分，按甲组分：乙组分=100：(11~22)的配比调匀。③ 涂胶：将胶液均匀涂于蒸发器铝板粘接面。④ 固化：室温 1 h。

[例 B005]　**电子元件组合件的灌封**

1. 粘接部位：电子元件组合件灌封部位。

2. 胶粘剂的选择：GN-521 有机硅凝胶(晨光化工研究所、成都有机硅研究中心生产)。

3. 粘接工艺：① 清洗：将电子元件组合件灌封部位用汽油清洗干净，晾干。② 预热：放在 60℃烘箱内烘 1 h。③ 配胶：GN-521 有机硅凝胶为双组分，按甲组分：乙组分=50：50 的配比混合均匀，进行真空脱泡，间隔地抽气和放气几次后待用。④ 灌胶：在倒入胶液后还须在真空下脱泡。⑤ 固化：室温硫化 24 h，然后放入 80℃烘箱内烘 4 h。

[例 B006]　**微型变压器铁芯粘接**

1. 粘接部位：微型变压器铁芯粘接面。

2. 胶粘剂的选择：铁锚牌 302 厌氧胶(上海新光化工有限公司

生产)。

　　3. 粘接工艺：① 清洗：将铁芯用无水乙醇清洗,晾干。② 涂胶：将铁锚牌 302 厌氧胶涂于粘接面上,置于专用夹具内固定。③ 固化：在 25℃下固化 24 h。

[例 B007]　陶瓷片集成电路粘接

　　1. 粘接部位：陶瓷片集成电路粘接部位。

　　2. 胶粘剂的选择：HY - 911 - Ⅲ胶粘剂(天津合成材料工业研究所生产)。

　　3. 粘接工艺：将 HY - 911 - Ⅲ胶按甲组分：乙组分＝(5～7)∶1 比例混合均匀,迅速涂于粘接定位处,室温固化 0.5～2 h。

[例 B008]　电子元件电感器的引线与磁芯粘接

　　1. 粘接部位：电感器的引线与磁芯孔粘接部位。

　　2. 胶粘剂的选择：SE - 10 单组分环氧胶(上海材料研究所生产)。

　　3. 粘接工艺：① 清洗：将电感器的铁氧基磁芯与镀锡铜丝(ϕ0.6 mm)分别用丙酮擦净。② 涂胶：用 SE - 10 胶液涂于铜丝一端后插入磁芯的两端细孔眼中,粘接面积为 0.04 cm² 左右。③ 固化：将粘接后的电感器平放在木架上,在 180℃烘箱内加热 0.5 h 固化取出即成。

[例 B009]　扬声器振动系统粘接

　　1. 粘接部位：扬声器振动系统各粘接面。

　　2. 胶粘剂的选择：配方(质量份)：PM2035 聚醋酸乙烯 90 份,2124 酚醛树脂 10 份,丙酮适量。

　　3. 粘接工艺：① 清洗：用丙酮清洗扬声器粘接面。② 配胶：按配方规定量混合调匀。③ 涂胶：将配好的胶液均匀涂于扬声器纸盆、音圈和定位支架粘接面。④ 固化：室温固化 24 h。

[例 B010] **稀土磁钢与转子粘接**

1. 粘接部位：稀土磁钢与转子粘接面。

2. 胶粘剂的选择：铁锚牌 204 胶(上海新光化工有限公司生产)。

3. 粘接工艺：① 清洗：先将被粘物面平整打毛,然后用丙酮棉纱分别擦拭稀土磁钢和转子粘接面,去污,晾干。② 涂胶：将铁锚牌 204 胶均匀涂于两粘接面 2～3 次,每次间隔晾置 20～30 min,然后定位压紧,分别装夹固定。操作时不宜压得过紧,防止位移。③ 固化：将工件与夹具一起放入烘箱,在 180℃恒温 2 h 固化。

[例 B011] **计算机脉冲变压器灌封**

1. 粘接部位：整个脉冲变压器灌封。

2. 胶粘剂的选择：配方(重量份)：E-51 环氧树脂 100 份,邻苯二甲酸二丁酯 15 份,混合酸酐(邻苯二甲酸酐和顺丁烯二酸酐混合重量比为 5：1)40 份,石英粉(200 目)适量。

3. 粘接工艺：① 准备：灌封前先将脉冲变压器放入 80℃烘箱中 1 h 去除湿气,然后用硅橡胶将磁芯部包覆起来。② 配胶：按配方规定量混合调匀。③ 灌胶：将配好的胶液倒入脉冲变压器外壳内,并将包覆好的脉冲变压器放入壳内,然后将胶液灌注到整个变压器。④ 固化：将灌封好的变压器放入烘箱内升温 80℃/1 h,再 100℃/1 h,再 120℃/1 h,再 160℃/2 h,待自然冷却至室温后即可取出。

[例 B012] **大型变压器阀门渗漏应急修复**

1. 修复部位：变压器放油阀门渗漏部位。

2. 胶粘剂的选择：GY-340 厌氧胶(广州市坚红化工厂生产)。

3. 粘接工艺：① 备料：剪取 1 mm 厚的白铁皮,尺寸按渗漏孔大小而定,然后手工锤敲成与修补处贴合的形状。② 清洗：先用砂纸、锉刀将阀门渗漏处的油漆污物去除,使之露出金属光泽,然后用丙酮清洗阀门和白铁皮,晾干。③ 堵漏点:涂胶前先用较软的肥皂挤进渗漏处,达到暂时不漏。④ 涂胶:用固化促进剂在待修补面和白铁皮上涂一遍,待丙酮挥发后即可在铁皮和渗漏处涂以 GY‐340 厌氧胶,然后紧密贴合,并用带子或铅丝将白铁皮扎紧固定。⑤ 固化:室温 10 min固化,24 h 后拆除绷带即可使用。

[例 B013]　印制电路板定位槽修复

1. 修复部位:印制电路板定位槽开偏部位。

2. 胶粘剂的选择:HY‐911 快固环氧胶(天津市合成材料工业研究所生产)。

3. 粘接工艺:① 清洗:用丙酮清洗定位槽,然后按槽的尺寸用压敏胶带贴在定位槽一面作为底面,边缘处多余长度向上弯曲,使定位槽形成封闭槽。② 配胶:HY‐911 快固环氧胶为双组分,按甲组分:乙组分＝3:1 比例混合均匀。③ 涂胶:将胶液均匀放入槽内。操作时要防止将胶液粘接到邻位的印制插头导线上。④ 固化:室温 0.5～2 h固化,然后撕去压敏胶带重新开定位槽。

[例 B014]　天线座车上支架等部件和海绵橡胶粘接

1. 粘接部位:天线座车上支架等部件与海绵橡胶粘接面。

2. 胶粘剂的选择:铁锚牌 101 胶(上海新光化工有限公司生产)。

3. 粘接工艺:① 清洗:用丙酮将支架等部件清洗干净,去除油污,晾干。② 配胶:铁锚牌 101 胶为双组分,按甲组分:乙组分＝100:30 比例配合调匀。③ 涂胶:将胶液均匀涂于支架等部件的粘接面上,第一次涂后晾置 5～10 min,第二次涂后晾置 20 min,然后将海绵橡胶对准位置逐步贴敷,并施加压力 30～50 kPa。④ 固化:室温5 d,或100℃2 h 固化。

[例 B015] **陀螺马达防震橡胶垫圈粘接**

1. 粘接部位：防震橡胶垫圈和钢铁件粘接面。

2. 胶粘剂的选择：配方(重量份)：E-44 环氧树脂 100 份，多乙烯多胺 8～10 份，聚硫橡胶 20 份。

3. 粘接工艺：① 表面处理：在橡胶粘接面上涂以浓硫酸，作用 1～2 min，然后用自来水反复冲洗后烘干。钢件粘接面用砂纸打磨去锈，再用丙酮清洗干净，晾干。② 配胶：按配方规定，将环氧树脂和聚硫橡胶先混匀，再加入多乙烯多胺，充分搅匀。操作时，注意因此胶固化较快，一次不宜多配。③ 涂胶：将配好的胶液均匀涂于钢件与橡胶粘接面上，准确对合。④ 固化：室温固化 30 min，再加压固化 4 h。

[例 B016] **压电晶片与铝片导电粘接**

1. 粘接部位：压电晶片与铝片导电连接部位。

2. 胶粘剂的选择：DAD-6 导电胶(上海合成树脂研究所生产)。

3. 粘接工艺：① 配胶：DAD-6 导电胶为三组分，按甲组分：乙组分：丙组分=14：2：45 配比先将甲、乙组分搅匀再加入丙组分，搅拌后即可。② 涂胶：将配好的胶液涂于晶片与铝片粘接面上，然后叠合，再用夹板夹住，用螺栓紧固。③ 固化：60℃/5 h 或 80℃/3 h 或 100℃/1 h，也可室温自然固化 24 h。

[例 B017] **油浸式电子变压器粘接密封**

1. 粘接部位：油浸式电子变压器堵漏密封部位。

2. 胶粘剂的选择：502 瞬干胶(北京北化精细化学品有限责任公司、浙江金鹏化工股份有限公司等生产)、XH-11 结构胶(湖北回天胶业股份有限公司生产)。

3. 粘接工艺：① 表面处理：用铲刀将漏油四周的油泥和底漆铲净，直到露出金属表面，再用粗砂布打磨后丙酮擦洗，随后用药棉蘸丙酮在缝隙或砂眼上擦拭,使丙酮渗入缝隙或砂眼断面,以利快速将丙纶布和胶粘剂塞进缝隙和砂眼。② 配胶:将 XH-11 胶甲乙两组分和烘干的三氧化二铝粉末按体积比 1:1:0.3 混合均匀。配胶时先把 XH-11 胶甲、乙两组分挤在干净的玻璃板上,然后把三氧化二铝粉末加入调匀,待固化一定时间便可使用。③ 将大小适宜的 3 块丙纶布用丙酮清洗干净,将混匀的胶分成两部分,一部分用红外线灯加速固化,另一部分自然固化。待加速固化的胶固化到一定程度,将其放在丙纶布中心,周围涂上 502 胶,再用药棉球擦洗漏点,迅速将该胶堵住漏点,然后把自然固化的胶分别涂在两层丙纶布上,一层一层的重叠粘上,用手挤压,再用涂有胶的薄铝板压好,用铁丝捆牢。④ 用红外线灯或 200~300 瓦灯泡对准粘接位置局部加热,尽快提高至 50~60℃,使之加速固化。

[例 B018] 胶木电器零件粘接

1. 粘接部位:胶木电器零件粘接面。

2. 胶粘剂的选择:配方(质量份):E-44 环氧树脂 1,650 聚酰胺 0.5~0.8,邻苯二甲酸二丁酯 0.1。

3. 粘接工艺:① 清洗:零件粘接前用丙酮洗净表面,晾干。② 涂胶:将配好的胶液涂于粘接面,然后对齐压紧,将溢出的溶剂刮干净。③ 固化:室温固化 1~2 d,加热到 50~100℃固化 4 h。

[例 B019] 防爆按钮的粘接

1. 粘接部位:防爆按钮中陶瓷体粘接面。

2. 胶粘剂的选择:配方(质量份):6201 环氧树脂 100,邻苯二甲酸酐 80,N,N′-二甲基苄胺 2~4,石英粉(经过 800℃加温烧结 1 h 处理) 200。

3. 粘接工艺:① 清洗:用丙酮清洗防爆按钮中两块陶瓷体,晾干。② 配胶：将 6201 环氧树脂和石英粉一起放入 150℃ 的烘箱中混合均匀，取出冷却至 40℃，再加入已研细的邻苯二甲酸酐和二甲基苄胺混合均匀待用。③ 涂胶：将配好的胶液涂于陶瓷体粘接面。④ 固化：在 120℃ 下固化 2 h。

[例 B020] **电冰箱蒸发器进、出气管断裂修复**

1. 修复部位：蒸发器进、出气管断裂面。

2. 胶粘剂的选择：配方（质量份）：E-44 环氧树脂　100,650 聚酰胺　80,KH-550 偶联剂　0.2。

3. 粘接工艺：① 备料：加工一根长 20 mm 左右、内径比工件外径大 0.05～0.09 mm 的铜套。② 表面处理：在铜、铝管接头约 10 mm 处用砂布打磨去污，露出金属本色，再用丙酮擦拭干净。③ 涂胶：将配好的胶液涂于铜、铝管接头外径和铜套上，并将铜套压入铜、铝管接头处。④ 固化：室温固化 2 d 即可粘牢。

[例 B021] **马鞍形磁钢与软铁粘接**

1. 粘接部位：磁钢与软铁粘接面。

2. 胶粘剂的选择：配方（质量份）：E-20 环氧树脂　100,双氰胺（200 目）　4～5。

3. 粘接工艺：① 清洗：用丙酮将磁钢与软铁粘接面擦拭干净，去油污，晾干。② 配胶：先将 E-20 环氧树脂加热至 110～130℃ 熔融状态，再将经研磨过筛 200 目的双氰胺直接筛到熔融的 E-20 环氧树脂胶中，边过筛边搅拌，然后倒入模具中，数分钟脱模制成胶条。③ 预热：将清洗后的磁钢与软铁放入烘箱加热至 130～140℃。④ 涂胶：在保持磁钢与软铁 120～130℃ 温度下，将胶条涂于粘接面上，趁热迅速对合粘接，用夹具固定。⑤ 固化：将工件放入烘箱在 0.2～0.3 MPa 压力下，160℃ 下 4 h,170℃ 下 3 h,180℃ 下 2 h,固化后即可取出工件。

[例 B022] **手机电池板及电子元器件灌封**

1. 粘接部位：手机电池板封装部位。

2. 胶粘剂的选择：LR - ZSB 低压注塑热熔胶（上海轻工业研究所上海理日化工新材料有限公司生产）。

3. 粘接工艺：采用低压注塑工艺（注塑压力 1.5～40 bar）① 添加热熔胶，将手机电池板或要封装的电子元器件插入模具。② 注射热熔胶至模具并快速固化（5～50 s）。③ 1 min 左右便可开模取件。

6.3　在造船工业中的应用

[例 C001] **艉轴与螺旋桨的粘接**

1. 粘接部位：艉轴和螺旋桨孔粘接面。

2. 胶粘剂的选择：配方（质量份）：E - 44 环氧树脂 100 份，邻苯二甲酸二丁酯 15 份，乙二胺 7 份。

3. 粘接工艺：① 清洗：用丙酮清洗艉轴和螺旋桨孔粘接面，晾干。② 配胶：按配方规定量混合调匀。③ 涂胶：用刮刀将胶液均匀地涂于轴和孔的接触部位上，厚度以稍大于间隙 0.2 mm 为宜，涂胶完毕迅速将螺旋桨套进艉轴并旋紧螺帽，如图 6 - 43 所示。④ 固化：室温固化 24 h。

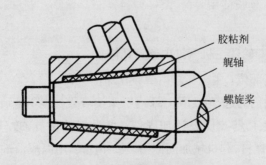

图 6 - 43　艉轴与螺旋桨粘接

[例C002]　万吨轮主机冷凝器内盖泄漏和增压器蜗壳裂纹修复

1. 修复部位：主机冷凝器泄漏和增压器蜗壳裂纹部位。

2. 胶粘剂的选择：SG-200室温固化耐高温胶粘剂（上海海鹰粘接科技有限公司生产）。

3. 粘接工艺：① 表面处理：清理被粘物的油污、浮锈后，用砂布打毛，再用丙酮等溶剂清洗后晾干。② 配胶：SG-200胶为双组分，按甲组分：乙组分＝100：（25～30）重量比称胶，混合搅拌均匀。③ 涂胶：将配好的胶液涂于主机冷凝器内盖四周和增压器蜗壳裂缝处。④ 固化：室温固化3～5 h，24 h后达到较高的强度和韧性。

[例C003]　油轮输油管法兰接头腐蚀修补

1. 修复部位：输油管法兰接头腐蚀部位。

2. 胶粘剂的选择：配方（质量份）：E-44环氧树脂100份，650聚酰胺树脂75份，石棉绒适量，氧化铝粉20份。

3. 粘接工艺：① 清洗：用丙酮将修补处的锈斑和油污清除干净。② 浸胶：用厚0.2 mm、宽60 mm的玻璃纤维带浸胶，包扎在修补处约3～4层。胶液的配方（重量份）：E-44环氧树脂100份，650聚酯胺树脂75份。③ 涂胶：待初步固化后，在玻璃布外面再涂层胶粘剂。④ 固化：室温固化24 h。⑤ 防护：待完全固化后外面用铁皮扎好，使其得到保护，延长使用寿命。

[例C004]　轮船主机气缸内壁穿孔修复

1. 修复部位：主机气缸内壁穿孔部位。

2. 胶粘剂的选择：HY-914胶（天津合成材料工业研究所生产）。

3. 粘接工艺：① 设计加固件：可沿裂纹钻孔、攻丝，带胶装入M5～M8的螺钉，起机械加固作用。② 清洗：用丙酮清洗铸件孔洞内外表面，去除油污。③ 配胶：HY-914胶为双组分，可按甲组分：乙组分=6：1(质量比)配胶搅拌均匀。④ 涂胶：将胶液涂于铸件孔洞与螺钉加固件的粘接面并使之粘合。⑤ 固化：20℃固化 3 h 即可达到最高粘接强度。

[例 C005] **船舶主副机部件接触面的密封**

1. 粘接部位：船舶主副机部件接触面部位。

2. 胶粘剂的选择：铁锚牌 601 密封胶(上海新光化工有限公司生产)。

3. 粘接工艺：① 清洗：用丙酮清洗船舶主副机部件接触面,去污物,晾干。② 涂胶：将 601 密封胶用刮涂法均匀地涂于船舶部件接触面,放置 30 min,待溶剂挥发,合拢紧固。③ 固化：室温固化 24 h。

[例 C006] **船舶艉轴与铜套粘接**

1. 粘接部位：艉轴与铜套粘接面。

2. 胶粘剂的选择：配方(质量份)：E-44 环氧树脂 100 份,邻苯二甲酸二丁酯 15 份,乙二胺 7~8 份。

3. 粘接工艺：① 清洗：将艉轴水平安放在支架上,然后用丙酮清洗粘接部位。② 配胶：按配方规定量混合调匀。③ 涂胶：将配制好的胶液均匀地涂于粘接面,胶层厚度在0.5 mm左右,涂完后立即将铜套套入艉轴。④ 固化：室温固化24 h。⑤ 精车：固化后再上车床精车至要求尺寸(艉轴与铜套的配合间隙为 0.2~0.25 mm,粗糙度 Ra 6.3 μm),如图 6-44 所示。

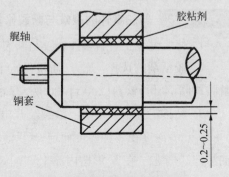

图 6-44 艉轴与铜套粘接

283

[例 C007]　船用塑料地毡粘接

1. 粘接部位：塑料地毡粘贴钢板部位。

2. 胶粘剂的选择：JX-19 胶(上海橡胶制品研究所生产)。

3. 粘接工艺：① 清洗：将钢板表面锈蚀清除干净,再用丙酮擦洗,保证被粘接的两个接触面干净清洁,无锈、无油、无水等。② 涂胶：将单组分的 JX-19 胶均匀地涂于被粘接的两个接触面。③ 复贴塑料地毡：涂胶片刻后,将小方块塑料地毡按要求对准尺寸进行复贴,要求粘合平整紧密,无挠角撬边现象。④ 固化：室温固化 24 h。

[例 C008]　船体或水舱渗漏修复

1. 修复部位：船体或水舱渗漏处。

2. 胶粘剂的选择：配方(质量份)：E-44 环氧树脂 100 份,304 聚酯树脂 10 份,二乙烯三胺 7~8 份,生石灰(氧化钙)50 份,丙酮 10 份。

3. 粘接工艺：① 下料：根据裂缝大小裁剪帆布或潜水布。② 清洗：用丙酮将船体渗漏处清洗干净。③ 配胶：按配方规定量混合调匀。④ 涂胶：将调均匀的胶液涂于帆布上粘贴于渗漏处,如洞大,可在两边垫铁板用螺钉加以固定。

[例 C009]　船舶零件的裂纹与断裂修复

1. 修复部位：船舶零件裂纹与断裂面。

2. 胶粘剂的选择：配方(质量份)：E-44 环氧树脂 100 份,650 聚酰胺树脂 75 份,铁粉(200 目)30 份,石棉绒适量。

3. 粘接工艺：① 开槽：沿裂纹开出 V 形槽,长度超过裂纹两端各 5~10 mm,深度视零件厚度而定。② 清洗：用丙酮清洗零件裂纹及去油污。③ 涂胶：在 V 形槽内涂上调配好的胶粘剂。④ 固化：室温固化 24 h 或加热 80℃固化 4 h。

[例 C010] 船舶空压机机体破裂修补

1. 修复部位：船舶空压机机体破裂面。

2. 胶粘剂的选择：SW-2 环氧结构胶粘剂（上海合成树脂研究所生产）。

3. 粘接工艺：① 清洗：用丙酮清洗空压机机体破裂部位，去油污，晾干。② 配胶：SW-2 胶为双组分，按甲组分∶乙组分＝2.5∶1 的配比调匀。③ 涂胶：用刮刀或玻璃棒将胶液均匀涂于被粘物表面，并根据损坏情况加贴钢板或嵌入金属扣等辅助加强件。④ 固化：室温固化 24 h。

[例 C011] 船舶主、副机垫片粘接

1. 粘接部位：船舶主副机垫片与机座粘接面。

2. 胶粘剂的选择：配方（质量份）：E-44 环氧树脂 100 份，650 聚酰胺树脂 40 份，苯乙烯 5～10 份，三乙烯四胺 9～12 份，铁粉（200 目）适量。

3. 粘接工艺：① 清洗：将机座与钢质垫片表面用丙酮清洗干净。② 配胶：按配方规定量混合调匀。③ 涂胶：将配好的胶液均匀涂于垫片两面及机座与垫片的接触平面上，然后将涂过胶的垫片在水平方向慢慢地推进主机座下面，并要求在粘接时中心不准移动。④ 固化：室温 24 h 固化，然后旋紧螺帽。

[例 C012] 船台闸门密封粘接

1. 粘接部位：船台闸门钢板与橡皮粘接面。

2. 胶粘剂的选择：配方（质量份）：E-44 环氧树脂 100 份，650 聚酰胺 70 份，液态丁腈橡胶 20 份，三乙烯四胺 10 份。

3. 粘接工艺：① 表面处理：用风动工具、钢丝刷等对闸门被粘面的钢板进行去污除锈，直到露出光泽为止。另外，将配成浓度为 85% 的浓硫酸涂刷在橡皮的被粘面上，经过 5～7 min，再用清水冲洗干净，

晾干。② 配胶：按配方规定量混合调匀。③ 涂胶：先用丙酮将闸门和橡皮粘接面擦拭干净,然后将配好的胶液均匀涂在闸门和橡皮的粘接面上,再将橡皮对合到闸门钢板上。④ 加压：涂胶后两边用 50 mm 的扁铁压上再用压铁加压。⑤ 固化：室温 24 h 固化,再卸下压铁、扁铁,即可使用。

[例 C013] 船体渗漏的修补

1. 修复部位：船体渗漏部位。

2. 胶粘剂的选择：配方(质量份)：E-44 环氧树脂 100 份,307 聚酯树脂 10 份,二乙烯三胺 10 份,氧化钙 50 份。

3. 粘接工艺：① 清洗：用丙酮清洗除去修补表面的油污。② 配胶：按配方规定量混合调匀。③ 涂胶：将配好的胶液均匀涂于船体渗漏部位。④ 固化：室温固化 24 h。

[例 C014] 船用主机冷却管漏水修补

1. 修复部位：主机冷却管漏水部位。

2. 胶粘剂的选择：配方(质量份)：E-44 环氧树脂 100 份,189 不饱和聚酯 10 份,T-31 固化剂 20~25 份,铁粉 250 份,玻璃纤维(长 5 mm)适量。

3. 粘接工艺：① 清洗：先用铁砂纸将冷却管孔径及其周围打磨去油污,然后用丙酮擦拭清洗干净,晾干。② 配胶：按配方规定量混合调匀。③ 涂胶：将配好的胶泥借助小木楔进行塞补,并在孔径周围粘贴 2~3 层玻璃纤维布。④ 固化：室温 24 h 固化。

[例 C015] 轮船发动机汽缸裂纹粘接修复

1. 修复部位：轮船发动机汽缸裂纹部位。

2. 胶粘剂的选择：① GY-280 厌氧胶(大连第二有机化工厂、广州坚红化工厂生产);② KD-504-A 高级万能胶(浙江省慈溪市天东胶粘剂厂有限公司生产)。

3. 粘接工艺:① 机械加工:先将汽缸头表面铣平,找出裂纹的终端和始端钻止裂孔,孔径一般为 φ5 mm 左右,钻孔深度要超过裂纹深度。② 钻止裂孔:在裂缝的走向每隔 15～20 mm 钻带有螺纹的止裂孔。③ 清洗:用棉球蘸丙酮将裂纹周围油污清洗干净。④ 涂胶:将 GY-280 浸渗型厌氧胶注入到所有止裂孔内,然后把有螺纹的止裂销旋在止裂孔内,让其自然固化。然后在裂缝的上表平面均匀地涂上一层 KD504-A 万能胶,用电吹风加热,使胶液易于渗入裂纹。接着在带有裂缝的整个表面涂一层有机硅液体密封胶,代替以前修复时使用的紫铜垫圈。⑤ 安装:在钢圈盖上之前将缸套与钢圈粘合面上涂一层 KD 504 A 万能胶,使汽缸体固定和密封。⑥ 固化:室温固化 2 d。

［例 C016］ 船舶铸钢螺旋桨腐蚀修补

1. 修补部位:螺旋桨腐蚀部位。

2. 胶粘剂的选择:配方(质量份):E-44 环氧树脂 100,邻苯二甲酸二丁酯 10,亚磷酸三苯酯 5,二乙烯三胺 10～12。

3. 粘接工艺:① 喷砂除锈:用风动钢丝轮将腐蚀的桨叶表面打磨,直到锈皮基本上清除露白为止,然后用丙酮清洗桨叶表面,晾干。② 配胶:按配方规定量混合调匀。③ 涂胶:在螺旋桨表面涂上一层胶粘剂,然后将玻璃布或玻璃丝剪碎加入胶粘剂拌匀,用来填平桨叶腐蚀的大小孔。④ 固化:室温固化 24 h。

6.4 在建筑工业中的应用

［例 D001］ 钢筋混凝土构件与钢板加固粘贴

1. 粘接部位:钢板与混凝土构件粘接面。

2. 胶粘剂的选择：JGN－HT 建筑结构胶(中国科学院大连化学物理研究所生产)。

3. 粘接工艺：① 表面处理：将混凝土构件用钢丝刷去除表面污物，再用清水冲洗干净。加固的钢板粘接面也用喷砂或手砂轮打磨，露出金属光泽，再用丙酮清洗擦拭干净。② 配胶：JGN－HT 胶为双组分，按甲组分∶乙组分＝(60～80)∶(20～40)重量比称胶，混合搅拌均匀。③ 涂胶：将配制好的胶液用刮刀涂于混凝土构件和钢板表面，厚度约 1～3 mm，然后将钢板粘贴在混凝土表面，再用木槌沿粘贴面轻轻敲击钢板，如无空洞声证明粘贴密实。否则要剥下钢板重新粘贴，确保施工质量。④ 加压：用特制 U 形夹具将钢板与混凝土构件夹紧，压力为 0.05～0.1 MPa。⑤ 固化：室温 24 h 可拆除夹紧，3 d 完全固化，即可使用。

[例 D002] 管道腐蚀的修补

1. 修复部位：管道腐蚀的部位。

2. 胶粘剂的选择：配方(质量份)：E－44 环氧树脂100 份，650 聚酰胺树脂 75 份。

3. 粘接工艺：① 清洗：将管道腐蚀处的锈斑油污用丙酮清除干净。② 配胶：按配方规定量混合调匀。③ 涂胶：用 0.2 mm 厚、60 mm宽的玻璃纤维带浸泡胶粘剂后包扎在修补的管道处约 3～4 层。④ 固化：室温固化 2 h 后，在玻璃布处再涂一层胶粘剂，固化后外面用铁皮包扎好。

[例 D003] 大型水池裂缝的修补

1. 修复部位：大型水池裂缝部位。

2. 胶粘剂的选择：LDN－1 氯丁胶粘剂(重庆长寿化工总厂生产)。

3. 粘接工艺：① 表面处理：先用手钎将裂缝部位凿出 V 形槽，然后拌制高标号混凝土砂浆填实，48 h 后用钢丝轮打磨表面，用毛刷扫净粉尘，再用 500 瓦电热吹风机将表面的潮气吹干并刷一遍汽油，同时将橡皮板分段切割成长 1.5 m、宽 0.3 m 左右的块状，每块接头处留 80 mm 的台阶，以便互相搭接。凡是粘贴部位都要用钢丝轮打毛，刷净胶屑，用电热吹风机把毛面吹干，并刷上汽油。② 配胶：将氯丁胶粘剂：聚异氰酸酯胶＝100：12 的配比搅拌均匀，现配现用。③ 涂胶：用小木板将胶涂在已处理好的各表面上（混凝土与橡胶板表面同时涂胶）共涂胶两遍，使胶浆渗透进各处空隙。④ 粘贴：将涂胶的橡胶板粘贴在水池裂缝表面，并用木槌均匀地从中间部位向两边敲打，反复三次。⑤ 固化：室温 72 h。

[例 D004]　**大型混凝土输水管接口渗水堵漏**

1. 修复部位：大型混凝土输水管接口渗水部位。

2. 胶粘剂的选择：配方（质量份）：E-44 环氧树脂 3 份，T-31 固化剂 1 份，丙酮稀释剂适量。

3. 粘接工艺：① 清洗：将管口间隙先用清水冲洗干净，自然干燥后再用丙酮清洗干净。② 配胶：按配方规定量混合调匀，再取出少许加入水泥、细砂调成水泥砂浆待用。③ 涂胶：将胶液涂于管接口处，并用玻璃布剪成条，条宽可按间隙大小确定，浸透胶液后拧紧成绳状，置于管口间隙并用特制扁凿打紧。较大间隙则用水泥砂浆堵平，如图 6-45 所示。④ 粘贴玻璃布：在外层再刷胶粘剂，粘贴两层至四层玻璃布。⑤ 固化：室温固化 24 h。

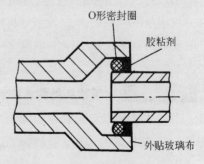

图 6-45　输水管接口渗水堵漏

[例 D005] **游泳池渗漏的修复**

1. 修复部位：游泳池渗漏部位。

2. 胶粘剂的选择：配方（重量份）：E-44 环氧树脂 100 份，YH-82 水下固化剂，干砂 300 份，丙酮 15 份，425# 水泥 100 份。

3. 粘接工艺：① 表面处理：渗漏处先用棉纱或木楔等物将其填固塞紧，然后用丙酮清除池中油污，再用钢丝刷刷去池中积垢，并用錾子凿毛，最后用压力水冲洗干净。② 配胶：将 E-44 环氧树脂和丙酮均匀调合后，再均匀掺入水泥和干砂，然后加入 YH-82 固化剂搅拌均匀。③ 涂胶：将调好的环氧树脂砂浆胶快速刮抹在水池渗漏表面，操作时要注意来回刮平，裂缝较宽处可用玻璃纤维丝调胶后填缝、捣实、刮平，在水池垂直面上涂胶后应用薄胶合板压平及用支撑顶紧。④ 固化：室温 24 h 固化，然后拆除支撑即可使用。

[例 D006] **房屋室内屋面渗漏修复**

1. 修复部位：房屋室内屋面渗漏部位。

2. 胶粘剂的选择：配方（质量份）：E-44 环氧树脂 100 份，乙二胺 10 份，425# 水泥 300～500 份，丙酮适量。

3. 粘接工艺：① 表面处理：先沿渗漏处凿出 10～20 mm 深的斜缝槽，用皮老虎将残渣吹尽，再用丙酮清洗油污，晾干。② 配胶：按配方规定量混合调匀。③ 涂胶：将配好的胶液用刮刀抹在缝隙内，操作时要填满刮平。④ 固化：室温 1～2 d。

[例 D007] **水管接头处漏水密封修复**

1. 修复部位：水管接头漏水部位。

2. 胶粘剂的选择：铁锚牌 601 密封胶粘剂（上海新光化工有限公司生产）。

3. 粘接工艺：① 清洗：先把水管接头螺纹上旧密封填料清除掉，

用丙酮将表面清洗干净。② 涂胶：将密封胶粘剂涂抹在螺纹和螺栓的接合处，然后把管子连接起来。③ 固化：室温固化 24 h。

[例 D008]　**建筑物裂缝修补**

1. 修补部位：建筑物出现裂缝部位。

2. 胶粘剂的选择：配方（质量份）：E-44 环氧树脂　100,651 聚酰胺　50,水泥　100,细砂　20～30,丙酮适量。

3. 粘接工艺：① 定位：先在建筑物裂缝下面用支柱撑好固定。② 配胶：按配方规定混合调匀。③ 灌胶：将用水泥、砂子和环氧树脂配制成的胶粘剂灌注到裂缝中去,填满空隙为止。④ 固化：室温 48 h 自然干燥。⑤ 修整：待固化后拆去支柱,修整表面。

[例 D009]　**下水管道破裂修补**

1. 修补部位：下水管道破裂部位。

2. 胶粘剂的选择：① 配方（质量份）：E-44 环氧树脂　100,乙二胺　8。② 水下固化环氧胶（武汉大筑建筑科技有限公司生产）。

3. 粘接工艺：① 清洗：用丙酮将管道破裂处擦洗干净,晾干。② 配胶：按自行配方规定量混合调匀或用成品胶按甲、乙组分混合搅拌均匀。③ 涂胶：将配好的胶液均匀地涂抹在破裂处周围和玻璃纤维布补丁上,然后把玻璃纤维布粘贴在破裂处,再涂上一层胶液粘贴玻璃纤维布2～3层,在最外层玻璃纤维布上涂上一层胶粘剂。④ 固化：室温固化 48 h。

6.5　在化工、轻工及其他工业中的应用

[例 E001]　**化工蒸汽管漏气的修补**

1. 修复部位：化工蒸汽管漏气部位。

2. 胶粘剂的选择：CHJ - 1耐热快固铁胶泥(上海海鹰粘接科技有限公司生产)。

3. 粘接工艺：① 清洗：先将被粘物表面锈物除净,锉平、打光,然后用丙酮洗净。② 配胶：CHJ - 1胶泥由三个组分组成,主胶(甲)为米黄色胶泥,固化剂(乙)为黑色胶泥,促进剂(丙)为白色粉末。按甲组分：乙组分：丙组分＝6：2：1的配比用手工揉合(戴塑胶手套),配成的胶料为黑色面团状。③ 涂胶：将配成的胶泥涂在管道漏气部位,然后覆上一层玻璃纤维布,如此反复涂三次。④ 固化：室温4 h固化。

[例 E002] **高压强塑料风管断裂修复**

1. 修复部位：塑料风管断裂部位。

2. 胶粘剂的选择：铁锚牌101聚氨酯胶粘剂(上海新光化工有限公司生产)。

3. 粘接工艺：① 接头设计：采用对接、套接复合接头,能满足0.8 MPa压力要求,如图6 - 46所示。② 表面处理：将100 mm长的$\phi12$ mm(内径)尼龙套管内壁和$\phi12$ mm(外径)高压强塑料风管两端头50 mm长的外壁,用砂布打磨粗糙,并用丙酮洗干净,晾干。③ 配胶：铁锚牌101胶为双组分,按甲组分：乙组分＝5：1配比搅拌均匀。④ 涂胶：在断裂的高压强塑料风管一端涂胶,胶层厚约0.05～0.1 mm,然后立即将尼龙套管插入高压强塑料风管(深度50 mm)涂胶端并左右旋转尼龙套管,使胶均匀粘附。⑤ 固化：室温48 h或100℃,2 h固化。

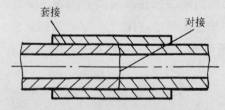

图6 - 46 高压强塑料风管断裂粘接

[例 E003] **电镀槽中的钢板和PVC板的粘接**

1. 粘接部位：电镀槽中钢板和PVC板粘接面。

2. 胶粘剂的选择：聚氨酯胶粘剂（中科院广州化学研究所等生产）。

3. 粘接工艺：① 清洗：将钢板表面用乙醇或丙酮擦净，PVC 板表面用洁净的钢丝轮打毛。② 配胶：聚氨酯胶粘剂为双组分，按甲组分∶乙组分＝100∶20 的配比混合调匀。③ 涂胶：用刷子蘸上胶粘剂，快速整齐地涂刷在钢板和 PVC 板表面，然后轻轻将 PVC 板贴到钢板镀槽内壁，并用铁砂袋或钢板均匀地压在上面，以防 PVC 板弹性变形。④ 固化：室温 5 d 完全固化。

[例 E004]　**氨水槽泄漏的修补**

1. 修复部位：氨水槽泄漏部位。

2. 胶粘剂的选择：GY‐340 厌氧胶（大连第二有机化工厂、广州市坚红化工厂等生产）。

3. 粘接工艺：① 清洗：用丙酮清洗泄漏部位，晾干。② 调胶：用 GY‐340 胶加入适量 500 号水泥和铁粉调成稀浆状。③ 涂胶：把调好的胶涂在软牛皮纸上后贴在泄漏处，并用棉布条扎紧，使其隔绝空气。④ 固化：室温固化 1 h。

[例 E005]　**氢气压缩机气缸磨损修补**

1. 修复部位：氢气压缩机气缸内壁磨损部位。

2. 胶粘剂的选择：TS811 金属修补剂（北京天山新材料技术公司生产）。

3. 粘接工艺：① 表面处理：用手工锯条拉清沟内的杂物，用丙酮清洗排污，反复多次，直至表面露出金属本色。② 涂胶：将 TS811 金属修补剂 AB 两组分按比例调混均匀，直接用锯条反复多次刮压到待修补表面。操作时，第一次涂胶固化后对未能达到修复尺寸的部位需进行第二次涂胶。在第二次涂胶之前对原胶层表面用砂纸打毛，丙酮清洗。③ 固化：室温 10 h 固化。④ 机械加工：固化后用镗床慢速镗至工艺要求尺寸。

[例 E006] 化工设备泄漏紧急粘接修补

1. 修复部位：化工设备泄漏部位。

2. 胶粘剂的选择：TS528 油面紧急修补剂（北京天山新材料技术公司生产）。

3. 粘接工艺：① 表面处理：用锉刀和砂纸磨去设备损伤部位的锈蚀和油污，并用天山清洗剂或丙酮清洗待修部位。② 涂胶：用 TS528 紧急修补剂涂敷于破损处，再缠上玻璃纤维布加固即可。③ 固化：室温 5～10 min。

[例 E007] 原油罐的罐壁裂纹泄漏修补

1. 修复部位：原油罐的罐壁裂纹泄漏部位。

2. 胶粘剂的选择：XH－11 通用结构胶（湖北回天胶业股份有限公司生产）。

3. 粘接工艺：① 表面处理：用砂布将罐壁漏处周围粗化处理，除去油污，直至露出金属本色，然后用丙酮反复清洗裂纹处及孔内。② 备料：将厚度为 0.5 mm 的铁皮剪成 150 mm×150 mm 的方形，修整边缘成为圆角，然后用丙酮清洗干净，待用。此外，另将玻璃纤维布进行脱脂处理，烘干待用。③ 涂胶：将 XH－11 胶均匀涂于罐体粘接部位，再把剪成圆角的铁皮放在胶面上，用木棍轻轻敲击铁皮，使之排除空气，除去残胶，然后用较大的磁铁将铁皮与罐体加以固定，以防胶液未固化前因胶液的蠕动导致粘接件移位。④ 固化：室温 24 h 固化或 80℃下 2 h 固化。⑤ 补强处理：因铁皮较薄，为防止二次泄漏，应采取对粘接部位进行环氧树脂表面加固。其配方（质量份）如下：环氧树脂 50 份，邻苯二甲酸二丁酯（化学纯）15 份，三氧化二铝（化学纯）25

份,氧化镁(化学纯)10 份,低分子 651 聚酰胺 30 份。然后将配好的胶液涂于罐体及新粘铁皮上,涂胶面积大些,再将玻璃纤维布裱糊在胶液上面,让玻璃纤维布全部浸透胶液,如此裱糊三层并保持表面光滑,去除残液,待 24 h 固化后即可使用。

[例 E008]　煤气罐裂纹堵漏修复

1. 修复部位:煤气罐腐蚀后产生裂纹漏气部位。

2. 胶粘剂的选择:NJ-1 胶粘剂(四川省正光实业股份有限公司生产)。

3. 粘接工艺:① 清洗:先用丙酮将煤气罐裂纹周围清洗干净。② 塞缝:根据裂缝大小选用相应大小的铅丝用力嵌入缝内,再用丙酮清洗干净。③ 配胶:NJ-1 胶粘剂为双组分,按 A 组分∶B 组分=10∶1 的配比准确称量,混合调匀。④ 涂胶:将胶液加入少量脱脂棉球混合后堵进煤气罐缝隙中。⑤ 固化:室温 20 min 固化。⑥ 加固:按裂缝大小剪裁一块略大的纤维布,然后将 NJ-1 胶分别涂于纤维布和裂缝部位,再贴在裂纹部位待胶固化。

[例 E009]　化工铸铁管裂纹腐蚀粘接修补

1. 修复部位:化工铸铁管裂纹腐蚀部位。

2. 胶粘剂的选择:配方(质量份):E-51 环氧树脂 100 份,JLY-121 聚硫橡胶 50 份,乙二胺 12 份,邻苯二甲酸二丁酯 4 份。

3. 粘接工艺:① 表面处理:用铁丝刷子刷去铸铁管裂纹或腐蚀孔周围的铁锈污物,用粗砂纸进行打毛,使修补面露出金属光泽,在裂纹端头打止裂孔。② 清洗:用化学纯乙酸乙酯清洗玻璃纤维布,再涂刷一层 KH-550,烘干,并将铸铁管修补面用化学纯乙酸乙酯清洗干净,晾干。③ 配胶:按配方精确称取各组分在容器内搅拌均匀。④ 涂胶:将胶液用毛刷涂在修补面上,涂层应均匀且不得漏涂,贴上一层玻璃纤维布(共贴四层),最后再涂一层胶粘剂后用力包上塑料布。⑤ 固化:常温 10 h 固化即可使用。

[例 E010] 电冰箱冷冻室壁体泄漏修复

1. 修复部位:电冰箱冷冻室壁体泄漏部位。

2. 胶粘剂的选择:乐泰 290 厌氧密封剂(汉高乐泰(中国)有限公司生产)、DG-3S 胶粘剂(成都有机硅研究中心生产)。

3. 粘接工艺:① 表面处理:将电冰箱泄漏处的涂覆层用小刀刮掉,露出金属表面,用脱脂棉蘸丙酮清洗干净,晾干。② 配胶:DG-3S 胶为双组分,按甲组分∶乙组分=2∶1 的配比调和均匀。③ 涂胶:先滴几滴乐泰 290 厌氧密封剂于铝表面,放置 10 min,让胶液充分渗透进去,再用浸有丙酮的棉签将多余的胶液擦去,晾干。然后将配好的 DG-3S 胶适量加一些铝粉或铁粉,搅拌均匀后涂抹在铝表面,再将裁剪合适的玻璃布粘贴在涂胶部位并施加一定的压力。④ 固化:室温 48 h。

[例 E011] 氨水池裂缝修补

1. 修补部位:氨水池出现裂缝部位。

2. 胶粘剂的选择:配方(质量份):E-44 环氧树脂 100,邻苯二甲酸二丁酯 10,酚醛树脂 10~20,乙二胺 8,丙酮适量,石墨粉适量。

3. 粘接工艺:① 表面处理:先用水将氨水池刷洗干净,待干燥后用钢丝刷把氨水池池壁或池底的裂纹周围用力刷一遍,再用砂布打磨,最后用丙酮擦洗干净。② 配胶:先将环氧树脂、酚醛树脂及邻苯二甲酸二丁酯放入容器中搅拌均匀,加入适量丙酮,搅匀后再加入乙二胺,最后加入适量石墨粉搅匀使用。③ 涂胶:将胶液均匀涂刷在池壁或池底的裂缝周围,然后粘贴一层玻璃纤维布。再在玻璃纤维布上刷一层胶液,粘贴第二层玻璃纤维布,布上仍刷一层胶液。待胶液干后即可将裂缝堵牢。④ 固化：室温固化 24 h。

[例 E012]　铜头注射器粘接

1. 粘接部位：注射器套接部位。

2. 胶粘剂的选择：铁锚 202 胶粘剂（上海新光化工有限公司生产）。

3. 粘接工艺：① 表面处理：将电镀的金属件和磨砂的玻璃在粘接部位用洁净的砂布和丙酮擦净。② 涂胶：在粘接表面上用干净笔刷均匀涂胶三次，每次涂后在室温下晾置 10～20 min，以胶层不粘手为止。③ 粘合：套接后，除去挤出的余胶，在粘接处套入弹簧，加压固化。④ 固化：160℃固化 2 h。

[例 E013]　电吹风塑料外壳破碎修补

1. 修补部位：电吹风塑料外壳破碎部位。

2. 胶粘剂的选择：① 配方（质量份）：E - 44 环氧树脂　100，650聚酰胺　80。② HT - 118 环氧透明快固结构胶（湖北回天胶业股份有限公司生产）。

3. 粘接工艺：① 清洗：用丙酮将外壳破碎处擦洗干净。② 配胶：自行配胶按配方规定量混合调匀。如用成品胶 HT - 118 按 A：B＝1：1调匀即可。③ 涂胶：将配好的胶液均匀涂于粘合面，然后用夹具固定牢或用绳子捆绑紧、挤出的胶液用布擦净。④ 固化：室温固化 1～2 d。

[例 E014]　电镀水处理塑料泵（硬聚氯乙烯）法兰盘断裂、水腔室裂纹修复

1. 修复部位：塑料泵法兰盘及水腔室裂纹部位。

2. 胶粘剂的选择：SA - 102 胶粘剂（上海合成树脂研究所生产）

或 TS811 高强度结构胶(北京市天山新材料技术公司生产)。

3. 粘接工艺：① 表面处理：将水腔室裂纹加工一个 V 形槽，法兰盘断裂处铣深 3 mm,比断裂面积大一倍的缺口,并配粘同等面积和厚度的铁板,起加固作用。② 清洗:用丙酮清洗待粘接面。③ 配胶:使用 SA‑102 胶按甲:乙两组分 1∶1 混匀。如用 TS811 胶按 A∶B＝4∶1 混合。④ 涂胶:将配好的胶液填满 V 形槽,然后将法兰盘与铁板的粘接面涂胶粘合。⑤ 固化:室温 24 h 即可使用。

[例 E015] 聚丙烯空气滤清器粘接

1. 粘接部位:空气滤清器粘接部位。

2. 胶粘剂的选择:南大 703 胶(南京大学化工厂生产)。

3. 粘接工艺:① 表面处理:用丙酮、丁酮或甲苯脱脂。再用浓硫酸(比重 $d＝1.84$)75 份,重铬酸钾 10 份,蒸馏水 15 份(质量份)配成混合液进行化学处理。因处理后可以提高粘接能力。然后再用清水反复洗涤,在 50℃下干燥 15～30 min,也可在 76～85℃混合处理液中处理,在烘箱烘烤 7～10 min,把水分烘干。② 涂胶:用南大 703 胶粘接,注意粘接面不要留有气泡,然后进入烘箱热压固化,使溶剂挥发干净。③ 固化:60℃固化 2 h。

[例 E016] 聚苯乙烯塑料件粘接

1. 粘接部位:聚苯乙烯塑料件粘接表面。

2. 胶粘剂的选择:配方(质量份):甲乙酮 60 份,ABS 树脂 40 份,甲苯 50 份。或取 10～20 g 聚苯乙烯塑料牙刷柄弄碎后放入约 50 g 苯液中密封浸泡 3 天即成。

3. 粘接工艺:① 表面处理:用甲苯、二甲苯等溶剂浸润聚苯乙烯表面。② 配胶:按配方规定量混合调匀。③ 涂胶:将配好的胶液均匀涂于聚苯乙烯塑料表面。④ 固化：室温 4 h。

[例 E017]　ABS 塑料制品粘接

1. 粘接部位：ABS 塑料制品被粘接面。

2. 胶粘剂的选择：配方一（质量份）：ABS 塑料粒 30～40 份，醋酸乙酯 30 份，丙酮 30～40 份。配方二（质量份）：ABS 树脂 40 份，甲乙酮 60 份，甲苯 50 份。

3. 粘接工艺：① 清洗：用无水乙醇清洗被粘接面，晾干。或用脱脂棉蘸丙酮少许快速擦洗被粘接面，晾干。② 配胶：将 ABS 塑料粒按量加入已称好的溶剂中，加热至 50℃ 左右，不断搅拌至 ABS 塑料粒均匀溶解为止。③ 涂胶：用毛刷蘸取胶液均匀地涂于被粘接面上，于空气中晾置 1 min，再涂一遍胶液晾置一定时间，在溶剂未挥发完之前，加接触压力合拢被粘接件。④ 固化：室温固化 24 h。

[例 E018]　聚丙烯桶裂纹修补

1. 修补部位：聚丙烯桶裂纹部位。

2. 胶粘剂的选择：二氧化硅粉、EVA-Ⅱ热熔胶粘剂（山东省化学研究所生产）。

3. 粘接工艺：① 清洗：用丙酮清洗粘接表面。② 涂胶：裂纹处用二氧化硅粉涂上少许 EVA 热熔胶粘剂加入热熔枪中，在裂纹处涂布。操作时可用电吹风加热，使胶液进一步渗入裂纹。③ 固化：室温固化 24 h。

[例 E019]　铁桶破漏修补

1. 修补部位：铁桶破漏部位。

2. 胶粘剂的选择：配方（重量份）：E-44 环氧树脂 100 份，650 聚酰胺 80 份。

3. 粘接工艺：① 清洗：先将铁桶破漏处用砂布打磨干净,除去锈污,然后用丙酮擦洗干净。② 配胶：按配方规定量混合调匀。③ 涂胶：将配好的胶液涂于铁桶破漏处,并粘贴一块玻璃纤维布,再在玻璃纤维布表面涂胶,再覆盖一层玻璃纤维布,一般粘贴 2～3 层即可。④ 固化：室温固化 24 h。

[例 E020]　FA251 型精梳机行星轮与钳板粘接

1. 粘接部位：精梳机行星轮与钳板粘接部位。

2. 胶粘剂的选择：JW - 1 修补胶粘剂(上海合成树脂研究所生产)。

3. 粘接工艺：① 清洗：首先除去被粘面上的油污,再用砂布打毛,最后用丙酮清洗干净。② 配胶：JW - 1 修补胶粘剂为双组分,按甲组分∶乙组分=2∶1 的配比混合调匀。③ 涂胶：用刮板将配好的胶液均匀涂于被粘面两面,涂完胶液后即可合拢。④ 固化：在接触压力下 80℃、1 h 或 60℃、2 h。

[例 E021]　洗衣机塑料复合钢板外壳开裂修复

1. 修复部位：塑料复合钢板外壳开裂部位。

2. 胶粘剂的选择：配方(质量份)：E - 44 环氧树脂　100,乙二胺 8,玻璃丝碎屑适量。

3. 粘接工艺：① 清洗：用砂布打磨焊缝表面,再用丙酮擦洗焊缝处。② 配胶：按配方规定量混合调匀。③ 涂胶：将配好的胶涂于焊缝处,然后用绳子捆绑住,使焊缝合拢粘紧,在最外层贴上一层涂胶玻璃纤维布。④ 固化：室温 24 h 固化。

[例 E022]　耐火砖模断裂修复

1. 修复部位：砖模断裂部位。

2. 胶粘剂的选择：SL-3 结构胶膜(上海橡胶制品研究所生产)。

3. 粘接工艺：① 清洗：用丙酮清洗砖模断裂表面。② 贴胶膜：将 SL-3 胶膜贴于断面处,并以专用夹具校正,定位夹紧。③ 固化：加热至 150℃后加压 0.2 MPa,再升温至 175℃下固化 2 h。

[例 E023]　**自行车刹车片粘接**

1. 粘接部位：刹车片以粘接代替铆接部位。

2. 胶粘剂的选择：7-2312 单组分环氧胶粘剂(上海海鹰粘接科技有限公司生产)。

3. 粘接工艺：① 清洗：刹车片表面用 2 号砂布打磨,并用丙酮清除油污。② 涂胶：将胶液均匀涂于粘接面,刮平,然后加压贴紧。③ 固化：160℃ 1 h。

[例 E024]　**锅炉管路焊缝处漏油修补**

1. 修补部位：采用带压堵漏粘补焊缝漏油部位。

2. 胶粘剂的选择：GY-340 厌氧密封胶(广州市坚红化工厂等生产)。

3. 粘接工艺：① 调节油压：在锅炉不灭火的条件下,先调节油压调节阀,将点火油压由 1.8 MPa 降低至 0.8 MPa,以减少泄漏。② 堵漏施工夹具：粘补前应根据渗油部位设计制造一种堵漏夹具,如图 6-47 所示。然后,按损坏部位大小找一块强度高的外覆钢板。③ 涂胶：将 GY-340 厌氧密封胶涂于焊缝漏油部位,然后旋紧堵漏夹具中四只螺帽,压紧外覆钢板,将胶粘剂和填充物压在泄漏点上。如堵漏部位较大,可用 6~8 层棉布,每层

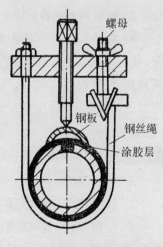

图 6-47　堵漏施工夹具

涂上还原铁粉增稠的 GY－340 厌氧胶与外覆钢板一起粘贴在泄漏点上。最后在外覆钢板外面再涂一层聚酯环氧胶。④ 固化：室温 2～6 h。

[例 E025] 有机玻璃制品粘接

1. 粘接部位：有机玻璃制品双面粘接部位。

2. 胶粘剂的选择：配方一（质量份）：有机玻璃粉末 10～15，二氯乙烷 70，四氯化碳 15～20。配方二（质量份）：有机玻璃碎片 5，氯仿 95。

3. 粘接工艺：① 清洗：被粘接面用无水乙醇清洗干净，晾干。② 配胶：按配方规定量混合调匀。③ 涂胶：将配好的胶液涂于有机玻璃制品双面粘接面，然后装配施以接触压力。④ 固化：70℃、6～10 h或室温 24 h。

[例 E026] A201 型精梳机曲线斜管牙粘接

1. 粘接部位：精梳机曲线斜管牙粘接部位。

2. 胶粘剂的选择：JW－1 修补胶（上海合成树脂研究所生产）。

3. 粘接工艺：① 表面处理：首先在粘接表面除油，再用砂纸打毛，最后用丙酮等有机溶剂清洗干净。② 涂胶：用刮板分别在粘接面两面涂胶，涂胶要均匀，无气泡、无缺漏，涂后即可合拢。③ 固化：在室温下预固化，然后在 80℃固化 1 h。

[例 E027] 内燃机车车轴挡尼龙端头与轴挡体粘接

1. 粘接部位：内燃机车车轴挡尼龙端头和轴挡体连接部位。

2. 胶粘剂的选择：铁锚 101 胶粘剂（上海新光化工有限公司生产）。

3. 粘接工艺：① 清洗：将准备好的尼龙端头和轴挡体用丙酮刷洗除油，晾干。② 配胶：将铁锚 101 胶按甲组分：乙组分＝100：50

之比例配制。③ 涂胶：用毛刷将胶液分别刷于尼龙端头和轴挡体的粘接面上,晾置 5 min 后,再涂第二遍,第二次涂胶后置 10 min,将尼龙端头放入轴挡体上进行压合。④ 固化：放入烘箱内加温至 100℃,2 h 后固化。

[例 E028]　氟塑料粘接

1. 粘接部位：氟塑料连接部位。

2. 胶粘剂的选择：DG‐35 室温固化耐高温、高强度、韧性环氧胶粘剂(化工部晨光化工研究院一分院生产)。

3. 粘接工艺：① 表面处理：先用钠‐萘氟塑料表面处理剂进行刷涂或浸涂 1 min 左右,用水再用丙酮洗净,晾干。② 配胶：DG‐35 胶按甲组分：乙组分＝2：1 的配比混合均匀。③ 涂胶：将配好的胶液均匀涂在氟塑料表面上进行粘合,并施加接触压力。④ 固化：室温固化 1~2 d(或 60℃、30 min 至 1 h)。

[例 E029]　喷雾器桶腐蚀穿孔修补

1. 修补部位：喷雾器桶穿孔部位。

2. 胶粘剂的选择：配方(质量份)：E‐44 环氧树脂 100,乙二胺 8,石墨少量,丙酮适量。

3. 粘接工艺：① 表面处理：用丙酮清洗喷雾器桶需粘补处。② 涂胶：将配好的胶液均匀涂在玻璃纤维布和铁桶破漏粘补处,然后将玻璃纤维布粘贴在漏洞处,一般粘贴 2~3 层玻璃纤维布,最后在外层玻璃纤维布上涂一层胶。如漏洞直径大于 3 cm,需剪一十字形白铁皮折弯后嵌入洞内堵住洞口。③ 固化：室温 2~3 d 即可粘补牢固。

[例 E030]　尼龙塑料制品粘接

1. 粘接部位：尼龙塑料制品连接部位。

2. 胶粘剂的选择：神功牌 502 瞬间强力胶（浙江金鹏化工股份有限公司等生产）、HM-1 热熔胶粘剂（上海合成树脂研究所生产）或配方一（质量份）：苯酚 100 份，水 7～10 份，尼龙碎片 5～7 份。配方二（质量份）：甲酸 85 份，尼龙碎片 15 份。配方三（质量份）：苯酚 5 份，三氯甲烷 3 份，尼龙 2 份。

3. 粘接工艺：① 清洗：用丙酮清洗粘接面。② 涂胶：选择上述一种配好的胶涂于尼龙塑料制品准备粘接的两个面，然后施以接触压力。③ 固化：室温 4 h 以内。

[例 E031] 车灯的反光镜与散光镜粘接

1. 粘接部位：反光镜与散光镜粘接面。

2. 胶粘剂的选择：SE-9 单组分环氧胶粘剂（上海材料研究所生产）。

3. 粘接工艺：① 清洗：用丙酮擦洗粘接表面，晾干。② 涂胶：将 SE-9 单组分环氧胶粘剂均匀涂于车灯的反光镜和散光镜粘接面。此外，也可在引进设备上流水操作。③ 固化：110℃固化 1 h。

[例 E032] 印刷处理辊中层橡胶和聚氯乙烯粘接

1. 粘接部位：橡胶和聚氯乙烯粘接面。

2. 胶粘剂的选择：配方（质量份）：E-44 环氧树脂∶650 聚酰胺∶聚氯乙烯=1∶1∶3。

3. 粘接工艺：① 清洗：橡胶表面用去污粉洗擦，并用水冲洗干净，在 130℃左右烘干。② 配胶：按配方规定量混合调匀。③ 涂胶：采用涂刮上浆法。④ 固化：用红外线灯泡烘干，温度由常温到 180～190℃、2 h。⑤ 表面处理：聚合塑化后，表面需用砂纸打毛，并处理干净，再涂一层聚氯乙烯浆，200℃、1 h 塑化后即成。

[例 E033]　玻璃钢设备腐蚀后损坏修补

1. 修补部位：玻璃钢设备腐蚀破损部位。

2. 胶粘剂的选择：配方(质量份)：E-44 环氧树脂　100,乙二胺 6～8,邻苯二甲酸二丁酯 15～20 mL,石墨粉适量。

3. 粘接工艺：① 清洗：先用盐酸溶液去除金属基体上的锈蚀,再用热碱水去油,最后用清水冲洗干净。然后,用丙酮清洗局部破损表面,晾干。② 涂底胶：先在玻璃钢局部损坏处刷上环氧树脂作底层。③ 配胶：按配方准确称量胶料,混合调匀。配好的胶宜在 30 min 内用完。④ 涂胶：将配好的胶均匀涂于破损处,并修整平滑。⑤ 固化：室温 24 h。固化后表面应进行修整。

[例 E034]　注射机料斗筒颈部断裂修补

1. 修补部位：注射机料斗筒颈部断裂面部位。

2. 胶粘剂的选择：① JX-9 胶粘剂(上海橡胶制品研究所生产)。② 无机胶粘剂(南京无机化工厂、湖北回天胶业股份有限公司等生产)。

3. 粘接工艺：① 清洗：用丙酮清洗断面粘合部位。② 配胶：JX-9 胶粘剂为双组分,按甲组分：乙组分＝2.07：1 的配比混合调匀。无机胶粘剂按甲组分：乙组分＝3～5 g：1 mL 的配比调胶。③ 涂胶：将配好的 JX-9 胶液均匀涂于断面,校正复位精度,并把内孔扩大,镶上一个钢质内圈,再用无机胶粘剂套接粘合,如图 6-48 所示。④ 固化：180℃、2 h。粘合后加压 0.5 MPa,用机械连接加固,再车出内孔。

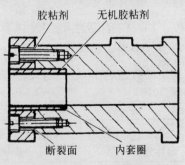

图 6-48　注射机料斗筒颈部断裂粘接

第7章 粘接的安全防护

7.1 常用胶粘剂的毒性

7.1.1 毒性物质及评价

毒性物质是指该物质在微量的情况下侵入人体,就能与人体组织发生物理或化学作用,引起人体正常生理机能的破坏,使人中毒的物质。

物质的毒性共分为6级,即:(Ⅰ) 剧毒、(Ⅱ) 高毒、(Ⅲ) 中毒、(Ⅳ) 低毒、(Ⅴ) 实际无毒、(Ⅵ) 基本无害。中毒又分为急性中毒和慢性中毒:急性中毒是由大量毒物突然侵入人体所致的中毒现象;慢性中毒是由少量毒物长时间侵入人体的现象。慢性中毒是逐渐发展的,中毒开始无明显症状。

评价急性中毒的指标常采用半致死量(LD_{50})或半致死浓度(LC_{50})。其定义是一次吸入毒物,引起半数试验动物死亡的剂量或浓度。LD_{50}的单位为 mg/kg 体重;LC_{50}的单位为 mL/m³。毒物的半致死量是根据实验资料,经统计计算而得。LD_{50}的数值越大,毒性越小;LD_{50}的数值越小,毒性越大。毒性分类及评价指标见表 7-1。

表 7-1 急性毒性分类及评价指标

毒性分类 指标	大鼠一次口服 LD_{50}/(mg/kg)	兔涂皮 LD_{50}/(mg/kg)	人可能致死量/g
剧 毒	<1	<10	0.06
高 毒	1~50	10~100	4

指标 毒性分类	大鼠一次口服 LD_{50}/(mg/kg)	兔涂皮 LD_{50}/ (mg/kg)	人可能 致死量/g
中　毒	50～500	100～1000	30
低　毒	500～5000	1000～10000	250
实际无毒	5000～15000	10000～100000	1200
基本无毒	＞15000	＞100000	＞1200

胶粘剂的毒性主要是指高分子化合物所含游离单体的毒性,胶粘剂各种配合剂(固化剂、硫化剂、溶剂、引发剂等)的毒性,以及胶粘剂被破坏时(如受热分解)产生的各种气体的毒性等。绝大多数胶粘剂,固化后一般是无毒的。不同品种胶粘剂,因其所含成分不同,其毒性程度亦不相同。

7.1.2　常用胶粘剂的毒性

7.1.2.1　环氧树脂胶粘剂的毒性

环氧树脂中残留的单体有一定的毒性,环氧胶毒性较大的是胺类固化剂,尤其是乙二胺对呼吸系统、血液系统、神经系统和皮肤等都有较为严重的刺激和毒害。因此,乙二胺应该停止使用。其次,环氧胶粘剂中的活性稀释剂挥发性大,对皮肤有较强的刺激。实验表明,丁二烯双环氧毒性最大,LD_{50} 为 88 mg/kg 体重。

7.1.2.2　聚氨酯胶粘剂的毒性

聚氨酯胶粘剂的毒性主要为单体甲苯二异氰酸酯,LD_{50} 为 5800 mg/kg体重。它能够破坏黏膜,引起呼吸道损伤,长期吸入会使人体衰弱,严重时可发生肺水肿等症。

7.1.2.3　酚醛树脂胶粘剂的毒性

酚醛树脂胶的毒性主要来自酚醛树脂单体和溶剂,如苯酚、甲醛、甲苯等。试验表明,苯酚急性中毒 LD_{50} 为 530 mg/kg 体重,甲醛的 LD_{50} 为 500 mg/kg 体重,均接近中等中毒浓度。其次,接触空气中的甲苯浓度在 750 mg/m³ 时即能引起急性中毒,可使人体出现头痛、呕吐及瞳孔扩大等症状。因此,甲苯在车间现场空气中的最高允许浓度为 100 mg/m³。

7.1.2.4　丙烯酸酯胶粘剂的毒性

热塑性丙烯酸树脂胶粘剂、反应型丙烯酸树脂胶粘剂、α-氰基丙烯酸酯胶粘剂的树脂都是实际无毒或基本无害的。其单体有些是低毒的,如胶粘剂中的甲基丙烯酸甲酯单体,无色透明,气味和刺激性较大,会使人恶心头痛,对眼睛有一定的刺激作用,在皮肤上局部涂敷只能引起轻微刺激。试验证明,在临床上使用 α-氰基丙烯酸酯胶 1 mL 以下的用量,不会发生中毒现象。

7.1.2.5　橡胶型胶粘剂的毒性

橡胶型胶粘剂的毒性主要来自溶剂和防老剂、促进剂,如苯、甲苯、醋酸乙酯、丁酮等都有不同程度的毒性,其中苯和防老剂 D 都被怀疑为致癌物质。

7.1.2.6　不饱和聚酯胶粘剂的毒性

不饱和聚酯胶粘剂的交联单体苯乙烯,虽然毒性较低,但挥发性较大,气味难闻。长期接触使人头痛,刺激皮肤。蒸气对眼睛、鼻子和呼吸道有一定的刺激作用,毒性很大。

7.1.2.7　胶粘剂溶剂的毒性

用于溶剂、稀释胶粘剂和表面处理剂的有机溶剂,多数是有毒和易燃的。例如,苯、甲苯、二甲苯对神经和血液有危害,长期接触会慢性中毒,感觉疲乏无力,头痛失眠。汽油、丙酮和乙醇等虽然无毒,但会使皮肤脱脂、粗糙、干裂。溶剂毒性大小因溶剂种类不同而异,常用溶剂的最高允许浓度,如表 7-2 所示。

表 7-2　常用溶剂的最高允许浓度

溶剂名称	最高允许浓度/(mg/m³)	溶剂名称	最高允许浓度/(mg/m³)
甲　醛	3	四氯化碳	50
苯　胺	5	甲　苯	100

溶剂名称	最高允许浓度 /(mg/m³)	溶剂名称	最高允许浓度 /(mg/m³)
硝基苯	5	二甲苯	100
苯 酚	5	丁 醇	200
糠 醛	10	醋酸乙酯	200
苯乙烯	40	汽 油	300
苯	50	乙酸乙酯	300
甲 醇	50	乙酸丁酯	300
二氯乙烷	50	丙 酮	400
三氯乙烯	50	乙 醚	600
环己酮	50	异丙醇	750

7.1.2.8　填料的毒性

一般的填料是无毒的,但吸入过多的粉尘对人体是有害的。例如,石棉对肺是致癌物质。几种常用填料粉尘的最高允许浓度如表 7-3 所示。

表 7-3　几种常用填料粉尘的最高允许浓度

填料名称	最高允许浓度/(mg/m³)
石英粉	2
石棉粉	2
滑石粉	4
水泥粉	6

7.1.2.9　其他的危害

(1)易燃性危害:大多数有机溶剂都易燃起火,引发剂过氧化物是强氧化剂容易起火。环烷酸钴等促进剂能使过氧化物猛烈分解,两者直接混合会因反应剧烈而燃烧。

（2）爆炸性危害：金属钠接触水或暴露空气时会剧烈燃烧，甚至爆炸。碳的氯化物溶剂与活泼金属（铝、镁、钡等）粉末接触，受冲击时容易引起爆炸。例如细铝粉与三氯乙烷可形成高爆炸性混合物。

（3）因反应而产生有毒物质的危害：某些含氯化合物，如三氯甲烷、四氯化碳、偏二氯乙烯、二氯乙烯等在加热或高温时能生成剧毒的光气。三氯甲烷在贮存时，加入少量乙醇可以防止光气产生。其次，含有三羟甲基丙烷的胶粘剂不能用磷化物作阻燃剂，因为在接触火焰时会反应产生剧毒的三羟甲基丙烷磷酸酯。

7.2 防 护 措 施

胶粘剂中的一些成分确有毒性、燃烧性和爆炸性，但是在生产和使用胶粘剂时，只要采取必要的措施，完全可以防止中毒和避免火灾、爆炸等事故发生。实践证明，为确保健康与安全，必须以防范为主，防救结合的原则。为此，应采取以下防护措施：

（1）首先应了解所用胶粘剂的毒性和危险性。

（2）尽量选用无毒或低毒成分的胶粘剂及辅助材料。如对溶剂进行选择时，应考虑毒性的大小。

（3）粘接工作场所应加强通风排风，及时排出毒气和粉尘，保证空气中有害物质浓度控制在允许的标准范围内。

（4）称量、混合、配胶应在通风良好的地方进行或隔离操作，减小毒害。

（5）施工现场应严禁明火、吸烟、进食。操作时要穿好工作服，戴上口罩及手套，避免用手直接接触胶粘剂。有时工作不能戴手套，可自制防护液涂于手上各部位，2～5 min 后胶液干燥就有防护作用，工作结束时用温水冲洗干净。防护液配方如下：干酪素 100 g，水 280 mL，无水碳酸钠 10 g，乙醇 280 mL，甘油 70 mL。

（6）溶剂或胶粘剂用后立即盖严密封，并远离火源，以防火灾。

（7）施工现场要准备各项急救器件和消防器具，并按规定做好定期检查是否完好。

(8) 胶粘剂污染皮肤时,可用丙酮擦除,禁止使用大量溶剂洗手,避免皮肤脱脂干裂,最好用温水和肥皂洗手。

(9) 加强对胶粘操作人员的安全防护教育,制定必要的防护制度。落实措施,确保安全生产,避免职业中毒现象发生。

7.3　胶粘剂的储运管理

胶粘剂的储运管理见表 7-4。

表 7-4　胶粘剂的储运管理

名　称	说　明
1. 安全管理	1) 液态胶粘剂中的有机溶剂,不但易燃、易爆、易挥发,而且对人体有一定的毒害。因此在储运期间除应保证容器绝对密封外,还应采取可靠的安全防火措施(如严禁烟火等) 2) 注意库房通风,不准与其他易燃易爆物资或腐蚀性化工产品混合储运等
2. 温、湿度要求	1) 温度过高会引起胶粘剂自凝和交联硬化,导致储存期缩短或变质失效。如 502 胶在 5～10℃温度下储存一年胶接强度几乎不变;在 20℃储存 8 个月,胶接强度下降为零;而在 40℃仅储存 4 个月,胶接强度下降为零。由此可见,储存温度对胶粘剂性能影响很大 2) 对于大多数胶粘剂,库存以 0～28℃为宜。而 501、502 等瞬干胶,储存温度则以 4～7℃为佳。但也有少数胶种的库存温度不能太低,如氯丁橡胶胶粘剂在 12℃以下便易结晶,出现相分离和凝胶现象。所以,其储存温度不能低于 12℃ 3) 储运期间胶粘剂应保持干燥,不允许接触水分。水能够渗入高聚物结构中(特别是那些含有亲水基团的胶粘剂,如聚酯树脂、聚氨基树脂、酚醛树脂、聚酰胺树脂等),使胶粘剂的物理化学性能下降;水还是某些胶粘剂(如 α-氰基丙烯酸酯类和聚氨酯等)的固化剂 4) 某些胶粘剂的固化剂组分,如胺类及其合成物,均易吸水潮解而使其失效。因此,胶粘剂及其各组分均应密封储存在干燥的库房内,库内相对湿度不大于 80%,并不允许与胺、醇、碱等物质接触

名　称	说　明
3. 避光储运	1) 胶粘剂在储运期间应避免日光(主要是紫外线)的直接照射。因为日光的直接照射会引起高聚物的光氧老化。为此库房门窗玻璃应涂漆,货架用黑帘布遮盖,以防阳光直射 2) 不应将厌氧胶装存在金属容器中(它对较活泼的金属如铁、铜等的固化速度很快),更不应将胶液装得过满,以免因缺氧而引起聚合变质
4. 严禁超期储存	1) 不同的胶粘剂具有不同的库存期,如环氧树脂胶粘剂未加固化剂前,性能比较稳定,常温下储存1～2年也不会变质。但大多数胶粘剂却有比较严格的库存期要求,超过库存期其性能均将变坏。一般说来,大多数单组分胶粘剂的库存期为3～6个月,多组分胶粘剂的库存期可较长一些,但也不宜超过一年 2) 胶粘剂在储存期间应注意定期检查,若发现变色、结块、增稠、沉淀、分层、自凝等变质现象,应及时处理,以免造成更大的浪费。发放时应遵循先入库者先发放的原则,以免超期储存而老化变质。对于超期储存的胶粘剂,应经性能鉴定合格后方可发放使用

附录一　胶粘剂常用中文标准

类　别	标　准　号	标　准　名　称
总　则	GB/T 2943—2008	胶粘剂术语
	GB/T 13553—1996	胶粘剂分类
	HG/T 3075—2003	胶粘剂产品包装、标志、运输和贮存的规定
	GB/T 16997—1997	胶粘剂　主要破坏类型的表示法
	GB/T 20740—2006	胶粘剂取样
	GB/T 22377—2008	装饰装修胶粘剂制造、使用和标识通用要求
	GB/T 22396—2008	压敏胶粘制品术语
	GB/T 3723	工业用化学产品采样安全通则
	HB 5399	金属蜂窝夹层结构胶粘剂规范
	HB 5398—1988	金属胶接结构胶粘剂规范
	QJ 3043—1998	蜂窝夹层结构胶粘剂规范
	LY/T 1280—2008	木材工业胶粘剂术语
	JB/T 5098—1991	内燃机纸质机油滤芯胶粘技术条件
	SJ/T 11187—1998	表面组装用胶粘剂通用规范
	SJ 20511—1995	混合微电路用胶粘剂规范
	GJB 2356—1995	飞机金属结构胶接用耐热胶粘剂规范
	GJB 2897—1997	空气系统不干性密封腻子及腻子布规范
	GJB 3581—1999	飞机整体油箱快速修补密封剂规范

类　别	标　准　号	标　准　名　称
试验方法	GB/T 532—1997	硫化橡胶或热塑性橡胶与织物粘合强度的测定
	GB/T 2790—1995	胶粘剂 180°剥离强度试验方法　挠性材料对刚性材料
	GB/T 2791—1995	胶粘剂 T 剥离强度试验方法　挠性材料对挠性材料
	GB/T 2792—1998	压敏胶粘带 180°剥离强度试验方法
	GB/T 2793—1995	胶粘剂不挥发物含量的测定
	GB/T 2794—1995	胶粘剂粘度的测定
	GB/T 2942—1991	硫化橡胶与织物帘线粘合强度的测定 H 抽出法
	GB/T 4850—2002	压敏胶粘带低速解卷强度的测定
	GB/T 4851—1998	压敏胶粘带持粘性试验方法
	GB/T 4852—2002	压敏胶粘带初粘性试验方法（滚球法）
	GB/T 6328—1999	胶粘剂剪切冲击强度试验方法
	GB/T 6329—1996	胶粘剂对接接头拉伸强度的测定
	GB/T 7122—1996	高强度胶粘剂剥离强度的测定　浮辊法
	GB/T 7123.1—2002	胶粘剂适用期的测定
	GB/T 7123.2—2002	胶粘剂贮存期的测定
	GB/T 7124—1986	胶粘剂拉伸剪切强度测定方法（刚性材料对刚性材料）
	GB/T 7125—1999	压敏胶粘带和胶粘剂带厚度试验方法
	GB/T 7749—1987	胶粘剂劈裂强度试验方法（金属对金属）
	GB/T 7750—1987	胶粘剂拉伸剪切蠕变性能试验（金属对金属）
	GB/T 7752—1987	绝缘胶粘带工频击穿强度试验方法
	GB/T 7753—1987	压敏胶粘带拉伸性能试验方法

类 别	标 准 号	标 准 名 称
	GB/T 7754—1987	压敏胶粘带剪切强度试验方法（胶面对背面）
	GB/T 7760—1987	硫化橡胶与金属粘合的测定 单板法
	GB/T 7761—1987	橡胶与刚性材料粘合强度的测定 圆锥形件法
	GB/T 10720—1989	橡胶或塑料涂覆织物涂覆层粘附强度的测定
	GB/T 11175—2002	合成树脂乳液试验方法
	GB/T 11177—1989	无机胶粘剂套接压缩剪切强度试验方法
	GB/T 12009.1—1989	异氰酸酯中总氯含量测定方法
	GB/T 12009.2—1989	异氰酸酯中水解氯含量测定方法
	GB/T 12009.3—1989	多亚甲基多苯基异氰酸酯黏度测定方法
	GB/T 12009.4—1989	多亚甲基多苯基异氰酸酯中异氰酸根含量测定方法
试验方法	GB/T 12009.5—1989	异氰酸酯中酸度的测定
	GB/T 12830—1991	硫化橡胶与金属黏合剪切强度测定方法 四板法
	GB/T 12954—2008	建筑胶粘剂通用试验方法
	GB/T 13353—1992	胶粘剂耐化学试剂性能的测定方法（金属对金属）
	GB/T 13354—1992	液态胶粘剂密度的测定方法 重量杯法
	GB/T 14074.1—1993	木材胶粘剂及其树脂检验方法 外观测定法
	GB/T 14074.2—1993	木材胶粘剂及其树脂检验方法 密度测定法
	GB/T 14074.3—1993	木材胶粘剂及其树脂检验方法 粘度测定法
	GB/T 14074.4—1993	木材胶粘剂及其树脂检验方法 pH 值测定法
	GB/T 14074.5—1993	木材胶粘剂及其树脂检验方法 固体含量测定法

类　别	标　准　号	标　准　名　称
	GB/T 14074.6—1993	木材胶粘剂及其树脂检验方法　水混合性测定法
	GB/T 14074.7—1993	木材胶粘剂及其树脂检验方法　固化时间测定法
	GB/T 14074.8—1993	木材胶粘剂及其树脂检验方法　适用期测定法
	GB/T 14074.9—1993	木材胶粘剂及其树脂检验方法　贮存稳定性测定法
	GB/T 14074.10—1993	木材胶粘剂及其树脂检验方法　木材胶合强度测定法
	GB/T 14074.11—1993	木材胶粘剂及其树脂检验方法　含水率测定法
	GB/T 14074.12—1993	木材胶粘剂及其树脂检验方法　聚合时间测定法
试验方法	GB/T 14074.13—1993	木材胶粘剂及其树脂检验方法　游离苯酚含量测定法
	GB/T 14074.14—1993	木材胶粘剂及其树脂检验方法　可被溴化物测定法
	GB/T 14074.15—1993	木材胶粘剂及其树脂检验方法　碱量测定法
	GB/T 14074.16—1993	木材胶粘剂及其树脂检验方法　游离甲醛含量测定法
	GB/T 14074.17—1993	木材胶粘剂及其树脂检验方法　羟甲基含量测定法
	GB/T 14074.18—1993	木材胶粘剂及其树脂检验方法　沉析温度测定法
	GB/T 14517—1993	绝缘胶粘带工频耐电压试验方法
	GB/T 14518—1993	胶粘剂的 pH 值测定
	GB/T 14903—1994	无机胶粘剂套接扭转剪切强度试验方法

类　别	标　准　号	标　准　名　称
试验方法	GB/T 15330—1994	压敏胶粘带水渗透率试验方法
	GB/T 15331—1994	压敏胶粘带水蒸气透过率试验方法
	GB/T 15332—1994	热熔胶粘剂软化点的测定　环球法
	GB/T 15333—1994	绝缘用胶粘带电腐蚀试验方法
	GB/T 15903—1995	压敏胶粘带耐燃性试验方法（悬挂法）
	GB/T 16997—1997	胶粘剂　主要破坏类型的表示法
	GB/T 16998—1997	热熔胶粘剂热稳定性测定
	GB/T 17517—1998	胶粘剂压缩剪切强度试验方法　木材与木材
	GB/T 17875—1999	压敏胶粘带加速老化试验方法
	GB/T 18747.1—2002	厌氧胶粘剂扭矩强度的测定（螺纹紧固件）
	GB/T 18747.2—2002	厌氧胶粘剂剪切强度的测定（轴和套环试验法）
	GJB 94—1986	胶粘剂　不均匀扯离强度试验方法（金属与金属）
	GB 444—1988	胶粘剂高温拉伸剪切强度试验方法（金属对金属）
	GJB 445—1998	胶粘剂高温拉伸强度试验方法（金属对金属）
	GJB 446—1988	胶粘剂 90°剥离强度试验方法（金属与金属）
	GJB 447—1988	胶粘剂高温 90°剥离强度试验方法（金属与金属）
	GJB 448—1988	胶粘剂低温 90°剥离强度试验方法（金属与金属）

类 别	标 准 号	标 准 名 称
试验方法	GJB 785—1989	不硫化橡胶密封剂性能试验方法
	GJB 980—1990	高耐久性结构胶接用环氧基胶膜总规范
	GJB 980/1—1990	95℃使用的高耐久性结构胶接用环氧基胶膜总规范
	GJB 980/2—1990	120℃使用的高耐久性结构胶接用环氧基胶膜总规范
	GJB 980/3—1990	175℃使用的高耐久性结构胶接用环氧基胶膜总规范
	GJB 980/4—1990	215℃使用的高耐久性结构胶接用环氧基胶膜总规范
	GJB 1388—1992	高耐久性结构胶接用缓蚀底胶规范
	GJB 1480—1992	铝蜂窝芯材拼接用发泡结构胶粘剂规范
	GJB 1709—1993	胶粘剂低温拉伸剪切强度试验方法
	GJB 1719—1993	铅蜂窝夹层结构通用规范
	GJB 2013—1994	整体油箱沟槽注射用不硫化硅密封剂规范
	GJB 2017—1996	耐烧蚀硅橡胶密封剂规范
	GJB 2356—1995	飞机金属结构胶接用耐热胶粘剂规范
	GJB 2357—1995	金属蜂窝夹层结构用胶膜规范
	GJB 2617—1996	耐烧蚀硅橡胶密封剂规范
	GJB 2897—1996	空气系统不干性密封腻子及腻子布规范
	GJB 3383—1998	胶接耐久性试验方法
	GJB 3840—1999	包装用塑料基压敏胶粘带规范
	GJB 3841—1999	包装用纸基压敏胶粘带规范
	GB 4612—1984	环氧化合物环氧当量的测定

类　别	标　准　号	标　准　名　称
试验方法	GB 4613—1984	环氧树脂和缩小甘油酯无机氯的测定
	GB 7193.1—1987	不饱和聚酯树脂　黏度测定方法
	GB 7193.2—1987	不饱和聚酯树脂　羟值测定方法
	GB 7193.3—1987	不饱和聚酯树脂　固体含量测定方法
	GB 7193.4—1987	不饱和聚酯树脂　80℃下反应活性测定方法
	GB 7193.5—1987	不饱和聚酯树脂　80℃热稳定性测定方法
	GB 7193.6—1987	不饱和聚酯树脂　25℃凝胶时间测定方法
	GB 7193.7—1987	液态不饱和聚酯树脂　树脂颜色测定方法
	GB 7194—1987	不饱和聚酯树脂　浇注体耐碱性测定方法
	GB 12007.1—1989	环氧树脂颜色测定方法　加德纳色度法
	GB 12007.2—1989	环氧树脂钠离子测定方法
	GB 12007.3—1989	环氧树脂总氯含量测定方法
	GB 12007.4—1989	环氧树脂黏度测定方法
	GB 12007.5—1989	环氧树脂密度的测定方法
	GB 12007.6—1989	环氧树脂软化点的测定方法
	GB 12007.7—1989	环氧树脂凝胶时间测定方法
	JT/T 215—1995	水下胶粘剂技术要求和试验方法
	QJ 1634—1989	无机胶粘剂压缩强度试验方法
	QJ 1634A—1996	胶粘剂压缩剪切强度试验方法
	HG/T 2409—1992	聚氨酯预聚体中异氰酸酯基含量的测定

类　别	标　准　号	标　准　名　称
试验方法	HG/T 2501—1994	酚醛树脂 pH 值的测定
	HG/T 2622—1994	酚醛树脂中游离甲醛含量的测定
	HG/T 2710—1995	液体酚醛树脂水混溶性的测定
	HG/T 2712—1995	液体酚醛树脂非挥发物的测定
	HG/T 2815—1996	鞋用胶粘剂耐热性试验方法　蠕变法
	HG/T 3660—1999	热熔胶粘剂熔融粘度的测定
	HG/T 3716—2003	热熔胶粘剂开放时间的测定
	HB 5164—1981	金属胶接拉伸剪切强度试验方法
	HB 5313—1993	航空用厌氧胶液体密封性试验方法
	HB 5314—1993	航空用厌氧胶静剪切强度试验方法
	HB 5315—1993	航空用厌氧胶紧固扭矩试验方法
	HB 5316—1993	航空用厌氧胶渗透性试验方法
	HB 5317—1993	航空用厌氧胶润滑性试验方法
	HB 5318—1993	航空用厌氧胶热强度试验方法
	HB 5319—1993	航空用厌氧胶热老化试验方法
	HB 5320—1993	航空用厌氧胶湿热老化试验方法
	HB 5321—1993	航空用厌氧胶低温强度试验方法
	HB 5322—1993	航空用厌氧胶耐介质试验方法
	HB 5323—1993	航空用厌氧胶黏度试验方法
	HB 5324—1993	航空用厌氧胶紫外荧光性试验方法
	HB 5325—1993	航空用厌氧胶固化速度试验方法
	HB 5326—1993	航空用厌氧胶腐蚀性试验方法
	HB 5327—1993	航空用厌氧胶润湿性试验方法
	HB 5328—1993	航空用厌氧胶溶解性试验方法

续　表

类　别	标　准　号	标　准　名　称
试验方法	HB 5329—1993	航空用厌氧胶贮存稳定性试验方法
	HB 6686—1992	胶粘剂拉伸剪切蠕变性能试验方法（金属对金属）
检验方法	LY 224—1983	胶粘剂检验方法　外观测定法
	LY 225—1983	胶粘剂检验方法　比重测定法
	LY 226—1983	胶粘剂检验方法　粘度测定法
	LY 227—1983	胶粘剂检验方法　pH值测定法
	LY 228—1983	胶粘剂检验方法　固体含量测定法
	LY 229—1983	胶粘剂检验方法　水混合物测定法
	LY 230—1983	胶粘剂检验方法　固化时间测定法
	LY 231—1983	胶粘剂检验方法　活性期测定法
	LY 232—1983	胶粘剂检验方法　贮存稳定性测定法
	LY 233—1983	胶粘剂检验方法　含水率测定法
	LY 234—1983	胶粘剂检验方法　聚合时间测定法
	LY 235—1983	胶粘剂检验方法　游离酚测定法
	LY 236—1983	胶粘剂检验方法　可被溴化物测定法
	LY 237—1983	胶粘剂检验方法　碱度测定法
	LY 238—1983	胶粘剂检验方法　游离甲醛测定法
产品标准	GJB 1087—1991	室温固化高温无机胶粘剂
	GB 3024—1982	溶剂型硬聚氯乙烯塑料管胶粘剂
	GB 3025—1982	酮醛聚氨酯胶粘剂
	GB 3026—1982	HY—919环氧型硬聚氯乙烯塑料管胶粘剂
	GB 7126—1986	鞋用氯丁胶粘剂
	GB 11178—1989	聚乙酸乙烯酯乳液木材胶粘剂

类　别	标　准　号	标　准　名　称
产品标准	GB 11613—1989	客车用硅酮密封剂
	GB 7526—1987	车辆门窗橡胶密封条
	GB 16776—1997	建筑用硅酮结构密封胶
	GB 19340—2003	鞋和箱包用胶粘剂
	JC/T 438—1996	水溶性聚乙烯醇缩甲醛胶粘剂
	JC/T 547—1994	陶瓷墙地砖胶粘剂
	JC/T 548—1994	壁纸胶粘剂
	JC/T 549—1994	天花板胶粘剂
	JC/T 550—1994	半硬质聚氯乙烯块状塑料地板胶粘剂
	JC/T 636—1996	木地板胶粘剂
	JC/T 863—2000	高分子防水卷材胶粘剂
	JC/T 887—2001	干挂石材幕墙用环氧胶粘剂
	GJB 1087—1991	室温固化高温无机胶粘剂
	HG/T 2187—1991	田菁胶
	HG/T 2188—1991	橡胶用胶粘剂 RS
	HG/T 2189—1991	橡胶用胶粘剂 RE
	HG/T 2190—1991	橡胶用胶粘剂 RH
	HG/T 2191—1991	橡胶用胶粘剂 A
	HG/T 2405—1992	乙酸乙烯酯—乙烯共聚乳液胶粘剂
	HG/T 2406—2002	压敏胶标签纸
	HG/T 2407—1992	电器绝缘用聚氨酯压敏胶粘剂
	HG/T 2408—1992	牛皮纸压敏胶粘带
	HG/T 2492—1993	α-氰基丙烯酸乙酯瞬间胶粘剂
	HG/T 2493—1993	鞋用氯丁橡胶胶粘剂

类　别	标　准　号	标　准　名　称
产品标准	HG/T 2727—1995	聚乙酸乙烯酯乳液木材胶粘剂
	HG/T 2814—1996	通用型聚酯聚氨酯胶粘剂
	HG/T 2885—1997	包装用聚丙烯压敏胶粘带
	HG/T 3318—2002	修补用天然橡胶胶粘剂
	HG/T 3319—1979	聚氯乙烯薄膜胶粘剂
	HG/T 3320	涂覆模具用水溶性酚醛树脂胶粘剂
	HG/T 3596—1999	电器绝缘用聚氯乙烯压敏胶粘带
	HG/T 3658—1999	双面压敏胶粘带
	HG/T 3659—1999	快速粘接输送带用氯丁胶粘剂
	HG/T 3697—2002	纺织品用热熔胶粘剂
	HG/T 3698—2002	EVA 热熔胶粘剂
	HG/T 3737—2004	单组分厌氧胶粘剂
	HG/T 3738—2004	溶剂型多途氯丁橡胶胶粘剂
	LY/T 1206—2008	木工用氯丁橡胶胶粘剂
	LY/T 1601—2002	水基聚合物-异氰酸酯木材胶粘剂
	QB/T 2568—2002	硬 PVC 管胶粘剂
	ZBE 40017—1988	7602 号高温密封剂
	ZBG 39001—1985	木材胶粘剂用脲醛树脂
	ZBG 39002—1986	木材胶粘剂用酚醛树脂
	ZBG 39003—1986	木材工业用三聚氰胺甲醛浸渍树脂
	ZBG 57017—1989	静电植绒胶粘剂　ZR‑829‑2
	JB 4254—1986	液态密封胶
	HB 6769—1993	单组分螺纹锁紧厌氧胶
	HB 6770—1993	单组分柱面固持厌氧胶

类　别	标　准　号	标　准　名　称
产品标准	JC/T 482—2003	聚氨酯密封胶
	JC/T 483—2006	聚硫密封胶
	JC/T 484—2006	丙烯酸酯密封剂
	JC/T 485—2006	建筑窗用弹性密封胶
	JC/T 486—2001	中空玻璃用弹性密封胶
	JC/T 547—1994	陶瓷墙地砖胶粘剂
	JC/T 548—1994	壁纸胶粘剂
	JC/T 549—1994	天花板胶粘剂
	JC/T 550—1994	半硬质聚氯乙烯块状塑料地板胶粘剂
	JC/T 636—1996	木地板胶粘剂
	JC/T 863—2000	高分子防水卷材胶粘剂
	JC/T 881—2001	混凝土建筑接缝用密封胶
	JC/T 882—2001	幕墙玻璃接缝用密封胶
	JC/T 883—2001	石材用建筑密封胶
	JC/T 884—2001	彩色涂层用建筑密封胶
	JC/T 885—2001	建筑用防霉密封胶
	JC/T 914—2003	中空玻璃用丁基热熔密封胶
	JC/T 936—2004	单组分聚氨酯泡沫填缝剂
	JC/T 942—2004	丁基橡胶防水密封胶粘带
	JC/T 976—2005	道桥嵌缝用密封胶
	GB/T 16776—2005	建筑用硅酮结构密封胶
相关标准	GB 18583—2008	室内装饰装修材料　胶粘剂中有害物质限量
	GB 18587—2001	室内装饰装修材料　地毯、地毯衬垫及地毯胶粘剂有害物质释放限量

类　别	标　准　号	标　准　名　称
相关标准	GB/T 14732—2006	木材工业胶粘剂用脲醛、酚醛、三聚氰胺甲醛树脂
	GB 11613—1989	非织造热熔黏合衬布
	GB 13657—1992	双酚 A 型环氧树脂
	GJB 1480—1992	铝蜂窝芯材拼接用耐热胶粘剂规范
	GB/T 21526—2008	结构胶粘剂　粘接前金属和塑料表面处理导则

附录二　胶粘剂术语

摘自 GB/T 2943—2008。

1　范围

本标准规定了有关胶粘剂专业所用术语及其定义。

本标准可供有关部门在国内和国际技术业务交往中使用。在制定、修订标准以及编写技术文件和书刊时，如用到有关术语，按本标准的规定执行。

2　一般术语

2.1　粘合　adhesion

固体间表面依靠物理力、化学力或两者兼有的力使之结合在一起的过程。

同义词：粘附

2.2　内聚　cohesion

单一物质内部各粒子靠主价力、次价力结合在一起的状态。

2.3　机械粘合　mechanical adhesion

两个表面通过胶粘剂的啮合作用而产生的结合。

同义词：机械粘附

2.4　粘附破坏　adhesive failure；adhesion failure

胶粘剂和被粘物界面处发生的目视可见的破坏现象。

2.5　内聚破坏　cohesive failure；cohesion failure

胶粘剂内部发生的目视可见的破坏现象。

2.6　本体破坏　bulk failure

被粘物内部发生的目视可见的破坏现象。

2.7　相容性　compatibility

两种或多种物质混合时具有相互亲和的能力。

2.8　胶粘剂　adhesive

通过物理或化学作用，能使被粘物结合在一起的材料。

2.9　被粘物　adherend

通过胶粘剂而连接起来的固体材料。

2.10　基材　substrate

用于在表面涂布胶粘剂的材料。

注：这是比"被粘物"更广义的术语。

2.11　湿润　wetting

液体对固体的亲和性。两者间的接触角越小，固体表面就越容易被液体浸润。

同义词：润湿

2.12　干燥　dry

通过蒸发、挥发等物理过程，使分散介质减少，以改变被粘物上胶粘剂物理状态的过程。

2.13　胶接　bond

使用胶粘剂将被粘物连接在一起的方法。

同义词：粘接

2.14　固化　curing；cure

胶粘剂通过化学反应（聚合、交联等）获得并提高胶接强度等性能的过程。

2.15　硬化　setting；set

胶粘剂通过化学反应或物理作用（如聚合反应、氧化反应、凝胶化作用、水合作用、冷却、挥发性组分的蒸发等），获得并提高胶接强度、内聚强度等性能的过程。

2.16 胶层 adhesive layer

胶接件中的胶粘剂层。

2.17 交联 crosslinking；crosslink

通过在分子间形成化学键，使这些分子结合成一体的过程。

2.18 溢胶 squeeze-out

对胶接件进行加压后，从中挤出的胶粘剂。

2.19 干粘性 dry tack；aggressive tack

某些胶粘剂（特别是非硫化的橡胶型胶粘剂）的一种特性。当胶粘剂中挥发性的组分蒸发至一定程度，在手感似乎是干的情况下，本身接触就会相互粘合。

2.20 胶瘤 fillet

填充在两被粘物交角处的那部分胶粘剂（如蜂窝夹芯与面材胶接时，夹芯端部所形成的胶粘剂圆角）。

2.21 固化度 degree of cure

表征胶粘剂固化时的化学反应程度。

2.22 老化 ageing

胶接件的性能随时间延长而变差，甚至失去使用价值的现象。

2.23 粘性 tack

胶粘剂与被粘物接触后稍施压力立即形成一定胶接强度的性质。

3 成分

3.1 粘料 binder

胶粘剂配方中主要起粘合作用的物质。

3.2 固化剂 curing agent；hardening agent；hardener

直接参与化学反应使胶粘剂发生固化的物质。

3.3 潜伏性固化剂 latent curing agent

在常态下呈化学惰性，在特定条件可起作用的固化剂。

3.4　封闭性固化剂　blocked curing agent

一种会暂时失去化学活性的固化剂或硬化剂，可以按要求以物理或化学的方法使其重新活化。

3.5　促进剂　accelerator；promoter

在配方中促进化学反应、缩短固化时间、降低固化温度的物质。

3.6　粘合促进剂　adhesion promoter

能改善胶粘剂对被粘物粘合性的物质。

3.7　稀释剂　diluent

用来降低胶粘剂表观粘度和固体成分浓度的液体物质。

3.8　活性稀释剂　reactive diluent

分子中含有活性基团的能参与固化反应的稀释剂。

3.9　偶联剂　coupling agent

是分子结构中具有两种不同性质官能团的物质，能使被粘物与胶粘剂发生偶合作用，以提高胶接件的粘接强度和耐湿热性能。

3.10　分散剂　dispersing agent

改善胶粘剂成分分散性的物质。

3.11　填料　filler

为了改善胶粘剂的性能或降低成本等而加入的一种非胶粘性固体物质。

3.12　改性剂　modifier；modifying agent

加入胶粘剂配方中用以改善其性能的成分。

3.13　触变剂　thixotropic agent

能改善胶粘剂触变性，或使其具有触变性的物质。

3.14　稳定剂　stabilizer

有助于胶粘剂在配制、贮存和使用期间保持其性能稳定的物质。

3.15　抗氧剂　antioxidant

能延缓或阻止因氧化或自动氧化过程而引起的材料性能变坏的

物质。

3.16 增粘剂 tackfier

能增加胶膜粘性或扩展胶粘剂粘性范围的物质。

3.17 增稠剂 thickener

为了增加胶粘剂的表观粘度而加入的物质。

3.18 增韧剂 fiexibilier；toughner

配方中改善胶粘剂的脆性，提高其韧性的物质。

3.19 乳化剂 emulsifier；emulsifying agent；dispersant

通过降低两相的界面张力，而使互不相溶的液/液或固/液稳定分散的表面活性剂。

3.20 催化剂 catalyst

一种能改变化学反应的速率，并且在反应结束时，理论上保持其化学性质不变的物质。

3.21 阻聚剂 inhibitor；retarder

一种能抑制化学反应，能延长其贮存期或适用期的物质。

4 分类名词

4.1 天然高分子胶粘剂 natural glue

以动植物高分子化合物为原料制成的胶粘剂。

4.2 动物胶 animal glue

以动物的皮、骨、腱、血等制成的胶粘剂。如骨胶、明胶、血朊胶等。

4.3 植物胶 vegetable glue

以淀粉、植物蛋白质等植物成分为粘料制成的胶粘剂。如淀粉胶粘剂、蛋白质胶粘剂、树胶等。

4.4 有机胶粘剂 organic adhesive

以有机化合物为粘料制成的胶粘剂。

4.5 树脂型胶粘剂 resin adhesive

以天然树脂(如明胶、松香)或合成树脂(如酚醛、环氧、聚丙烯树脂、聚乙酸乙酯等树脂)为粘料制成的胶粘剂。

4.6 橡胶型胶粘剂 rubber adhesive

以天然橡胶或合成橡胶(如丁腈橡胶、氯丁橡胶、硅橡胶等)为粘料制成的胶粘剂。

4.7 粘胶胶粘剂 viscose adhesive

以粘胶(如纤维素黄原酸钠)为粘料制成的胶粘剂。

4.8 纤维素胶粘剂 cellulose adhesive

以纤维素衍生物为粘料制成的胶粘剂。

4.9 无机胶粘剂 inorganic adhesive

以无机化合物为粘料制成的胶粘剂。如硅酸盐、磷酸盐以及碱性盐类、氧化物、氮化物等。

4.10 陶瓷胶粘剂 ceramic adhesive

以无机化合物(如金属氧化物等)为粘料,固化后具有陶瓷结构的胶粘剂。

4.11 玻璃胶粘剂 glass adhesive

以氧化物(如氧化硅、氧化钠、氧化铅等)为粘料,经热熔而使被粘物胶接并具有玻璃组成和性能的无机胶粘剂。

4.12 增韧胶粘剂 toughened adhesive

其结构特性决定它能抵抗裂纹进一步扩展的胶粘剂。

4.13 膜状胶粘剂 film adhesive

通常采用加热加压方法进行硬化的带载体或不带载体的薄膜状胶粘剂。

同义词:胶膜

4.14 棒状胶粘剂 adhesive bar; adhesive stick

由树脂等制成不含溶剂的在常温下呈棒状的胶粘剂。

同义词:胶棒

4.15 粉状胶粘剂 powder adhesive

由树脂等制成不含溶剂的在常温下呈粉末状的胶粘剂。

4.16　糊状胶粘剂　paste adhesive

表观呈糊状的胶粘剂。

4.17　喷雾胶粘剂　spray adhesive

可以通过压力媒介喷射出小胶粒的胶粘剂。

4.18　腻子胶粘剂　mastic adhesive

在室温下可以塑造的不流淌的胶粘剂，它用于较宽缝隙的填封。

4.19　胶粘带　adhesive tape

在纸、布、薄膜、金属箔等基材的一面或两面涂胶的带状制品。

4.20　结构型胶粘剂　structural adhesive

用于受力结构件胶接的，能长期承受使用应力、环境作用的胶粘剂。

4.21　底胶　primer

为了改善胶接性能，涂胶前在被粘物表面涂布的一种胶粘剂。

4.22　溶剂型胶粘剂　solvent adhesive

以挥发性有机溶剂为主体分散介质的胶粘剂。

4.23　溶剂活化胶粘剂　solvent-activated adhesive

使用前用溶剂对于胶膜活化，使之具有粘性而完成胶接的胶粘剂。

4.24　无溶剂胶粘剂　solventless adhesive

不含溶剂的呈液状、糊状、固态的胶粘剂。

4.25　缝隙充填型胶粘剂　gap-filling adhesive

用于填充不平整表面上较宽缝隙的高固体粉胶粘剂。

4.26　密封胶粘剂　sealing adhesive

起密封作用的胶粘剂。

4.27　厌氧胶粘剂　anaerobic adhesive

氧气存在时起抑制固化作用，隔绝氧气时就自行固化的胶粘剂。

4.28　光敏胶粘剂　photosensitive adhesive

依靠光能引发固化的胶粘剂。

4.29　压敏胶粘剂　pressure-sensitive adhesive

以无溶剂状态存在时,具有持久粘性的粘弹性材料。该材料经轻微压力,即可瞬间与大部分固体表面粘合。

4.30　湿固化胶粘剂　moisture curing adhesive

通过与空气中或者胶接表面的水汽发生反应而固化的胶粘剂。

4.31　压敏胶粘带　pressure-sensitive adhesive tape

将压敏胶粘剂涂于基材上的带状制品。

4.32　复合膜胶粘剂　multiple layer adhesive

两面有不同胶粘剂组成的膜,通常带有载体。一般用于蜂窝夹层结构中的芯材与面板的胶接。

4.33　发泡胶粘剂　foaming adhesive

固化时在原位发泡膨胀,靠分散在整个胶粘剂层内的大量气体泡孔来减小其表观密度的胶粘剂。

4.34　泡沫胶粘剂　foamed adhesive; cellula adhesive

已含无数充气微泡,而使其表观密度明显降低的胶粘剂。

4.35　胶囊型胶粘剂　encapsulated adhesive

把反应性组分的颗粒或液滴包封在保护膜(微胶囊)中,在用适当的方法破坏保护膜之前能防止固化的胶粘剂。

4.36　导电胶粘剂　electric conductive adhesive

具有导电性能的胶粘剂。这种胶粘剂一般含有银、铜、石墨等导电粉末。

4.37　热活化胶粘剂　heat activated adhesive

用加热的方法使它具有粘性的一种干性胶粘剂。

4.38　热熔胶粘剂　hot-melt adhesive

在熔融状态下进行涂布,冷却成固态就完成胶接的一种胶粘剂。

4.39　接触型胶粘剂　contact adhesive

涂于两个被粘物表面,经晾干叠合在一起,无需施加持续压力即可形成具有胶接强度的胶粘剂。

4.40　水基胶粘剂　water-borne adhesive; aqueous adhesive

以水为溶剂或分散介质的胶粘剂。

4.41　耐水胶粘剂　water-resistant adhesive

胶接件经常接触水分、湿气仍能保持其胶接性能(或使用性能)的胶粘剂。

4.42　热硬化胶粘剂　hot-setting adhesive

一种需加热才能硬化的胶粘剂。

5　胶接工艺

5.1　表面处理　surface treatment; surface preparation

为使被粘物适于胶接或涂布而对其表面进行的化学或物理处理。

5.2　脱脂　degrease

清除被粘物表面的油污。通常用碱液、有机溶剂等化学药品进行处理,有的还借助于超声波等设备。

5.3　打磨　abrading

用砂纸、钢丝刷或其他工具对被粘物表面进行处理。

5.4　喷砂处理　blasting treatment

利用喷砂机喷射出高速砂流,对被粘物表面进行的处理。

5.5　化学处理　chemical treatment

将被粘物放在酸或碱等溶液中进行处理,使表面活化或钝化。

5.6　阳极氧化　anodic oxidition

为保护金属表面或使其适于胶接,将金属被粘物作阳极,利用电化学法使其表面形成氧化物薄膜的过程。

5.7　喷涂　spray coating

用涂胶枪把胶粘剂喷涂在被粘物的胶接面上。

5.8　涂胶量　spread

单位胶接面积上的胶粘剂量。

注：单面涂胶量（single spread）指胶粘剂仅涂于胶接接头的一个被粘物上的量。

　　双面涂胶量（double spread）指胶粘剂涂于胶接接头的两个被粘物上的量。

5.9　分开涂胶法　separate application

双组分胶粘剂涂胶时，两组分分别涂于两个被粘物上，将两者叠合在一起即可形成胶接接头的方法。

5.10　浸胶　impregnation

把被粘物浸入胶粘剂溶液或胶粘剂分散液中进行涂布的一种工艺。

5.11　刷胶　brush coating

用毛刷将胶粘剂涂布在被粘物表面的一种手工涂布法。适用于溶剂挥发速度较慢的胶粘剂。

5.12　干燥时间　drying time

在规定条件下，从涂胶到胶粘剂干燥的时间。

5.13　干燥温度　drying temperature

涂胶后胶粘剂干燥所需的温度。

5.14　滑动　slippage

在胶接过程中，被粘物彼此间相对的移动。

5.15　定位　fixing

胶接时，被粘物在理想位置上的固定。

5.16　晾置时间　open assembly time

被粘物表面涂胶后至叠合前暴露于空气中的时间。

5.17　叠合时间　closed assembly time

涂胶表面叠合后到施加压力前的时间。

5.18　装配时间　assembly time

从胶粘剂施涂于被粘物到装配件进行加热或加压或既加热又加压的时间。

注：装配时间是晾置时间和叠合时间之和。

5.19 层压 laminating

　　将涂有胶粘剂的基材重叠压合在一起的方法或过程。

5.20 热压 hot pressing

　　对装配件加热加压的一种胶接方法。

5.21 冷压 cold pressing

　　对装配件不加热只加压的一种胶接方法。

5.22 高频胶接 high frequency bonding

　　把装配件置于高频(几兆周)强电场内,由电感应产生的热进行胶接的方法。

5.23 固化时间 curing time; cure time

　　在一定的温度、压力等条件下,装配件中胶粘剂达到规定性能所需的时间。

5.24 硬化时间 setting time; set time

　　在一定的温度、压力等条件下,装配件中胶粘剂硬化所需的时间。

5.25 固化温度 curing temperature; cure temperature

　　胶粘剂固化所需的温度。

5.26 硬化温度 setting temperature; cure temperature

　　胶粘剂硬化所需的温度。

5.27 室温固化 room temperature curing

　　在常温范围内进行的固化。

5.28 后固化 post curing; post cure

　　对初步固化后的胶接件进行的进一步处理(如加热等)。

5.29 过固化 overture

　　装配件中的胶粘剂固化时,超过胶接工艺要求(温度过高、时间过长等)使胶接性能变坏的现象。

5.30 欠固化 undercure

　　胶粘剂固化不足,引起胶接性能不良的一种现象。

5.31 气囊施压成型 bag moulding

一种使用流体加压进行胶接的方法。一般是通过空气、蒸汽、水等或抽真空对韧性隔膜或袋子施压，隔膜或袋子(有时与刚性模子相连)把要胶接的材料完全覆盖起来。可以对不规则形状的胶接件施以均匀的压力使其胶接。

6 加工机械及涂布设备

6.1 调胶机 adhesive mixer

混合或配制胶粘剂用的机械装置。

6.2 涂胶枪 glue gun

在压力作用下,将胶粘剂喷涂或注射到被粘物表面的器械。

6.3 涂胶机 applicator

将胶粘剂涂布在被粘物表面上的装置。

6.4 刮胶刀、刮胶板、刮胶棒 doctor knife; doctor blade; doctor bar

一种能调节胶层的厚度并使之均匀地涂布在涂胶辊或待涂表面的器械。

6.5 涂胶调节辊 doctor roll

以不同的表面速度正向或反向旋转所产生的抹涂作用来调节涂胶厚度的辊筒。

6.6 浸胶机 impregnator; saturator

用胶粘剂浸渍纸张、织物之类的设备。它一般由转辊、浸胶槽、压棍、刮刀和干燥装置等部件组成。

6.7 固化夹具 curing fixture

装配件在固化时所用的定、位加压装置。

6.8 垫片 filler sheet

一种可变形的或弹性的片状材料。将它放在待胶接的装配件、与加压器之间,或者分布在装配件的叠层之间时,有助于胶接面受压均匀。

6.9 衬板 caul

胶接时,把装配件夹在其间一同放入压机进行加压的上下板材。

6.10 压机 press

对装配件施加压力使之胶接的机器。

6.11 真空加压袋 vacuum bag

用抽真空的方法对袋内装配件施加压力的一种软质袋。

6.12 热压罐 autoclave

用于装配件固化的一种加热加压的圆筒形装置。

7 胶接制品及其缺陷

7.1 装配件 assembly(for adhesives)

涂胶后叠在一起的或已完成胶接的组合件。

7.2 胶接件 bonded assembly

已完成胶接的组合件。

7.3 结构胶接件 structural bond

能长期承受使用应力、环境作用的胶接件。

7.4 蜂窝芯 honeycomb core

用金属箔材、纸或玻璃纤维布等骨架材料和胶粘剂制成的蜂窝状材料。用于制造蜂窝夹层结构等。

7.5 夹层结构 sandwich structure

在两层面板材料之间夹一层芯材(如蜂窝芯、泡沫塑料、波纹板等)胶接而成的结构。

7.6 胶接接头 joint

用胶粘剂把两个相邻的被粘物胶接在一起的部位。

7.7 单搭接接头 lap joint

两个被粘物主表面部分地叠合、胶接在一起所形成的接头。

7.8 对接接头 butt joint

被胶接的两个端面或一个端面与被粘物主表面垂直的胶接接头。

7.9 角接接头 angle joint

两被粘物的主表面端部形成一定角度的胶接接头。

7.10 斜接接头 scarf joint

将两被粘物切割成非 90°的对应断面，并使该两断面胶接成具有同一平面的接头。

7.11 槽接接头 dado joint

榫槽式的胶接接头。

7.12 套接接头 dowel joint

两被粘物的胶接部位形成销孔或环套结构的接头（如棒材与管材、管材与管材）。

7.13 欠胶接头 starved joint

胶量不足，未能得到满意的胶接效果的接头。

注：这种情况的出现，是由于涂胶太薄，不足以填满被粘物之间的孔隙；胶粘剂过量地渗入被粘物；装配时间过短或胶接压力过大所造成的。

7.14 流挂 sagging

胶层在使用和硬化过程中所发生的向下流动。

注：流挂通常特指应用于非水平表面的胶层，由于胶粘剂粘度过低、胶层太厚等原因而造成的胶层底部的堆积现象。

7.15 层压制品 laminate

由两层或两层以上的材料胶接而成的制品。

7.16 正交层压制品 cross laminate; crosswise laminate

一种层压制品，其中某些层的纹理（或最大拉伸强度方向）的取向与邻层的纹理（或最大拉伸强度方向）的取向成 90°角。

7.17 顺纹层压制品 parallel aminate

一种层压制品，其所有层的纹理（或最大拉伸强度方向）的取向近似平行。

7.18 胶合板 plywood

一组单板通常按相邻层木纹方向互相垂直组坯胶合而成的板材，

通常其表板和内层板对称地配置在中心层或板芯的两侧。

8 性能及测试

8.1 贮存期 storage life; shelf life

在规定条件下,胶粘剂仍能保持其操作性能和规定强度的最长存放时间。

8.2 适用期 pot life; working life

配制后的胶粘剂能维持其可用性能的时间。

同义词:使用期

8.3 触变性 thixotropy

流体随剪切力的增加或剪切时间的延长,表观粘度下降;撤销外力,粘度逐渐回复的流动性质。

8.4 粘弹性 viscoelasticity

物质在外力作用下所表现的形变,兼有固体(弹性)和液体(粘性)的形变性质。

8.5 表观粘度 apparent viscosity

流体具有剪切速率依赖性时,剪切应力与剪切速率的比值。

8.6 软化点 softening point

在规定条件下,非晶聚合物(或称无定形聚合物)达到某一规定形变时的温度。

8.7 玻璃化转变 glass transition

指无定形聚合物、半结晶聚合物中的非晶区的玻璃态与高弹态之间的可逆性转变。

8.8 固体含量 solids content

在规定的测试条件下,测得的胶粘剂中不挥发性物质的质量分数。

同义词:不挥发物含量

8.9 耐化学性 chemical resistance

胶接试样经酸、碱、盐类等化学品作用后仍能保持其胶接性能的能力。

8.10　耐溶剂性　solvent resistance

胶接试样经溶剂作用后仍能保持其胶接性能的能力。

8.11　耐水性　water resistance

胶接试样经水分或湿气作用后仍能保持其胶接性能的能力。

8.12　耐烧蚀性　ablation resistance

胶层抵抗高温火焰及高速气流冲刷的能力。

8.13　耐久性　permanence; durability

在使用条件下,胶接件长期保持其性能的能力。

8.14　耐候性　weather resistance

胶接试样抵抗日光、冷热、风雨、盐雾等气候条件的能力。

8.15　胶接强度　bonding strength

使胶接试样中的胶粘剂与被粘物界面或其邻近处发生破坏所需的应力。

8.16　湿强度　wet strength

在规定的条件下,胶接试样在液体中浸泡后测得的胶接强度。

8.17　干强度　dry strength

在规定的条件下,胶接试样干燥后测得的胶接强度。

8.18　剪切强度　shear strength

在平行于胶层的载荷作用下,胶接试祥破坏时,单位胶接面所承受的剪切力。用 MPa 表示。

8.19　剪切变稀(或剪切稀化)　shear thinning

流体的表观粘度随剪切速率的增大而下降。

8.20　拉伸剪切强度　tensile shear strength; longitudinal shear strength; lap-joint strength

在平行于胶接界面层的轴向的拉伸载荷的作用下,使胶接接头破坏的应力。用 MPa 表示。

8.21 拉伸强度 tensile strength

在垂直于胶层的载荷作用下,胶接试样破坏时,单位胶接面所承受的拉伸力。用 MPa 表示。

8.22 剥离强度 peel strength

在规定的剥离条件下,使胶接试样分离时单位宽度所能承受的载荷。用 kN/m 表示。

8.23 冲击强度 impact strength

胶接试样承受冲击负荷而破坏时,单位胶接面所消耗的最大功。用 J/m^2 表示。

8.24 弯曲强度 bending strength

胶接试样在弯曲负荷作用下破坏或达到规定挠度时,单位胶接面所承受的最大载荷。用 MPa 表示。

8.25 持久强度 persistent strength

在一定条件下,单位胶接面所能承受的最大静载荷。用 MPa 表示。

8.26 扭转剪切强度 torsional shear strength

在扭转力矩作用下,胶接试样破坏时,单位胶接面所能承受的最大切向剪切力。用 MPa 表示。

8.27 套接压剪强度 compressive shear strength of dowel joint

在轴向力的作用下,套接接头破坏时单位胶接面所能承受的压剪力。用 MPa 表示。

8.28 疲劳寿命 fatigue life

在规定的载荷、频率等条件下,胶接试样破坏时的交变应力或交变循环次数。

8.29 破坏试验 destructive test

通过破坏胶接件以检测其胶接质量的试验。

8.30 非破坏性试验 non-destructive test

在不破坏胶接件的条件下进行的胶接质量的检测试验(如 X 光分

析,超声波探伤等)。

8.31　煮沸试验　boiling test

将胶接试样按规定的时间在沸水中浸渍后,测定其胶接强度的试验。

8.32　高低温交变试验　high-low temperature cycles test

使胶接试样承受规定的高、低温周期交变后,检测其性能变化的试验。

8.33　耐候性试验　weathering test

将胶接试样暴露在自然气候条件或模拟条件下,检测其性能变化的试验。

8.34　加速老化试验　accelerated ageing test

将胶接试样置于比天然条件更为苛刻的条件下,进行短时间试验后检测其性能变化的试验。

8.35　疲劳试验　fatigue test

在规定的频率载荷等条件下,胶接试样施加交变载荷测定其疲劳极限强度或疲劳寿命或裂纹扩展速率或研究整个疲劳断裂过程的试验。

附录三 粘接技术中常用的缩写与代号

代号	缩　写	代号	缩　写
AA	乙醛	ATH	醇酸树脂
AA	醋酸戊酯	ATO	丙烯酰胺
AAM	丙烯酰胺	AU	丙烯腈
AAS	丙烯腈-丙烯酸酯-苯乙烯共聚物	AVA	苯胺
AB	乙炔炭黑	AF	丙烯腈-丙烯酸酯共聚物
ABS	丙烯腈-丁二烯-苯乙烯共聚物	AFK	抗氧剂
		AGE	乙烯和丙烯的共聚弹性体
Ac	丙酮	AH	无规聚丙烯
AC	醛胺缩合物	AIBN	氨基丙基三乙氧基硅烷
ACM	丙烯酸酯橡胶	AK	过硫酸铵
ACM	高性能复合材料	AM	分析纯
ACR	丙烯醛	AN	丙烯酸酯橡胶
ACR	丙烯酸-甲基丙烯酸共聚物	An	丙烯腈-苯乙烯共聚物
ACS	丙烯腈-氯化乙烯-苯乙烯共聚物	APP	三乙基铝
		APS	三水合氧化铝
ADA	己二酸	APS	三氧化二锑
AF	苯胺甲醛树脂	AR	聚氨酯橡胶
AS	粘附破坏	AR	丙烯酸-醋酸乙烯共聚物
AS	石棉纤维增强塑料	B(Be)	苯
ASC	烯丙基缩水甘油醚	B-2000	聚乙二醇
ASTM	芳烃	BA	丙烯酸丁酯
STE	偶氮二异丁腈	BAA	正丁醛苯胺缩合物

代号	缩　　写	代号	缩　　写
BD	1,4-丁二醇	CB	槽法炭黑
BDMA	苄基二甲胺	CBA	化学发泡剂
BEE	苯偶姻乙醚	CC	化学成分
BFK	硼纤维增强塑料	CE	纤维素塑料
BF₃MEA	三氟化硼乙胺	CED	内聚能密度
BGE	丁基缩水甘油醚	CEE	苯基丙烯酸乙酯
BHT	2,6-二叔丁基对甲苯酚	CF	(甲酚)甲醛
BisA	双酚 A	CF	甲酚甲醛树脂
BisF	双酚 F	CF	内聚破坏
BisS	双酚 S	chlo.	氯仿
BN	安息香	CHO	碳水化合物
BOPP	双轴定向的聚丙烯	CHONE	环己酮
BP	聚丁二烯橡胶	CHP	异丙苯过氧化氢
BP	二苯酮	CHR	氯醇(醚)橡胶
BP(bp)	沸点	CHX	环己烷
BPE	支化聚乙烯	CIP	氯化等规聚丙烯
BPO	过氧化苯甲酰	CIIR	氯化丁基橡胶
BPO/DMA	过氧化苯甲酰/二甲基苯胺	CLP	交联聚乙烯
BQ	对苯醌	CM	氯化聚乙烯
BR	顺丁橡胶	CMC	羧甲基纤维素
BR	丁基橡胶	CN(C/N)	硝酸纤维素
B.T.X	苯、甲苯和二甲苯混合物	CNE	α-氰基丙烯酸乙酯
Bx(b₂)	苯	CNIB	α-氰基丙烯酸异丁酯
C	胶接、粘合	CNM	α-氰基丙烯酸甲酯
CA	醋酸纤维素	CNP	α-氰基丙烯酸异丙酯
CAA	酪酸阳极化	CNR	氯化橡胶
CAB	醋酸丁酸纤维素	CNR	泡沫氯丁橡胶
CAE	α-氰基丙烯酸酯	CP	氯丁二烯
CAP	氯化无规聚丙烯	CPE	氯化聚乙烯
Caₜ	催化剂	CP	化学纯
CB	化学粘合	CPVC	氯化聚氯乙烯(过氯乙烯)

代号	缩　写	代号	缩　写
CB	氯丁橡胶	DEA	二乙醇胺
CS	烧碱	DEA	N,N-二乙苯胺
CS	酯肟	DEE	乙醚
CSA	铬硫酸	DEF	二乙基甲酰胺
CSM	氯磺化聚乙烯	DEG	二甘醇
CSP	氯磺化聚乙烯	DEP	邻苯二甲酸二乙酯
CT	四氯化碳	DETA	二乙烯三胺
ct.	涂层	DG	接枝度
CT(A)	三醋酸纤维素	DGEBA	双酚 A 的二缩水甘油醚
CTB	液体丁腈橡胶	DGEEG	乙二醇二缩水甘油醚
CTBN	端羧基液体丁腈橡胶	DHA	醋酸酐
CTE	热膨胀系数	DHET	N,N-二羟乙基对甲苯胺
CTFE	三氟氯乙烯	DHP	邻苯二甲酸二己酯
CTI	环己烷三异氰酸酯	DIBK	二异丁酮
CTPB	端羧基聚丁二烯	dicy	二氰二胺
CX	环己烷	DIO	二氧六环
D	二苯胍	DM	二硫化二苯并噻唑
DAA	二丙酮醇	DMA	二甲基乙酰胺
DAP	邻苯二甲酸二丙烯酯	DMA	N,N-二甲基苯胺
DBP	邻苯二甲酸二丁酯	DMAc	二甲基乙酰胺
DBS	癸二酸二丁酯	DMBA	二甲苯甲胺
DBTDL	二月桂酸二丁基锡	DMBPH	过氧化叔丁基己烷
DC	扩散系数	DMF	二甲基甲酰胺
DCA	二氰二胺	DMP	邻苯二甲酸二甲酯
DCBPO	2,4-二氯过氧化苯甲酰	DMP-30	2,4,6-三(二甲氨基甲基)苯酚
DCE	二氯乙烷	DMPD(A)	N,N-二甲基对苯二胺
DCM	二氯甲烷	DMS(O)	二甲基亚砜
DCP	过氧化二异丙苯	DMT	N,N-二甲基对甲苯胺
DDM	二氨基二苯甲烷	DO	二氧六环
DDS	二氨基二苯砜	DOA	己二酸二辛酯
DDSA	十二烷基顺丁烯二酸酐	DOP	邻苯二甲酸二辛酯

代号	缩　　写	代号	缩　　写
DOS	癸二酸二辛酯	EGDA	双甲基丙烯酸乙二醇酯
DPA	二苯胺	EGDMA	丙烯酸-2-乙基己酯
DPG	二苯胍	2-EHA	甲基丙烯酸乙酯
DPP	二酚基丙烷	EMA	2-乙基-4-甲基咪唑
D.R.C.	干橡胶含量	EO	环氧树脂
DSC	示差扫描量热法	EP	乙烯-丙烯共聚物
DT	热变形温度	EPC	易混槽法炭黑
DTA	差热分析法	EPC	三元乙丙橡胶
DTA	二乙烯三胺	EPDM	环氧氯丙烷
DTDM	二硫化吗啡啉	EPI	二元乙丙橡胶
DV	直接硫化	EPM	乙丙橡胶
DVB	二乙烯基苯	EPR	可发性聚苯乙烯
DVP	二烯系聚合物	EPS	环氧树脂
E	乙烯	ESCA	高温
EA	丙烯酸乙酯	ET	乙醇胺
EA	醋(乙)酸乙酯	ETA	乙醇
EAA	乙烯-丙烯酸共聚物	EtOH	亚乙基硫脲
EAc	醋(乙)酸乙酯	ETU	聚醚型聚氨酯橡胶
EAc	乙醇	EU	环氧值
EAL	等效老化法	EV	乙烯-醋酸乙烯共聚物
EAP	乙基纤维素	EVA	丙烯酸乙酯
EC	α-氰基丙烯酸乙酯	EVAL	乙烯-醋酸乙烯-乙烯醇共聚物
ECA	环氧氯丙烷	FEF	快压出炉黑
ECH	氯醇橡胶	FEP	四丙氟橡胶
ECO	乙二胺	FF	细粒炉黑
EDA	二氯乙烷	FF	呋喃甲醛树脂
EDC	二氯乙烯	FGA	第一代丙烯酸酯胶粘剂
EDC	乙烯-丙烯酸乙酯共聚物	FGR	玻璃纤维增强塑料
EEA	乙二醇	FKM	氟橡胶
EG	乙二醇醋酸酯	F.P.	冰点、凝固点
EGA	二丙烯酸乙二醇酯	FPM	氟橡胶-26

代号	缩　　写	代号	缩　　写
FPVC	柔性聚氯乙烯薄膜	HDA	己二胺
FR	阻烯剂	HDI	六亚甲基二异氰酸酯
FRP	玻璃纤维增强塑料	HDPE	高密度聚乙烯
FVMQ	氟硅橡胶	HDT	热形温度
GAS	汽油	HEC	羟乙基纤维素
GC	气体色谱法	HEMA	甲基丙烯酸-2-羟乙酯
GDE	乙二醇二甲醚	hexa.	六亚甲基四胺
gel.	明胶、凝胶	HIPS	高抗冲聚苯乙烯
GEP	玻璃纤维增强环氧树脂	HIPVC	高抗冲聚氯乙烯
CF	玻璃纤维	HM	环己烷
GMA	甲基丙烯酸缩水甘油酯	HM(A)	热熔胶粘剂
GMF	对苯酯二肟	HMD(A)	己二胺
GP	古塔波橡胶	HMDI	己次甲基二异氰酸酯
GPC	凝胶渗透色谱法	HMF	高模量炉黑
GPF	通用炭黑	HMHDPE	高分子量高密度聚乙烯
gph.	石墨	HMPS	热熔压敏胶
GPR	普通橡胶	HMWPE	超高分子量聚乙烯
GPS	通用聚苯乙烯	HNR	氢化天然橡胶
gr.	等级、石黑	HP	高聚物
GREP	环氧玻璃钢	HPA	丙烯酸羟丙酯
GR-M	氯丁橡胶	HPA	N,N-二(2-羟丙基)苯胺
GR-N	丁腈橡胶	HPC	羟丙基纤维素
GRP	玻璃纤维增强塑料	HPC	难混槽法炉黑
GR-P	聚硫橡胶	HPMA	甲基丙烯酸-β-羟丙酯
GR-S	丁苯橡胶	HPPE	高压聚乙烯
H	六亚甲基四胺	HQ	氢醌,对苯二酚
HA	环烷酸	HR	相对湿度
HAC	醋(乙)酸	HR	洛氏硬度
HB	硬质炭黑	HRP	耐热涂(塑)料
H.C.	烃、碳氢化合物	HS	高苯乙烯橡胶
HCH/Cb	过氧化环己酮/环烷酸钴	HTA	高温胶粘剂

续　表

代号	缩　　写	代号	缩　　写
HTBA	高温发泡剂	M	2-疏基苯并噻唑
HTE	端羟基聚醚	MA	顺丁烯二酸酐(马来酸酐)
HTPB	端羟基聚丁二烯	MA	丙酸甲酯
HTS	高温强度	MAA	甲基丙烯酸
HTV	高温硫化	MAC	最高允许浓度
hx.	己烷	MAF	中超耐磨炉黑
IER	离子交换树脂	MAL	甲醇
IER	发泡阻燃剂	MAN	甲基丙烯腈
IFT	界面张力	MBI	2-疏基苯并咪唑
IIR	丁基橡胶	MBS	甲基丙烯酸甲酯-丁二烯-苯乙烯共聚物
IM	聚异丁烯		
IMDA	咪唑	MC	甲基纤维素
IPA	异丙醇	MCB	氯苯
IPDI	异佛尔酮二异氰酸酯	MDA	二氨基二苯甲烷
i-PS	等规聚苯乙烯	MDA	亚甲基二苯胺
IR	异戊橡胶	MDEA	甲基二乙醇胺
ISAF	中超耐磨炭黑	MDI	二苯甲烷二异氰酸酯
K	乙醛苯胺缩合物	MDPE	中密度聚乙烯
KPS	过硫酸钾	MEA	(单)乙醇胺
LDPE	低密度聚乙烯	Mc-CO	丙酮
lea.	皮革	M.E.K.	丁酮
LLDPE	线型低密度聚乙烯	MEKP	甲乙酮过氧化物
lmb	木材	MEKP/Co	过氧化甲乙酮/环烷酸钴
LMP	低聚物	MeOH	甲醇
LMPA	低分子聚酰胺	M.F.	三聚氰胺甲醛树脂
LMS	固体低分子物质	MFH	耐热性矿质填料
LMW	低分子量	MI	云母
LPE	线型聚乙烯	MI	熔融指数
LPO	过氧化二月桂酰	MIBK	甲异丁酮
LR	实验试剂	MIC	甲基异氰酸酯
LTV	低温硫化	MMA	甲基丙烯酸甲酯

代号	缩　写	代号	缩　写
MOCA	3,3′-二氯-4,4′-二氟基二苯甲烷	OSR	耐氧化树脂
		OX	草酸
MPD(A)	间苯二胺	OZ	臭氧
MPF	蜜胺-苯酚-甲醛树脂	PA	苯酐
MQ	二甲基醚橡胶	PA	聚酰胺(尼龙)
MS	质谱法	PAA	聚丙烯酸
MS	门尼焦烧	PAL	丙醇
MS	2-甲基苯乙烯	PAN	聚丙烯腈
MT	中粒热裂炭黑	PAPA	聚壬二酸酐
MTBE	甲基叔丁基醚	PAPI	多苯基多次甲基多异氰酸酯
MWD	分子量分布	PAS	聚芳砜
MX	间二甲苯	PB	聚丁二烯
MXDA	(间)苯二甲胺	PB	聚乙烯醇缩丁醛
n-BA	丙烯酸(正)丁酯	PBA	物理发泡剂
NBA	正丁醇	PBd	聚丁二烯
NBD	正丁醛	PBMA	聚甲基丙烯酸丁酯
n-BMA	甲基丙烯酸正丁酯	PBI	聚苯并咪唑
NBR	丁腈橡胶	PBQ	对苯酯
NC	硝酸(化)纤维素	PBR	聚丁二烯橡胶
NCF	合成皮革	PBR	丁吡橡胶
NCR	氯丁二烯与丙烯腈共聚物	PBT	聚苯并噻唑
NEM	标准乙基吗啉	PBT	聚对苯二甲酸丁二醇酯
N.R.	天然橡胶	PC	聚碳酸酯
nyl.	尼龙	PCB	多氯联苯
OER	充油橡胶	PCE	四氯乙烯
OG	有机玻璃	PCL	聚己内酰胺
OPP	定向聚丙烯、双向拉伸聚丙烯	PCR	聚氯丁二烯
		P.C.T.	热压黏际试验
OPS	定向聚苯乙烯薄膜	PCTFE	聚三氟氯乙烯
OPVC	定向聚氯乙烯	PD	对苯二胺
O-R	氧化-还原	P.D.	聚合度

代号	缩 写	代号	缩 写
PDAP	聚邻苯二甲酸二丙烯酯	PMMA	聚甲基丙烯酸甲酯
PDMS	聚二甲基硅氧烷	PMS	聚 α-甲基苯乙烯
PE	聚乙烯	PN	波兰国家标准
PEC	氯化聚乙烯	PNA	苯基-β-萘胺
PEG	聚乙二醇	PO	聚烯烃
PEH	密度聚乙烯	PO	环氧丙烷
PEHA	五乙烯六胺	POCB	聚环氧丁烷
PEK	聚苯醚酮	POE	聚氧化乙烯
PEL	低密度聚乙烯	POM	聚甲醛
PEM	中密度聚乙烯	POP	对辛基苯酚
PEMA	聚甲基丙烯酸乙酯	PP	聚丙烯
PEO	聚氧化乙烯	PPD	六氢吡啶
PEPA	多乙烯多胺	PPD	对苯二胺
PES	聚醚砜	PPG	聚丙二醇
PES	聚酯	PPI	聚异氰酸酯
PET	聚对苯二甲酸乙二醇酯	PPMA	聚甲基丙烯酸异丙酯
PEU	聚醚聚氨酯	PPO	聚苯醚
PF	酚醛树脂	PPQ	聚苯基喹啉
PG	丙二醇	PPS	聚苯硫醚
PGC	热解气体色谱法	PQ	苯基硅橡胶
PGE	苯基缩水甘油醚	Pr. OH	丙醇
PGMA	聚甲基丙烯酸环氧丙酯	PS	聚苯乙烯
PhOH	苯酚	PSA	压敏胶粘剂
PI	聚异戊二烯	PSB	粒状聚苯乙烯
PI	聚酰亚胺	PSF	聚砜
PIB	聚异丁烯	PSI	聚甲基苯基硅氧烷
PIP	聚异氰酸酯	PSS	聚苯乙烯砜
PM	相差显微镜	PSU	聚苯砜
PMA	聚丙烯酸甲酯	pt.	涂料
PMAA	聚甲基丙烯酸	PTBP	对叔丁基苯酚
PMDA	均苯四甲酸二酐	PTFE	聚四氟乙烯

代号	缩　　写	代号	缩　　写
PTMG	聚四亚甲基乙二醇醚	SGA	第二代丙烯酸酯胶粘剂
PTMO	聚四氢呋喃	SGP	淀粉接枝共聚物
PU	聚氨酯	SH	巯基
PUD	聚氨酯水分散液	shr.	收缩
PUR	聚氨酯	SI	有机硅树脂
PVAc	聚醋酸乙烯乳液	SIS	苯乙烯-异戊二烯共聚物
PVAL	聚乙烯醇	SLS	十二烷基硫酸钠
PVB	聚乙烯醇缩丁醛	SM	聚苯乙烯单体
PVC	聚氯乙烯	SP	溶解度参数
PVCAc	氯乙烯-醋酸乙烯共聚物	Sp.	酒精
PVCC	氯化聚氯乙烯	SR	硅橡胶
PVDC	聚偏二氯乙烯	SR	苯乙胶
PVF	聚氟乙烯	SR	合成橡胶
PVF	聚乙烯醇缩甲醛	SRF	半补强炭黑
PVMQ	甲基丙烯基硅橡胶	SS	烟片(橡胶)
PW	石蜡	St.	苯乙烯
PX	对二甲苯	S. T.	表面张力
Py.	吡啶	StAl	钢-铝
RA	松香酸	stk	胶粘的
RF	间苯二酚甲醛树脂	STI.	钢
PFI.	间苯二酚甲醛乳液	str.	强度
RP	增强塑料	sur.	表面
RTV	室温硫化	sw.	溶胀
RT	室温	Sy	胶粘的
S	苯乙烯	SZ	尺寸,粒度
SA	表面积	T	聚硫橡胶
SAA	表面活性剂	TA	三醋酸纤维素
SAF	超耐磨炭黑	TAC	三聚氰酸三丙烯酯
SAN	苯乙烯-丙烯腈共聚物	TBP	磷酸三丁酯
SBR	丁苯橡胶	TBT	钛酸正丁酯
SEM	扫描电子显微镜	TCA	三氯醋酸

代号	缩　　写	代号	缩　　写
TCE	三氯乙烯	TPP	磷酸三苯酯
TCP	磷酸三甲酚酯	T. P. P.	亚磷酸三苯酯
TDA	差热分析	TPS	韧性聚苯乙烯
TDI	甲苯二异氰酸酯	TPT	热塑性橡胶
TE	热塑料弹性体	XLPE	交联聚乙烯
TEA	三乙胺	XPS	X射线光电子谱
TEC	热膨胀系数	xyl.	二甲苯
TEG	三甘醇	TPUE	热塑性聚氨酯弹性体
TEOA	三乙醇胺	TR	聚硫橡胶
TEP(A)	四乙烯五胺	TRA	四硫化二戊次甲基秋兰姆
TETA	三乙烯四胺	tri.	三氯乙烯
TF	聚四氟乙烯	T. T.	三硫化四甲基秋兰姆
TF	薄膜	TTA	三乙烯四胺
TF	三氯乙烯处理	TTI	三苯甲烷三异氰酸酯
TFPE	聚四氟乙烯	TTP	磷酸三甲苯酯
TGA	热重分析法	TU	硫脲
TGA	第三代丙烯酸酯胶粘剂	TX	三乙胺
THF	四氢呋喃	TXDS	中毒剂量
THPA	四氢邻苯二甲酸酐	UF	脲醛树脂
TID	起始分解温度	UP	不饱和聚酯树脂
TLV	允许浓度	UPVC	未增塑聚氯乙烯
TMDI	三甲基己二异氰酸酯	VA	醋酸乙烯
TMP	三羟甲基丙烷	VAc	醋酸乙烯
TMS	四甲基硅烷	VA-s	醋酸乙烯-苯乙烯共聚物
TMTD	二硫化四甲基秋兰姆	VC	氯乙烯
to.	甲苯	VCM	氯乙烯单体
TODI	双甲苯二异氰酸酯	VCR	聚氯乙烯合成橡胶
Tol.	甲苯	VMQ	甲基乙烯基硅橡胶
tox.	毒性	VR	硫化橡胶
TPA	对苯二甲酸	WPC	木材-塑料复合物
TPA	四乙烯五胺		

代号	缩　写	代号	缩　写
WPE	环氧当量	XDI	二甲苯二异氰酸酯
W. S.	水溶液	XF	二甲苯甲醛树脂
W. S.	潮湿表面	ZB	硼酸锌

附录四　胶粘剂主要生产单位

生 产 单 位	地　　　址	邮　编
中国科学院化学研究所	北京市海淀区中关村北一街 2 号	100080
北京天山新材料技术有限责任公司	北京市石景山区八大处高科技园区中园路 7 号	100041
北京市化学工业研究院	北京市海淀区成府街	100084
北京天工表面材料技术有限公司	北京市丰台区长辛店杜家坎 21 号	100072
北京科化化学新技术公司	北京市中关村北一街 2 号	100080
北京北化精细化学品有限责任公司	北京市朝阳区广渠路 15 号	100022
北京奥宇可鑫表面工程技术公司	北京市怀柔区金台园甲 1 号	101400
北京东城长江化工技术研究所	北京市东城区菊儿胡同 7 号	100009
中国林业科学研究院	北京颐和园西（香山路）	100091
北京龙苑伟业新材料有限公司	北京市海淀区永丰科技园	100080
北京天工宇工贸有限公司	北京市丰台区西三环南路甲 17 号	100072
北京犟力高分子材料研究所	北京市万寿路翠微中里 16 号	100036
轻工业部制鞋工业科学研究所	北京市东四六条 45 号	100007
冶金工业部建筑研究总院	北京市西土城路 33 号	100088
北京市燕化兴业化工有限公司	北京市丰台区科学城海鹰路 5 号	100071

生　产　单　位	地　　　址	邮　编
北京航空材料研究院	北京 81 信箱 71 分箱	100095
北京固特邦材料技术有限公司	北京市石景山路 23 号	100043
北京莱茵精细化工有限公司	北京市西三环北路 27 号	100081
北京东方化工厂	北京市通州区滨河路 143 号	101149
北京高得精细化工有限公司	北京市朝阳区朝阳北路 199 号	100025
北京太尔化工有限公司	北京市丰台区大红门西路 4 号	100075
北京泰春制胶有限公司	北京市丰台区西四环南路 76 号	100071
北京东联化工有限公司	北京市通州工业开发区	101113
北京市通达粘合剂厂	北京市永外石榴庄南里甲 1 号	100075
北京有机化工厂	北京市朝阳区大郊亭	100022
北京橡胶塑料制品一厂	北京市宣武区广安门内南线阁 41 号	100053
北京橡胶工业研究设计院	北京市海淀区阜石路甲 19 号	100039
北京华联汽车密封胶厂	北京市丰台区丰台路口 153 号	100071
北京波米科技有限公司	北京市海淀区上地信息路 2 号创业园 D 栋 503 室	100085
北京汇通粘合剂厂	北京市海淀区香山万安里	100093
北京西令胶粘密封材料有限责任公司	北京市石景山区八大处高科技园区 22 园路 5 号	100041
北京大郊亭粘合剂厂	北京市朝阳区大郊亭有机化工厂内	100022
北京橡胶塑料制品厂胶粘剂分厂	北京市宣武门外大街 199 号	100052
北京世纪丽凯胶粘剂科技有限公司	北京市昌平区沙河镇西沙屯繁华中路 69 号	102206
北京华夏科苑技术开发中心	北京市宣武区马连道南街 6 号华睦国际大厦 1202 厅	100055

续　表

生　产　单　位	地　　　址	邮　编
北京达腾新材料技术有限公司	北京市丰台区下营村	100072
北京市卫生材料厂	北京市宣武区里仁东街 1 号	100054
上海市合成树脂研究所	上海市漕宝路 36 号	200235
上海康达化工新材料股份有限公司	上海市浦东新区庆达路 655 号(张江高科技产业东区)	201201
上海新光化工有限公司	上海市嘉定区华亭霜竹公路 588 号	201811
上海华舟压敏胶制品有限公司	上海市浦东新区川沙新镇华州路 2858 号	201202
上海回天化工新材料有限公司	上海市松江工业区东兴路 321 号	201600
上海材料研究所	上海市邯郸路 99 号	200433
上海橡胶制品研究所	上海市青浦区诸陆西路 1419 号	201702
上海轻工业研究所 上海理日化工新材料有限公司	上海市宝庆路 20 号	200031
上海野川化工有限公司	上海市真大路 485 号	200436
上海东和胶粘剂有限公司	上海市闵行区金都路 1038 号	201108
上海海鹰粘接科技有限公司	上海市场中路 3127 号	200436
同济大学胶粘剂技术服务中心	上海市杨浦区赤峰路 65 号同济科技园	200092
上海普力通新材料科技有限公司	上海市杨浦区国伟路 135 号(新材料产业园区)18 栋	200438
诺信(中国)有限公司	上海市浦东新区张江郭守敬路 137 号	201203
汉高乐泰(中国)有限公司上海销售总部	上海市延安东路 618 号东海商业中心	200001
汉高乐泰(中国)有限公司	上海市浦东张江高科技园区张衡路 928 号	201203

生 产 单 位	地　　　址	邮　编
三信化学(上海)有限公司	上海市普陀区宁夏路 201 号绿地科创大厦 18 层 A 座	200063
三键化工(上海)有限公司	上海市浦东新区福山路 500 号城建国际中心 908－910 室	200122
3M(上海)有限公司	上海市长宁区娄山关路 55 号	200336
长兴化学工业(中国)有限公司	上海市田林路 388 号新业大楼 12F	200233
上海海文(集团)有限公司上海长城精细化工厂	上海市冕宁路 69 号	200062
上海木材工业研究所	上海市天山路 1758 号	200051
上海建筑科学研究院(集团)有限公司	上海市宛平南路 75 号 2 号楼	200032
上海巨水克建筑材料有限公司	上海市中山西路 669 弄 3 号 205 室	200051
上海益士本泰建筑工程产品有限公司	上海市宜山路 407 号	200030
太尔化工(上海)有限公司	上海市外高桥保税区福特东一路 62 号	200137
上海市塑料研究所	上海市杨树浦路 1664 号	200090
上海振华造漆厂	上海市祁连山路 709 号	200331
上海诺科化工新材料有限公司	上海市松江区民益路 201 号	201612
上海象力胶粘剂制品有限公司	上海市奉贤区南桥镇杨王工业区宁富路 628 号	201406
上海石化粘合剂厂	上海市金山卫经一路纬三路口	200540
上海耀品胶粘剂制品有限公司	上海市闵行区北桥镇瓶北路 200 号	201109
上海天山新材料技术研究所	上海市曹杨路 303 弄 18 号	200063

生　产　单　位	地　　　址	邮　编
上海优泰特种胶粘材料有限公司	上海市南陈路 130 弄 8 号	200436
上海三达胶粘带有限公司	上海市南丹东路 25 弄 8 号	200030
上海申真优成胶粘剂有限公司	上海市长寿路 468 号 17 楼	200060
中外合资上海固顿化工有限公司	上海市青浦区朱家角镇沪青平公路工业区	201713
上海曹杨粘合剂厂	上海市普陀区怒江北路 239 弄 78 号	200333
上海科友新型建筑材料有限公司	上海市宝山区石太路 31 弄 2 号	200942
上海印刷技术研究所	上海市新闸路 1209 弄 60 号	200041
上海纺织助剂厂	上海市浦建路	200012
上海华立胶粘剂厂	上海市宝山区共和新路 5120 号	200435
上海纺织科学研究院	上海市兰州路 545 号	200082
上海汇丽化学建材总厂	上海市浦东新区周浦新马路 100 号	201318
依工聚合和流体化学工业，中国总部	上海市桂平路 418 号兴园大厦 2703 室	200233
上海洛德化学有限公司	上海市浦东新区张江科技工业区蔡伦支路 3 号	201203
上海祺昌胶带有限公司	上海市闵行区江川路 829 号	200245
上海有航粘合剂有限公司	上海市松江区车墩镇北松公路 4680 弄 25 号	201611
上海宏骊化工有限公司	上海市浦东新区东川公路 3998 号	201209
上海正臣防腐科技有限公司	上海市浦东金沪路 58 号银桥大厦	201206
上海荣歆热熔胶有限公司	上海市松江区洞泾镇	201619
上海和和热熔胶有限公司	上海市南翔高科技园区嘉前路 599 号	201802

生　产　单　位	地　　　　址	邮　编
上海神乐胶粘材料有限公司	上海市嘉定区马陆镇彭村路175 号	202153
上海祁南胶粘材料厂	上海市南大路 706 号	200436
上海路嘉胶粘剂有限公司	上海市青浦区徐泾镇华徐路566 号	201708
舒捷(上海)胶带有限公司	上海市松江出口加工区西泖泾路175 号	201611
上海胶达化工有限公司	上海市蒲汇塘路 50 号 2 号楼803 室	200030
普利茂斯永乐胶带(上海)有限公司	上海市松江开发区贵南路 1369 号	201619
玉佳胶带(上海松江)有限公司	上海市松江苍桥金玉路 1118 号	201600
上海征州精细化工有限公司	上海市浦东南汇祝桥空港工业区内	201323
上海华谊丙烯酸有限公司	上海市浦东北路 2031 号	200137
优成优氏建筑材料(上海)有限公司	上海市青浦沪青平公路 3968 号	201703
上海蓝欧化工科技有限公司	上海市金山区秋实路 688 号 1楼 A2	201512
上海工程技术大学化工学院	上海市松江区大学城龙腾路333 号	201600
上海十盛科技有限公司	上海市青浦徐泾镇华徐公路578 号	201702
上海派尔科化工材料有限公司	上海市金山区金卫镇金山第二工业区春华路 299 号	201512
上海方行粘合剂有限公司	上海市真光路 1058 弄 5 号	200333

生　产　单　位	地　　　址	邮　编
上海嘉好胶粘制品有限公司	上海市嘉定区浏翔公路 3077 号	201818
上海金贴特种胶粘带有限公司	上海市北翟路 1556 弄 71 号	201106
上海环城胶带厂	上海市青浦区青松公路朱湘泾桥	201700
上海永日胶粘制品有限公司	上海市闸北区鸿兴路 165 号	200071
上海美冠粘胶制品有限公司	上海市共和新路 2449 号	200072
上海晶通化工胶粘剂有限公司	上海市南浔路 108 号	200080
上海旋宝好聚合材料有限公司	上海市青浦区朱枫公路 6088 号	201717
上海鸣生橡胶厂	上海市闵行区颛桥镇光华路 248 号	201108
福尔波(上海)有限公司	上海市松江工业区华加路 99 号 13－14 栋	201613
上海众协包装材料厂	上海市松江区马裕路 198 号	201612
上海方田粘合剂技术有限公司	上海市松江区车新公路 356 弄 89 号	201611
上海永泰胶粘制品有限公司	上海市嘉定区马陆镇亚钢路 515 号	201801
上海金山胶粘带厂	上海市金山区金山卫镇钱圩秦湾路 1538 号	201512
上海鹿达胶粘带制品有限公司	上海市青浦区外青松公路 4925 号 A17	201707
上海新时代胶粘制品有限公司	上海市宝山区化工路 66 号丰明工业区	200436
亚化科技(上海)有限公司	上海市嘉定工业区福海路 1688 号	201821
上海鑫冠橡胶材料有限公司	上海金山区新农镇东日路 155 号	201503
上海晶华粘胶制品发展有限公司	上海市松江区永丰街道大江路 89 号	201600

生 产 单 位	地　　　址	邮 编
上海贺利氏工业技术材料有限公司	上海闵行区颛桥镇光中路 1 号	201108
上海南亚化工有限公司	上海市金山区山阳镇松卫南路 1150 号	201508
上海向荣胶粘制品有限公司	上海市中春路 7155 弄 14 号	201101
上海南极涂料厂二分厂	上海市南汇区盐仓镇	201324
上海汇力胶业有限公司	上海市宝山区陈广路 900 弄 12 号	200444
上海晨祥工贸有限公司	上海市奉贤区秦日镇吴窑路 752 号	201405
裕光粘胶制品（上海）有限公司	上海老沪闵路 3117 号	201108
富印胶粘科技有限公司	上海金山朱泾镇众益路	201500
三友（天津）高分子技术有限公司	天津市河西区泰山路 6 号	300021
天津市合成材料工业研究所	天津市河西区洞庭路 29 号	300220
天津市延安化工厂	天津市东郊程林庄	300163
天津市皮革化工厂	天津市南开区渭水道 16 号	300110
天津市汉泰胶粘剂开发有限公司	天津市南开区鞍山西道崇明路时代广场 A 座 0202 室	300192
天津市橡胶制品七厂	天津市河东区古田路 6 号	300151
天津市水峰有机化工有限公司	天津市河西区陈塘庄工业区洞庭路 27 号	300220
天津市盛旺电子化工厂	天津市红桥区丁字沽一号路新基业大厦 A 座 1505	300131
河北工业大学高分子科学与工程研究所	天津市	300130
天津四维企业有限公司	天津市经济技术开发区黄海路 101 号	300457

生 产 单 位	地 址	邮 编
江苏黑松林粘合剂厂有限公司	江苏省泰州市泰兴黄桥永丰桥北路	225411
苏州市丛岭胶粘剂有限公司	江苏省苏州市北桥镇灵峰工业区	215144
西卡(中国)建筑材料有限公司	江苏省苏州工业园区泾东路28号	215100
苏州达同新材料有限公司	江苏省吴江市汾湖开发区北库社区库西路1288号	215214
苏州胶粘剂厂有限公司	江苏省苏州相城区黄埭镇潘阳工业园春秋路	215006
苏州东吴胶粘剂厂	江苏省吴县市经济技术开发区阳山路61号	215128
苏州越发热熔胶有限公司	江苏省苏州市吴中区越溪镇溪翔北路15号	215104
苏州瑞得塑胶制品有限公司	江苏省苏州市相城区黄桥镇	215100
苏州市建筑材料科学研究所	江苏省苏州市阊音路谈家巷13-1号	215004
苏州金龙精细化工有限公司	江苏省苏州新区滨河路205号金龙大厦	215011
苏州华兴胶带制品有限公司	昆山柏庐南路1003号	215300
苏州市江海化工厂	江苏省苏州市东渚镇玉屏山	215163
苏州华夏永乐胶粘制品有限公司	江苏省昆山市超华商贸城B区4幢2号	215300
苏州四维精密复合材料有限公司	江苏省苏州工业园区唯亭分区春晖路2号	215122
苏州和泰化工有限公司	江苏省昆山市新镇经济开发区青阳北路	215330
吴县市东山胶粘剂厂	江苏省吴县市东山镇	215107
昆山市力邦装潢材料厂	江苏省昆山市淀山湖镇	215345

续　表

生　产　单　位	地　　　　址	邮　编
无锡万力粘合材料厂	江苏省无锡市新区旺庄镇过家桥	214028
南京无机化工厂	江苏省南京市江宁路 25 号	210000
江苏省泰兴市胶粘剂厂	江苏省泰兴市姚王镇	225400
无锡百合花胶粘剂厂	江苏省锡山市后宅镇老中学内	214145
无锡市华茂胶粘剂厂	江苏省无锡市北大街 17 号	214043
无锡市建筑材料科学研究所	江苏省无锡市北桥建筑路	214071
无锡宏昌胶粘带厂	江苏省无锡市锡澄路毛巷区	214016
江阴压敏胶厂	江苏省江阴市西郊梅园	214400
南宝树脂(中国)有限公司	江苏省昆山市经济技术开发区昆嘉路 600 号	215301
江苏厚桥盛意涂装辅料厂	江苏省无锡县厚桥镇厚盛路 88 号	214106
安特固化学(无锡)有限公司	江苏省无锡市新加坡工业园行创二路 101 厂房	214002
无锡双锚化工有限公司	江苏省无锡市锡山区东港镇张缪舍	214199
无锡市明思胶粘剂厂	江苏省无锡市锡山区后宅镇东	214145
无锡市蓉联装饰材料有限公司	江苏省锡山市玉祁镇蓉联村	214183
无锡诚信包装印刷新材料研究所	江苏省无锡市荡口镇	214116
无锡多伦多塑胶有限公司	江苏省无锡市后宅镇东塘街	214145
无锡万能胶粘剂有限公司	江苏省无锡市钱桥镇洋溪大桥堍	214151
日邦树脂(无锡)有限公司	江苏省无锡市锡山区经济技术开发区春雷路	214101
江阴科隆化工材料有限公司	江苏省江阴市周庄镇周西工业园区龙腾路	214423
江阴双华科技有限公司	江苏省江阴市月城镇双泾工业园区	214423
常州市立时灵胶粘材料有限公司	江苏省常州市新安镇凤凰山	213117

生 产 单 位	地 址	邮 编
常州永盛包装有限公司	江苏省常州市潞城镇富民工业区	213025
常州双联科技有限公司	江苏省常州市三角场老常焦路8号	213021
亚化科技胶粘制品（昆山）有限公司	江苏省昆山市城北镇萧林路183号A区503号	215300
常熟市富邦胶带有限公司	江苏省常熟市支塘镇工业北园区	215531
常州鹤翔复合材料有限公司	江苏省常州市新北区春江镇安家三里桥	213002
常州化工研究所	江苏省常州清凉路102号	213001
常州恒邦化工有限公司	江苏省常州市横山桥镇东州工业区	213000
江苏省化工研究所有限公司	江苏省南京经济技术开发区恒竞路1号	210046
爱多克科梅林（南京）新材料有限公司	江苏省南京高新区新锦湖路6号	210061
南京大东树脂化学股份有限公司	江苏省江宁经济开发区秦淮路8号	211161
南京橡胶厂	江苏省南京市鼓楼区钟阜路29号	210003
中国林业科学研究院林产化学工业研究所	江苏省南京市龙蟠路锁金五村16号	210042
武进市胶粘材料厂	江苏省常州市东郊新安镇凤凰山	213117
金坛市胶粘剂厂	江苏省金坛市后阳培丰化工园区	213215
宜兴市光辉胶粘剂化工厂	江苏省宜兴市分水镇兴达路75号	214262
锡山市州晶化工有限公司	江苏省锡山市后宅镇大坊桥新桥54号	214146
常进化工（苏州）有限公司	江苏省苏州吴县市角直镇经济开发区	215000

生　产　单　位	地　　　址	邮　编
泰兴市维美合成材料有限公司	江苏省泰兴市溪桥工业园区	225411
道康宁(张家港)有限公司	江苏省张家港市扬子江国际化学工业园区	215634
施特普胶带(常熟)有限公司	江苏省常熟东南经济开发区金华路188号	215500
昆山亚华胶粘带有限公司	江苏省昆山市玉山镇望山北路488号	215300
常熟市新明宇塑胶有限公司	江苏省常熟市辛庄扬园工业园长禧路	215500
连云港市映辉胶业有限公司	江苏省连云港市经济技术开发区黄河东路58号	222047
溧阳市宏大有机硅胶厂	江苏省溧阳市横涧黄岗岭工业区	213300
江苏江阴压敏胶带厂	江苏省江阴市顾山镇云顺路23号	214413
江苏科技大学材料科学与工程学院	江苏省镇江市	212003
达任胶粘剂(南京)有限公司	江苏省南京市中山北路223号建达大厦	210009
南京天力信科技实业有限公司	江苏省南京市汉中门大街1号金鹰汉中新城11楼	210029
靖江市特种粘合剂研究所	江苏省靖江市新港工业园区	214518
江苏靖江亚泰特种材料制造有限公司	江苏省靖江市靖城镇幸福路128号	214500
扬州化工厂	江苏省扬州市文峰路37号	225001
东台市华乐胶业有限公司	江苏省东台市经济开发区	224216
东台市粘接材料厂	江苏省东台市广山镇	224218
徐州化工研究所	江苏省徐州市北郊霸王山前	221007

生 产 单 位	地 址	邮 编
扬州晨化科技集团有限公司	江苏省宝应县曹甸镇镇中路231号	225803
连云港市热熔粘合剂厂	江苏省连云港市新浦区通灌路240号	222001
淮阴化工研究所	江苏省淮阴市解放西路101号	223002
连云港欣达利胶粘剂有限公司	江苏省连云港市海州江化南路41号	222023
靖江市亚华压敏胶有限公司	江苏省靖江市西南环新三路2号	214500
扬中市胶粘制品厂	江苏省扬中市城郊港东北路	212200
昆山亚华胶粘带有限公司	江苏省昆山市玉山镇望山北路488号	215300
浙江省机械科学研究所	杭州市劳动路122号	310002
浙江省机电设计研究院	杭州市大学路高官弄9号	310009
浙江金鹏化工股份有限公司	浙江省台州市路桥区金鹏路888号	318050
慈溪市七星桥胶粘剂有限公司	浙江省慈溪市横河镇南路19号	315318
慈溪天东胶粘剂厂有限公司	浙江省慈溪浙山镇	315302
杭州维昌新材料有限公司	浙江省杭州开发区五州路43号	311100
浙江丰华商标材料实业有限公司	浙江省苍南县金乡朝杨路279号	325805
浙江亿达胶粘剂有限公司	浙江省杭州市文辉路大塘新村	310004
浙江凌志精细化工有限公司	浙江省临安青山经济开发区	311305
杭州市化工研究所	杭州市拱墅区石灰坝7号	310014
浙江丽水市三力胶业有限公司	浙江省丽水市丽阳街725号	323000
浙江西湖化学品有限公司	浙江省杭州市北大桥化工区	310011
浙江科力厌氧胶有限公司	浙江省杭州市储鑫路17号	310015

生　产　单　位	地　　址	邮　编
杭州仁和热熔胶有限公司	浙江省杭州市余杭星桥开发区	311100
浙江久而久化学有限公司	浙江省宁波化学工业园区凤鸣路	315204
洛克厌氧胶有限公司	浙江省宁波市鄞州投资创业中心金谷中路西 301 号	315100
宁波市化工研究设计院	浙江省宁波市江东北路 342 号	315040
宁波江东固特化工有限公司	浙江省宁波市江东科技园区	315040
慈溪市鹏程胶业有限公司	浙江省慈溪市经济开发区商检路	315300
浙江省瑞安市华丰复合材料厂	浙江省瑞安市安阳开发工业区C 区	325206
瑞安市五州热熔胶有限公司	浙江省瑞安市北工业园区（沙渎）	325000
浙江省黄岩泰兴粘合材料厂	浙江省台州市黄岩东浦路 255 号	318020
浙江省黄岩光华胶粘剂厂	浙江省黄岩院桥工业区	318025
湖州市飞蝶胶粘剂有限公司	浙江省湖州市双林镇	313012
浙江东阳市富德豪胶粘制品有限公司	浙江省东阳市画溪镇工业开发区	322100
浙江黄岩荧光化工厂	浙江省黄岩市城关外东浦路 17 号	317400
宁波大榭开发区综研化学有限公司	宁波大榭开发区榭西工业区东湖路	315812
诸暨市森佳化工厂	浙江省诸暨市大唐开发区	311801
宁波亚朔科技股份有限公司	宁波经济开发区大港工业城黄山西路 201 号	315800
浙江伟亚塑胶有限公司	浙江省义乌市义西工业区伟亚路 11 号	322000
嘉兴市新优化工有限责任公司	浙江省嘉兴市中南湖区环南路好家居 E 幢 221 号	314001

续　表

生　产　单　位	地　　　址	邮　编
温州市泰昌胶粘制品有限公司	浙江省苍南县金乡镇工业区三街88 号	325800
余姚市维特胶粘制品有限公司	浙江省余姚市黄家埠镇上塘村	315464
宁波亿威胶粘技术总公司	浙江省宁波市江北区庄桥镇马径工业区	315032
浙江新东方集团黄岩威尔康油墨化学有限公司	浙江省台州市黄椒路 101 号	310820
台州恒固胶业有限公司	浙江省台州市洪家塑料工业园区	318000
浙江顶立胶业有限公司	浙江省台州市黄岩区院桥工业区	318000
龙泉好特胶粘材料有限公司	浙江省龙泉市东后街 66 号	323700
宁波阿里山胶粘制品科技有限公司	浙江省余姚市阳明科技工业园区兴业路 12 号	315400
浙江湖州压敏胶带厂	浙江省湖州双林镇	313012
马鞍山钢铁公司钢铁研究所	安徽省马鞍山市	243000
芜湖市化工研究所	安徽省芜湖市环城北路 79 号	241000
安徽大学化学化工学院	安徽省合肥市	230039
合肥安科精细化工有限公司	合肥市高新技术开发区天达路 2 号	230011
湖北回天胶业股份有限公司	湖北省襄阳市国家高新技术开发区航天路 7 号	441003
航空航天部第四十二研究所	湖北省襄樊市 156 信箱	441003
宜昌市璜时得粘合剂开发有限公司	湖北省宜昌市点军区紫阳大道 102 号	443002
湖北省十堰市化工涂料厂	湖北省十堰市朝阳路	442000
湖北应城市粘合剂厂	湖北省应城市长江埠新码头 41 号	432405

生　产　单　位	地　　址	邮　编
湖北省荆州市康达化工科技开发公司	湖北省荆州小北门外	434100
荆州市东方粘合剂厂	湖北省荆州市江津东路 105 号	434001
湖北大学精细化工厂	武汉市武昌区学院路 11 号	430062
武汉市葛店化工厂	武汉市葛店左家岭	430078
武汉大筑建筑科技有限公司	湖北省武汉市汉口常青路 27 号	430015
襄樊航天化学动力总公司	湖北省襄樊市高新区清河路 58 号	441003
武汉金刚甲科技有限公司	湖北省武汉市红光里 73 号	430023
湖北大学化学化工学院	湖北省武汉市	430062
湖北省化学研究院	湖北省武汉市	430074
湖北襄樊封神胶业有限公司	湖北省襄樊市人民路 19 号贾洼工业园	441000
武汉材料保护研究所	湖北省武汉市	430030
武汉市三峡粘合剂厂	湖北省武汉市汉口塔子湖村	430023
武汉市汉阳粘合剂厂	武汉市汉阳区马沧路 15 号	430050
荆州地区华鹰化工厂	湖北省荆州屈原路 45 号	434100
长沙把兄弟胶粘剂有限公司	湖南省长沙市金霞经济开发区大明工业园	410000
湘潭县特种胶粘剂厂	湖南省湘潭县泉塘子	411200
长沙市化工研究所	湖南省长沙市劳动西路 403 号	410007
湖南神力实业有限公司	湖南省浏阳市集里开发区	410300
衡阳市粘合剂厂	湖南省衡阳市合江套五一路	421000
湖南岳阳鑫达实业有限公司	湖南省岳阳市云溪区岳化大道东路	414014
中南林业科技大学	湖南省长沙市	410004

续　表

生　产　单　位	地　　　　址	邮　编
黎明化工研究院	河南省洛阳市邙岭路 5 号	471001
洛阳吉明化工有限公司	河南省洛阳市吉利区华北路	471012
河南化学研究所	河南省郑州市金水区红专路 1 号	450003
河南凯特化工实业总公司百斯特公司	河南省郑州市红专路 56 号	450002
宁固胶业有限公司	河南省郑州市南曹镇宁固工业园	450048
道纯化工技术有限公司	河南省郑州市农业路	450002
河南中包科技有限公司	郑州市纬二路 23 号省发改委南楼	450003
开封大学化工学院	河南省开封市	475000
郑州华宇科技有限公司	郑州市农业路 22 号兴业大厦	450008
郑州速达胶粘剂厂	郑州市经济开发区八大街 168 号	450016
河南焦作卫生材料厂	河南省焦作市民族北路 12 号	454150
新瑞达粘合剂厂	河南省焦作市南山路 18 号	454100
河南省南阳市胶化厂	河南省南阳市环城东路 6 号	473000
河北省石油化工研究所	河北省石家庄市建华南大街 1 号	050037
河北省建筑材料工业设计研究院	河北省石家庄市合作路 23 号	050051
石家庄化工五厂	河北省石家庄市桥西区金安路 12 号	050091
中国人民解放军沧州化工实验厂	河北省沧州市北环西路	061001
承德压敏胶厂	河北省承德市下坂城	067400
邯郸市东升粘合剂厂	河北省邯郸市人民路 131 号	056002
邯郸市益联化工有限公司	河北省邯郸市磁县工业园	056500
邯郸市粘接材料厂	河北省邯郸市复兴区砖窑路 24 号	056003
邯郸市橡胶厂	河北省邯郸市联纺西路 119 号	056003

生　产　单　位	地　　　址	邮　编
唐山市韩城河西热熔胶厂	河北省丰润县韩城镇	064002
河北华夏胶粘带有限公司	河北省涿州市永乐大道 88 号	072750
河北鸿侨化工有限公司	河北省石家庄市中山大道	051530
唐山市路南时代热熔胶厂	河北省唐山市路南区现代工业园区	064000
河北省冀县有机化工厂	河北省冀县冀衡街 124 号	053200
山西三维集团股份有限公司	山西省洪洞县赵城	041603
山西维尼纶厂	山西省洪洞县	041603
山西省化工研究所	山西省太原市河西区义井	030021
太原市涂料厂	山西省太原市职工新村北河湾 2 号	030013
太原压敏胶带厂	山西省太原市胜利街 460 号	030009
山西三维集团太原胶粘剂厂	山西省太原高新技术开发区	030006
山西省长治市化工厂	山西省长治市火车站西	046011
山西省新绛县胶粘剂厂	山西省新绛县顺城街	043100
江西三能胶业有限公司	江西省宜春市高新开发区三阳工业园	336000
宜春市有机化工厂	江西省宜春市中山东路 51 号	336000
香港金三秒国际集团有限公司 瑞昌市金三秒实业有限责任公司	江西省瑞昌市黄金工业园南区	332200
江西特种胶粘剂厂	江西省南昌市郊江西农大内	330045
福建省昌德胶业科技有限公司	福建省泉州市浮桥高山工业区	362001
泉州金固胶业有限公司	福建省泉州市鲤城区树兜北路 178 号	362000
福建莆田新邦胶粘制品有限公司	福建省仙游县枫亭镇	351200

生 产 单 位	地 址	邮 编
福清王牌精细化工有限公司	福建省福州市元洪投资区东区6号	350314
厦门大学化工厂	福建省厦门市	361005
厦门南美粘合剂有限公司	福建省厦门市杏林工业区	361022
厦门惠利泰化工有限公司	福建省厦门市开元区	361009
华宇胶粘剂厂	福建省福州市闽清鲤鱼湾工业区	350800
福鼎市强旺胶粘剂品有限公司	福建省福鼎市硖门乡秦石界牌岗1号	355200
厦门市精固胶粘剂有限公司	福建省厦门市集美区	361021
厦门市联合塑料厂	福建省厦门市厦禾路861号	361004
漳州元浩化工有限公司	福建省漳州南靖县山城工业区荆江路86号	363000
三明胶合板厂制胶分厂	福建省三明市新市南路	365001
莆田群立特种胶带有限公司	福建省莆田西天尾洞湖口工业区	351100
福建省邵武市长信增粘剂厂	福建省邵武市下沙镇工业园区	354000
厦门市宏正化工有限公司	福建省厦门市湖滨东路11号邮电广通大厦20层	361004
四维胶粘(厦门)有限公司	福建省厦门市集美北部工业区孙坂南路62号	361000
中国兵器工业第五三研究所	山东省济南市天桥区田家庄东路3号	250031
山东化工厂	山东省济南市新城庄1号	250033
山东禹王实业有限公司化工分公司	山东省禹城市通衢路2731号	251200
山东化工厂密封胶公司	山东省济南市北郊新城庄1号	250033

生　产　单　位	地　　址	邮　编
山东省特种粘接技术研究所	山东省潍坊市东风大街 292 号	261041
山东胶粘剂开发中心	山东省青岛市登州路	266001
青岛化工厂	山东省青岛市四流南路 66 号	266042
烟台德邦科技有限公司	山东省烟台开发区金沙江路 98 号	264006
海洋化工研究院	山东省青岛市金湖路 4 号	266071
山东合力化工有限公司	山东省鱼台县城	272300
潍坊威明特种化学品研究所	山东省潍坊市青年路 36 号	261011
青岛化工学院高新精细化学品研究所	山东省青岛市郑州路 53 号	266042
青岛尚宇胶粘科技有限公司	山东省青岛市城阳区青威路后桃林社区 6 - 7 号	260071
东营化吉利环保产品有限公司	山东省东营市北二路	257255
山东天地恒英胶粘剂有限公司	山东省济南市民营科技园	250000
山东胶粘制品有限公司	山东省济南市华龙路 28 号	250000
烟台泰盛精化新材料有限公司	山东省烟台开发区珠江路	264006
烟台雷泰涂胶技术有限公司	山东省烟台市福山区振华街 779 号	264000
山东化工厂胶带分厂	山东省济南市天桥区新城庄 1 号	250033
山东科学院新材料研究所山东久隆高分子材料有限公司	山东省济南市经十路东首科院路 19 号	250014
乐泰(中国)厌氧密封胶有限公司	山东烟台经济技术开发区	264006
山东常青树化工有限公司	山东省东营市河口区河口开发区海宁路 777 号	257200
济南北方泰和新材料有限公司	山东省济南市天桥区新黄路 16 号	250033
济南百灵密封材料有限公司	山东省济南市工业北路 143 - 16 号	250100

生　产　单　位	地　　　　址	邮　编
济南远华胶粘有限公司	济南市高新区环保科技园 C 座	250032
济南泰和鼎鑫树脂有限公司	济南市天桥区新黄路 16 号	250033
烟台华洋聚氨酯工业公司	山东省烟台市经济技术开发区松花江路	264006
淄博市周村植物助剂厂	山东省淄博周村青年路 81 号	255028
淄博市化工研究所	山东省淄博市柳泉路北首	255031
青岛博丰化学有限公司	山东省青岛市四流南路 66 号	266042
日照诺百联胶业有限公司	山东省日照市经济技术开发区固子国际产业园 16 号	276800
东方隆泰胶业有限公司	山东省烟台市建设路 17 - 1 号	264000
淄博海特曼化工有限公司	山东省淄博高新区开发区北路 7 甲 1 号	255400
淄博市淄川五州粘合剂厂	山东省淄博市淄川经济开发区工业园	255100
青州市万利化工有限公司	山东省青州市南环路 55 号	262500
威海云清化工开发院	山东省威海市文化中路 89 - 2 号	264200
威海龙峰硅胶有限公司	山东省乳山市井子工业园	264500
山东禹城三星化工有限公司	山东省禹城市高新区南环路榕盛钢铁西邻	251200
成都正光实业股份有限公司	四川省成都市马家花园路 23 号	610031
重庆长寿化工总厂	四川省长寿县	631220
成都有机硅应用研究中心	四川省成都市人民南路四段 30 号	610041
中蓝晨光化工研究院	四川省成都市人民南路四段 30 号	610041
成都联邦聚合物有限公司	四川省成都市武青南路 33 号	610041
成都市滨江化工厂	四川省成都市跳蹬河产家店南路	610051

生　产　单　位	地　　址	邮　编
成都硅田科技有限公司	四川省成都市蜀都大道水碾河路14号	618000
四川省隆昌胶粘剂厂	四川省隆昌县隆桥路20号	642150
成都有机硅应用研究中心实验厂	四川省郫县东大街205号	611730
重庆科端胶业有限公司	重庆市高新技术开发区高庙村小沟1号	404001
重庆新星胶业有限公司	重庆市石桥铺渝州路50号	410039
重庆久华化工有限公司	重庆节南岸区涂山镇友于里104号	400062
四川大学高分子研究所	四川省成都市一环路一段24号	610065
中昊晨光化工研究院	四川省富顺县	643201
重庆裕盛精细化工厂	重庆市渝北工业园区A区	401147
重庆长江橡胶厂胶粘剂分厂	重庆市南岸区四公里街208号	400067
承华化工有限责任公司	四川省隆昌县新马路	642150
中国科学院广州化学研究所	广州市五山1122信箱	510650
永大(中山)有限公司	广东省中山市永宁工业大道南路46号	328415
广州机床研究所密封分所	广州市黄浦茅岗路828号	510701
广州市回天精细化工有限公司	广州花都区汽车城花港大道岐北路6号	441003
广州坚红化工厂	广州市黄浦大道中505号	510660
广州川崎胶粘带制品厂	广州市从化江埔七星工业区	510900
广州市施诺化工有限公司	广州市天河区凌塘13号	510650
中山兴达电子胶粘制品厂	广东省中山市东升镇高沙大道26号	528414
广州市永特耐木胶有限公司	广州市黄埔东路268号	510700

生 产 单 位	地 址	邮 编
中山荣信(胶粘剂)建筑材料有限公司	广东省中山市三乡镇后坑工业区	548263
中山伟明化工有限公司	广东省中山市横栏镇伟明工业区	528478
中山市皇冠胶粘制品有限公司	广东省中山市横栏镇茂辉工业区	528415
安德士化工(中山)有限公司	广东省中山市南头镇民安工业区9号	528427
中山金城胶业有限公司	广东省中山市东新镇105国道边	528414
广东省番禺市胶粘剂厂	广州番禺市桥镇崩沙岗顶	511400
广州粘合剂化工厂	广州天河区员村西街1号	510655
广州市化学工业研究所	广州市石井石潭路潭村桥东3号	510430
广州东风化工实业有限公司	广州市海珠区昌岗中路118号	510730
广州宏昌胶粘带厂	广州市花都区华海工业区	510800
广州宜道粘合剂有限公司	广州市经济技术开发区开发大道	510730
广州番禺裕荣热熔胶厂	广州市番禺区沙头街槛山第三工业开发区	511490
广州惠利化工有限公司	广州市黄浦区南岗镇沧联村榕环南路2号	510760
广州原野实业有限公司	广州市增城荔城工业加工区	511300
顺德市三和实业有限公司	广东省顺德市大良红岗工业区	528300
远冠特殊胶粘(广州)有限公司	广州市新塘大道新墩路	510663
广东三力胶粘制品有限公司	广东省恩平市北郊工业区	529400
兴华(惠州)粘合剂有限公司	广东省博罗县石湾镇江滨西路1号	516127
广东力泰厌氧胶有限公司	广东省博罗县博义路力泰工业园区	516100

生　产　单　位	地　　址	邮　编
广州市双狮胶粘带有限公司	广州市白云区石井镇石沙公路228号	510430
广州市达旨(旺达)包装材料厂	广州市天河区大观路老虎佛一巷12号	510663
广州市毅心美粘合胶制品有限公司	广州市石井镇石沙公路工业开发区	510430
广州机械科学研究院	广州市黄埔区茅岗路828号	510700
广州爱必达胶粘剂有限公司	广州市白云区铁岗岭1号	510100
广州市豪特粘接材料有限公司	广州市白云区太和镇民营科技园863中心大厦3层	510140
广州普捷胶粘剂有限公司	广州市罗岗开发区开创大道	510730
广州鹿山新材料股份有限公司	广州市黄埔区云埔工业区埔北路22号	510530
江门市新力立时得胶粘有限公司	广东省江门市环市二路白沙工业区	529000
汕头东方乳胶厂	广东省汕头市大学路38号	516021
东莞市山力化工有限公司	广东省东莞市麻涌镇麻四工业区	523000
东莞振荣胶粘剂有限公司	广东省东莞市大岭山镇杨屋第二工业区	523001
东莞市天利特殊粘胶制品厂	广东省东莞市东城石井工业区	523000
东莞市力雄胶粘剂有限公司	广东省东莞市厚街镇莞大路段河阳路	523960
广东晟龙胶粘有限公司	广东省东莞市旗峰路162号	523000
东莞市汇裕粘合剂有限公司	广东省东莞市塘厦镇	523710
珠海有行企业有限公司	广东省珠海市海港路70号恒景花园12栋	519000

生产单位	地址	邮编
东莞南泰绝缘材料有限公司	广东省东莞市塘厦镇田心围工业区	523718
东莞市佳万胶粘制品有限公司	广东省东莞市万江区窖联创业横路	523045
东莞市富新胶粘剂有限公司	广东省东莞市东莞长安镇第二工业区	523000
东莞市先锋粘合剂有限公司	广东省东莞市沙田镇西太隆工业区	523992
巴斯夫(中国)化工有限公司	广州市先念中路 69 号东山广场 2801	510095
广东多正化工科技有限公司	广东省佛山市三水区芦苞工业开发区多正路 1 号	528247
广东恒大新材料科技有限公司	广东省惠州市龙丰都田工业区	516003
广东常青树化工有限公司	广东顺德杏坛镇顺德科技工业园 C 区	528325
中山有行企业胶类制品有限公司	广东省中山市神湾镇大道南 68 号有行工业区	528463
中山市康和化工有限公司	广东省中山市横栏镇中横大道宝裕工业区	528478
华南理工大学材料科学与工程研究所	广州市五山	510641
东莞百和胶粘剂有限公司	广东省东莞黄江镇袁屋围管理区	523750
东莞永乐胶粘制品有限公司	广东省东莞黄江东进路田美南区工业城	511754
东莞市科源胶粘剂有限公司	广东省东莞市东城区莞龙路上桥工业区	523112
广东达美胶粘制品有限公司	广东省顺德市杏坛镇新冲工业区	528300

生　产　单　位	地　　　址	邮　编
广东中山明浩胶粘制品有限公司	广东省中山市阜沙镇卫民工业区	528402
佛山市爱莎胶粘剂有限公司	广东省佛山市禅城区榴花路新岗大街 12 号	528000
云海胶业有限公司	广东省佛山市南海区黄岐名雅花园 92 座 103	528234
江门新时代胶粘科技有限公司	广东省江门市滘头管理区	529000
东莞正佳胶粘制品有限公司	广东省东莞市万江区上甲村上一居 A 栋	523039
东莞成铭胶粘剂有限公司	广东省东莞市石砀镇	523300
东莞大成化工有限公司	广东省东莞市清溪	523660
广东东方树脂有限公司	广东省佛山市顺德区杏坛镇杏龙路东村路段 23 号	528305
东莞市长安运通包装材料厂	广东省东莞市长安镇沙头管理区	523850
东莞正贤胶粘制品有限公司	广东省东莞市万江区新村新宁基工业区	523039
东莞市华瑞胶粘剂厂	广东省东莞市莞城区创业路西区 127 号	523000
广州市佳城新材料有限公司	广州市新塘镇沙头村工业村	510730
广州市拓诚胶粘技术有限公司	广州市永和镇九如村水口社	510700
东莞市明大胶粘制品有限公司	广东省东莞市樟木头镇百果洞先威大道 98 号	523620
东莞邦盛胶业有限公司	广东省东莞市大岭山镇大塘朗工业区	523000
亚化科技（东莞）胶粘制品有限公司	广东省东莞市长安镇锦厦村铜罗围工业区	523852

生 产 单 位	地 址	邮 编
佛山亿达胶粘制品有限公司	广东省佛山市五峰四路尾大江工业区	528000
中山市杰联胶粘制品有限公司	广东省中山市三角镇金鲤工业区桥西路2号	528445
惠州亚华胶粘带有限公司	广东省惠州市博罗县石湾镇黄西工业园	516000
广东江门伊藤忠胶粘制品厂	广东江门蓬江区振兴工业区	529000
广东晶华科技有限公司	广东省汕头市潮南区峡山镇泗联工业区	515021
东莞鑫茂化工有限公司	广东省东莞市东城区东宝路699号	523100
金泰特种胶带厂有限公司	广东省增城市中新镇中福路	511365
广东省潮州市粘胶剂厂	广东省潮州市东湖	515600
顺德市胶粘制品厂	广东省顺德市顺峰山工业区	528333
中山赛德邦胶粘剂有限公司	广东省中山市东升镇	528400
珠海市鼎胜胶粘制品有限公司	广东省珠海市南屏镇南湾北路25号	519000
深圳市好顺电工有限公司	深圳市福田区南园路232号	518031
南海市嘉美化工厂	广东省南海市狮山区白沙桥工业区	528226
深圳市郎搏万精细化工有限公司	广东省深圳市宝安区鹊山工业区路东巷3号	518110
深圳市顺心粘胶剂制品厂	深圳市宝安区观兰镇六工业区	518000
深圳市再兴行粘合剂有限公司	深圳市龙岗区五联大发工业区A4	518120
深圳市鸿凯胶粘剂有限公司	深圳市观兰大和工业区	518067
联邦特种胶粘剂(深圳)有限公司	深圳市沙井镇新二工业区鼎丰科技园E栋	518104

生　产　单　位	地　　址	邮　编
深圳奥斯邦有限公司	深圳市宝安区西乡大道金雅园78栋	518102
深圳同德热熔胶厂	深圳市龙岗区龙西楼富民路90号	518117
深圳市欧克斯粘胶剂有限公司	深圳市宝安福永新和工业区	518103
深圳市深达热熔胶厂	深圳市宝安	518106
深圳顺豪源胶粘带有限公司	深圳市蛇口工业五路宝耀大厦六楼	518067
深圳日高胶带有限公司	深圳市宝安区西乡镇钟屋工业区	518102
深圳市奥尔美胶粘制品有限公司	深圳市龙岗区横岗镇四联茂兴路25号	518116
广州冠一胶粘制品有限公司	广东省广州市番禺区大石镇大维村工业二横路3号	511430
深圳市宏升华科技有限公司	深圳市龙岗区清林中路天健现代城3栋B座805	518172
深圳市力博特胶粘电子有限公司	深圳市宝安区松岗	518105
深圳市恒茂兴胶粘剂有限公司	深圳市龙华	518109
深圳市三信胶粘剂有限公司	深圳市宝安区石岩街	518108
深圳燕南粘合剂有限公司	深圳市振华路12号	518103
深圳信益胶粘剂有限公司	深圳市龙华上塘工业区3栋	518109
深圳市瑞联胶粘化工有限公司	深圳市公明街道港深高科技园B4栋	518106
深圳市伏特美胶业有限公司	深圳市宝安区龙华街道	518109
西安黄河机器制造厂	陕西省西安市幸福北路21号	710043
西安汉港化工有限公司	陕西省西安市南院门大东家巷15号	710002
西北橡胶厂	陕西省咸阳市秦都区西华路1号	712023

生　产　单　位	地　　址	邮　编
西安大华化工有限公司	陕西省西安市纺织城纺一路	710038
陕西合亚达胶粘制品有限公司	陕西省西安市秦陵路 1 号	710032
西安汉港化工有限公司	陕西省西安市南院门大车家巷 15 号	710002
西安近代化工研究所	陕西省西安市丈八东路 168 号	710065
第四军医大学口腔医院	陕西省西安市康复路 7 号	710032
陕西汉中第一粘合剂有限公司	陕西省汉中市天汉东路王观营	723000
西安华隆化工科技实业有限公司	西安市高新技术开发区玫瑰大楼 403 室	710100
贵州水晶有机化工（集团）有限公司	贵州省清镇市红枫湖镇	551402
贵州省化工研究院	贵阳市晒田坝 5 号	550002
昆明理工大学粘接技术研究所	云南省昆明市环城东路 50 号	650051
昆明贵金属研究所	云南省昆明市北郊二环北路	650221
中国科学院大连化学物理研究所	辽宁省大连市中山路 161 号	116011
大连胶粘剂研制开发中心	大连市西岗区胜利支路 260 号	116012
辽宁吕氏化工（集团）有限公司	辽宁省大石桥市金桥区吕氏工业园	115100
抚顺哥俩好集团	辽宁省抚顺市南杂木镇哥俩好工业园区	113217
锦西化工研究院	辽宁省葫芦岛市连山区化工街	125001
大连第二有机化工厂	辽宁省大连市甘井子区北秀街 310 号	116031
大连震美通用胶带有限公司	辽宁省大连市沙河口西安路 4 - 20 号	116021

生　产　单　位	地　　址	邮编
辽宁省建筑科学研究院	辽宁省沈阳市皇姑区崇山东路61号	110032
沈阳市石油化工设计研究院	辽宁省沈阳市东陵路10号巷7号	110043
沈阳工业学院应用精细化学研究所	辽宁省沈阳市	110030
抚顺化工研究院	辽宁省抚顺市望花区丹东路31号	113001
沈阳松陵建筑材料厂	沈阳市三台子沈飞公司三号门对面	110034
沈阳工业橡胶制品厂	沈阳市河区团结路10号	110013
大连工业大学化工与材料学院	辽宁省大连市	116034
大连金港化工有限公司	大连市旅顺口区三涧堡工业科技园区	116011
大连染料厂	辽宁省大连市中山区寺儿沟	116001
营口压敏胶制品厂	辽宁省营口市渤海大街五段	115004
锦州化工三厂	辽宁省锦州市良安路271号	121004
大连海鑫化工有限公司	大连市西岗区高尔基路212-6-1202	116011
抚顺安信化学有限公司	辽宁省抚顺市经济开发区科技城	116000
吉林天河表面材料技术开发有限公司	吉林省吉林市顺城街76号	132001
中国科学院长春应用化学科技总公司	吉林省长春市斯大林大街109号	130022
长春汽车研究所合成材料厂	吉林省农安县农安路15号	130200
吉林省公主岭市有机化工厂	吉林省公主岭市南环路	136100
中国石油吉林石化分公司研究院	吉林省吉林市遵义东路27号	132021

续　表

生　产　单　位	地　　址	邮　编
公主岭市包装粘合剂厂	吉林省公主岭市范家屯镇东新兴大街 129 号	136105
吉林省天力表面工程技术开发有限责任公司	吉林省高新技术产业开发区 8 区 27 号	132011
吉林森林工业股份有限公司通化胶粘剂分公司	吉林省通化市保安路 48-1 号	134000
长春依多科化工有限公司	吉林省长春市朝阳区前进大街 24 号	130012
长春大地精细化工有限公司	吉林省长春市二道区三道镇	130052
长春凤祥胶粘制品有限公司	吉林省长春市宽城青丘路 10 号	130052
黑龙江省石油化学研究院	哈尔滨市香坊区中山路 164 号	150040
哈尔滨工业大学	黑龙江省哈尔滨市南岗区	150000
哈尔滨油漆厂	黑龙江省哈尔滨市太平区先锋路 14 号	150056
光明集团股份有限公司胶业分公司	黑龙江省哈尔滨市动力区荣进街 258 号	150046
东北林业大学林产工业学院	黑龙江省哈尔滨市动力区和兴路 26 号	150040
哈尔滨六环胶粘剂有限公司	黑龙江省哈尔滨市中山路 164 号	150040
哈尔滨飞天复合材料有限公司	黑龙江省哈尔滨市香坊区鸿福街 47 号	150040
哈尔滨诚丰胶粘剂有限公司	黑龙江省哈尔滨市香坊区幸福乡振兴工业园	150038
哈尔滨宝马胶业有限公司	黑龙江省哈尔滨市道外区东直路副 323 号	150066
中国石油兰州石化公司研究院	兰州市西固	730060

生　产　单　位	地　　址	邮　编
兰州环球胶带厂	兰州市安宁西路 190 号	730070
兰州维尼纶厂科研所	兰州市河口南	730094
中国石化甘肃金环堵漏技术开发公司	兰州市西固兰化研究院	730060
海南大学材料与化工学院	海南省海口市	570228

参 考 文 献

1. 李子东,李广宇,刘吉军等编著.实用胶粘技术(第 2 版).北京:国防工业出版社,2007
2. 马长福编著.实用粘接技术 800 问.北京:金盾出版社,1996
3. 程时远,陈正国主编.胶粘剂生产与应用手册.北京:化学工业出版社,2003
4. 张在新主编.胶粘剂(第四版).北京:化学工业出版社,2005
5. 黄世强,彭慧,孙争光编著.胶粘剂及其工程应用.北京:机械工业出版社,2006
6. 李和平主编.胶黏剂生产原理与技术.北京:化学工业出版社,2009
7. 熊腊森.粘接手册.北京:机械工业出版社,2008
8. 廖晖,曾雷编著.环保型胶粘剂配方及生产工艺.武汉:中南大学出版社,2007
9. 程时远,李盛彪,黄世强编著.胶粘剂.北京:化学工业出版社,2001
10. 唐星华,饶厚曾主编.胶粘剂生产技术问答.北京:化学工业出版社,2005
11. 李盛彪,黄世强,王石泉编著.胶粘剂选用与粘接技术.北京:化学工业出版社,2002
12. 邱建辉,张继源,生楚君主编.胶粘剂实用技术.北京:化学工业出版社,2004

13. 李健民,许俊,杨冬梅编著.工业设备粘接维修.北京：化学工业出版社,2001
14. 周学良主编,方征平、胡巧玲编.胶粘剂.北京：化学工业出版社,2002
15. 李健民、秦莉编著.粘接密封技术.北京：化学工业出版社,2003
16. 夏寿荣编著.实用化学建材产品配方100例.北京：化学工业出版社,2008
17. 李东光,翟怀凤主编.精细化学品配方(四).南京：江苏科学技术出版社,2006
18. 陈三斌主编.300种实用化工产品配方与制造.北京：金盾出版社,2006
19. 李广宇,李子东,袁素珍,吉利编著.胶粘与密封新技术.北京：国防工业出版社,2006
20. 张玉龙,邢德林主编.丙烯酸酯胶黏剂.北京：化学工业出版社,2010
21. 张玉龙,徐勤福主编.脲醛胶黏剂.北京：化学工业出版社,2010
22. 余先纯,孙德林编.胶黏剂基础.北京：化学工业出版社,2010
23. 陈长明主编.精细化学品制备手册.北京：企业管理出版社,2004
24. 张英编.金属加工用精细化学品配方与工艺.北京：化学工业出版社,2006
25. 马长福编著,实用密封技术问答.北京：金盾出版社,2001
26. 黄玉媛、陈立志,刘汉金,杨兴明编.精细化学品实用配方手册.北京：中国纺织出版社,2009
27. 王慎敏,王继华主编,胶黏剂—配方·制备·应用.北京：化学工业出版社,2011